普通高等院校环境科学与工程类系列规划教材

城市污水处理技术

主　编　肖羽堂

副主编　何德文

U0283766

中国建材工业出版社

图书在版编目(CIP)数据

城市污水处理技术/肖羽堂主编. —北京：中国
建材工业出版社，2015.7

普通高等院校环境科学与工程类系列规划教材

ISBN 978-7-5160-1174-4

Ⅰ. ①城… Ⅱ. ①肖… Ⅲ. ①城市污水处理—高等学

校—教材 Ⅳ. ①X703

中国版本图书馆 CIP 数据核字（2015）第 047511 号

内 容 简 介

《城市污水处理技术》一书，共分为总论、城市污水的预处理、城市污水的生物处理、城市污水的脱氮除磷、城市污水的深度处理、城市污泥的处理与处置、城市污水回用、中水回用、城市污水的自动控制、城市污水处理工程调试与运营管理、城市污水处理优化组合工艺及典型工程实例等 11 章。内容简明扼要，综合性强，思路清晰，涵盖内容广泛，理论与实践紧密结合，技术与污水处理融为一体，具有鲜明的区域特性和实用性。

本书是在总结多年工作经验的基础上，为适应城市污水处理的发展需要而精心编写的。本书可作为高等院校环境工程、环境科学、给水排水工程、市政工程等专业本科生、研究生的教材或参考书，也可供相关工程技术人员、科研人员以及有关管理人员使用。本书配有电子课件，可登录我社网站免费下载。

城市污水处理技术

肖羽堂 主 编

何德文 副主编

出版发行：中国建材工业出版社

地　　址：北京市海淀区三里河路 1 号

邮　　编：100044

经　　销：全国各地新华书店

印　　刷：北京鑫正大印刷有限公司

开　　本：787mm×1092mm　1/16

印　　张：17

字　　数：420 千字

版　　次：2015 年 7 月第 1 版

印　　次：2015 年 7 月第 1 次

定　　价：46.00 元

本社网址：www.jccbs.com.cn　微信公众号：zgjcgycbs

本书如出现印装质量问题，由我社网络直销部负责调换。联系电话：(010) 88386906

本 书 编 委 会

主　　编：肖羽堂

副 主 编：何德文

编写人员：肖羽堂　教　授　华南师范大学

　　　　　何德文　教　授　中南大学

　　　　　李　敏　教　授　北京林业大学

　　　　　张秋云　高级工程师　华南师范大学

　　　　　王　薇　工程师　大连东达环境集团

前　言

　　随着我国城市化、工业化进程的加快和人口数量的增加，良好的水环境已成为城市发展、建设和谐社会的重要前提。我国是一个严重缺水的国家，人均水资源占世界平均水平的 1/4，是全球 13 个人均水资源最贫乏的国家之一，有 400 多个城市存在供水不足的问题，其中缺水比较严重的城市超过 100 个。传统的城市水体污染物末端治理和排放的方法难以满足我国城市对日益短缺的水资源的需求，亟需针对此领域开展研究，以提供新的解决问题的理念和技术系统。

　　全书共 11 章，第 1 章介绍了城市污水、污泥的来源及特点，并简要介绍了污水污泥的处理与资源化；第 2 章介绍了城市污水的预处理技术；第 3 章介绍了城市污水的生物处理法，并简要介绍了一些具体的工艺，如：氧化沟、SBR 等；第 4 章介绍了城市污水的脱氮除磷；第 5 章介绍了城市污水的深度处理方法；第 6 章介绍了污泥的处理与处置，介绍了污泥的处理方法及最终处置；第 7 章介绍了城市污水回用的方法及污水回用的必要性；第 8 章介绍了中水回用；第 9 章介绍了城市污水处理的自动化控制；第 10 章介绍了城市污水处理工程调试与管理；第 11 章介绍了城市污水处理的优化组合工艺及一些典型的工程实例。

　　当前，我国水环境保护、水污染防治已深入人心，受到了国家各级领导的高度重视，随着我国经济实力的增强，城市污水处理的建设事业将得到永续的发展。当然出版这本书不是我们的目的，我们最终的目的是保护水资源，充分利用我国有限的水资源，让人民群众能够饮用安全、放心的水。

　　由于作者水平有限，书中有不妥或错误之处，敬请批评指正。

肖羽堂

目 录

第 11 章　城市污水处理工艺系统与工程设计典型实例

普通高等院校环境科学与工程类系列规划教材

城市污水处理技术

中国建材工业出版社
China Building Materials Press

我们提供

图书出版、图书广告宣传、企业/个人定向出版、设计业务、企业内刊等外包、代选代购图书、团体用书、会议、培训，其他深度合作等优质高效服务。

编辑部
010-88364778

宣传推广
010-68361706

出版咨询
010-68343948

图书销售
010-88386906

设计业务
010-68361706

邮箱：jccbs-zbs@163.com　　　　网址：www.jccbs.com.cn

发展出版传媒　　服务经济建设

传播科技进步　　满足社会需求

（版权专有，盗版必究。未经出版者预先书面许可，不得以任何方式复制或抄袭本书的任何部分。举报电话：010-68343948）

第1章 总 论

1.1 城市污水的来源及特性

1.1.1 城市污水的来源与分类

1. 城市污水来源

城市污水是通过下水管道收集到的所有排水，是排入下水管道系统的各种生活污水、工业废水和城市降雨径流的混合水。生活污水是人们日常生活中排出的水。它是从住户、公共设施（饭店、宾馆、影剧院、体育场馆、机关、学校和商店等）和工厂的厨房、卫生间、浴室和洗衣房等生活设施中排放的水。这类污水的水质特点是含有较高的有机物，如淀粉、蛋白质、油脂等，以及氮、磷等无机物，此外，还含有病原微生物和较多的悬浮物。相比较于工业废水，生活污水的水质一般比较稳定，浓度较低。工业废水是生产过程中排出的废水，包括生产工艺废水、循环冷却水冲洗废水以及综合废水。由于各种工业生产的工艺、原材料、使用设备的用水条件等的不同，工业废水的性质千差万别。相比较于生活废水，工业废水水质水量差异大，具有浓度高、毒性大等特征，不易通过一种通用技术或工艺来治理，往往要求其在排出前在厂内处理到一定程度。降雨径流是由降水或冰雪融化形成的。对于分别敷设污水管道和雨水管道的城市，降雨径流汇入雨水管道，对于采用雨污水合流排水管道的城市，可以使降雨径流与城市污水一同加以处理，但雨水量较大时由于超过截留干管的输送能力或污水处理厂的处理能力，大量的雨污水混合液出现溢流，将造成对水体更严重的污染。

2. 城市污水的分类

城市污水按来源可分为生活污水、工业废水和径流污水。其中工业废水又分为生产废水和生产污水。

（1）生活污水：生活污水主要来自家庭、机关、商业和城市公用设施。其中主要是粪便和洗涤污水，集中排入城市下水道管网系统，输送至污水处理厂进行处理后排放。其水量水质明显具有昼夜周期性和季节周期变化的特点。

（2）工业废水：工业废水在城市污水中的比重，因城市工业生产规模和水平而不同，可从百分之几到百分之几十。其中往往含有腐蚀性、有毒、有害、难以生物降解的污染物。因此，工业废水必须进行处理，达到一定标准后方能排入生活污水系统。生活污水和工业废水的水量以及两者的比例决定着城市污水处理的方法、技术和处理程度。

（3）城市径流污水：城市径流污水是雨雪淋洗城市大气污染物和冲洗建筑物、地面、废渣、垃圾而形成的。这种污水具有季节变化和成分复杂的特点，在降雨初期所含污染物甚至会高出生活污水多倍。

1.1.2 城市污水特性

城市污水的性质包括污水的物理性质、化学性质以及污水的生物性质。

1. 污水的物理性质

城市污水物理性质主要是指污水的温度、颜色、臭味及固体含量。

（1）温度

温度是最常用的水质物理指标之一。由于水的许多物理特性、水中进行的化学过程和微生物过程都和温度有关，所以它是通常要测定的。一般来说，生活污水的温度年平均值在15℃左右，变化不大。而工业废水的温度同生产过程有关，变化较大。有的温度可能很高，如酒精厂的废水温度近90℃左右。大量较热的工业废水直接排入水体，将造成热污染，影响水生物的正常生活。过高温度的废水对生物处理也是不利的，必要时应冷却到对微生物适宜的温度才行。

（2）色度

各种水由于含有不同杂质，常显出各种颜色。天然的河水或湖沼水常带黄褐色或黄绿色，这往往是腐殖质造成的。水中悬浮泥沙常显黄色。各种水藻如球藻、硅藻等的繁殖可以使水产生绿色、褐色。纺织、印染、造纸、食品、有机合成等工业的废水常含有有机或无机染料、生物色素、无机盐、有机添加剂等而使废水着色，有时颜色很深。新鲜的生活污水呈灰暗色，腐败的污水则成黑褐色。因此人们往往按水的表现颜色可推测是哪一种水以及水中所含杂质的种类和数量。

水中呈色的杂质可处于悬浮、胶体或溶解状态。包括悬浮杂质在内的杂质所造成的颜色称为表色。除去悬浮杂质后，由胶体及溶解杂质所造成的颜色称为真色，所以，水中悬浮的泥沙形成的黄色、水藻繁殖生成的绿色、褐色是一种表色。

（3）臭味

被污染的水常会被人们闻到一种不正常的气味或臭味，人们凭这个臭味的强弱味道可以推测水中所含杂质或有害成分。一般而言，废水的臭味主要来自有机物腐解过程中挥发出来的气体。臭味给人们不愉快的感觉，恶臭甚至会对人体生理活动有害。会引起胃口不适、呼吸困难、胸闷、呕吐、心乱等反常心理现象。因此，臭味的消除问题，在废水无害化处理中是必须认真对待的。

（4）固体含量

废水中所含杂质，一般大部分属固体物质。这些固体物质以溶解的、悬浮的形式存在于水中，二者的总称为总固体。它包含有机化合物、无机化合物和各种生物体。故固体含量的多少，也反映了杂质含量、污染程度的高低。但是，一般地测定总固体量还不足以说明污水物质的性质、组成情况。因此，在水质分析时，除了测定总固体量外，还需对其中的各个组分予以测定。如：总固体（TS）、悬浮固体（SS）（包括挥发性的和非挥发性的）、溶解固体（DS）。总固体的测定是需在一定的温度下把水样烘干，在测固体量。而悬浮固体，作为废水的一个重要的物理指标，一般存在于食品、化工、造纸等水中。它使水质混浊，降低水质透光性，影响水生生物的呼吸、代谢作用，甚至使鱼类窒息死亡。它排入水体过多，也会造成底部淤浅，底泥累积与腐化，水质变坏。废水中的溶解固体，种类繁多，亦较复杂，含各种无机物及有机物。一般来说，溶解固体越多，水中所含溶解盐类也越多。过多的溶解固体，对某些废水处理过程带来不利的影响。

2. 污水的化学性质

污水中的杂质，就其化学性质而言，可区分为两大类：有机物质和无机物质。这些物质以溶解和非溶解的状态存在于废水之中，所以污水的化学特性指标一般分为有机的和无机的两大类。有机指标有：生化需氧量，化学需氧量，总需氧量，总有机碳，含氮、磷化合物以及其他有机物等。

（1）生化需氧量（BOD_5）

它是目前广泛应用的作为有机物含量的污水水质指标。由于生化过程进行得慢，如在 20℃ 培养时，要完全完成这个过程需 100 多天。因此，除长期研究工作外，没有实用价值，一般目前都采用 20℃ 培养 5d 的五日生化需氧量（BOD_5），作为检验指标，来反映废水中有机污染环境的潜力。在测生活污水的 BOD_5 时，因为生活污水中有足够的微生物和必要的营养物质，所以不需要接种和添加营养剂。而对工业污水，则往往需要加试剂和接种，才能测定。

（2）化学需氧量（COD）

在一定条件下，强氧化剂能氧化有机物为二氧化碳和水。但是，废水中所含有机物的种类繁多，并不是全部有机物都能被化学氧化的。事实上，迄今为止，人们还没有找到一个能氧化所有常见有机物的化学剂。按氧化剂的不同，COD 的测定法主要有如下两类。

① 重铬酸钾法（COD_{Cr}）

目前 COD_{Cr} 值的测定在国际上大多采用重铬酸钾为强化剂，称之为重铬酸钾法，即在酸性条件下，污水水样加热沸腾回流 2h，把所耗用的重铬酸钾量换算成以氧量计 COD_{Cr} 值的测量方法。在酸性沸腾条件下，重铬酸钾能氧化很多有机物。但对有些有机物，如醋酸、醋酸盐、芳香族化合物等，则不能完全氧化。如果用硫酸银做催化剂，直链脂肪族化合物就容易氧化，只有一些芳香族化合物不能完全氧化。这样基本上近 98% 的有机物可被氧化。

上述过程中，强氧化剂不仅将有机的还原性物质氧化，而且也将无机的还原性物质氧化。如污水水样中可能存在的硫化物、亚硫酸盐、硫代硫酸盐、亚铁盐等无机还原剂亦可被重铬酸钾氧化。对于污水水样存在的氯离子影响，可采用回流前向水样只加入硫酸汞。使氯离子成为络合物，从而消除氯离子对 COD_{Cr} 测定的干扰。

② 高锰酸钾（COD_{Mn}）

除采用上述的重铬酸钾作为氧化剂外，COD 测定中也可采用高锰酸钾对废水中还原物质进行氧化，其机理与重铬酸钾法一致。

（3）总需氧量（TOD）

是指有机物完全氧化所需要的氧，一般通过 TOD 分析仪测定。

（4）总有机碳（TOC）

废水中有机物含量，除以有机物氧化过程的耗氧量，如 BOD、COD、TOD 指标外还含有以有机物中某一主要元素的含量来反映的指标。TOC 指标的测定方法与上述 TOD 相似。

（5）含氮、磷化合物

在生活污水中，一般只有有机氮和氨氮。而在工业废水中可能有亚硝酸氮、硝酸氮。有机氮来自蛋白质和尿素。生活污水中的有机氮一般为 15mg/L 左右。有机氮中约 50% 属于蛋白质，以固体形态悬浮于废水中。氨氮来自蛋白质和尿素的分解。生活污水中氨氮一般为 5mg/L 左右。近来，由于工业生产的迅速发展以及城市人口的急剧增加，废水的含氮含磷量也剧增，在废水的生物处理中，了解水样中的含氮含磷量是必要的。它们是目前废水水质分析中的一个重要水质指标。

（6）其他有机物指标

对废水中的有机物含量和种类的了解以及废水生物处理的设计与运行，这些有机物指标是十分重要的。但对某些工业废水来说，它还含有某种特定的成分，需另行测定。例如油脂类、酚类有机污染物质，在工业废水中存在面较广，对环境影响也较大，油污染、酚污染已成为人们日益关注的重大环境问题。

废水中除含上述有机物污染外，还含有各种无机污染物。这类无机污染物主要包括金属及其化合物、无机盐类和酸、碱等。许多金属及其化合物都是有毒物质，尤其是一些重金属，如汞、砷、铅、铬、钡、矾等。

上述的这些无机污染物的测定，一般常用的、主要的无机物指标为：pH 值、碱度、硫酸盐、硫化物、氯化物、氢化物、重金属。

3. 污水的生物性质

污水中除含有各种污染杂质外，还含有生物污染物。其中主要是细菌，并且大多是无害的，但也可能含有各类病原体。例如，生活污水中可能含有可经水传播的肠道传染病菌（如痢疾、伤寒、霍乱等）、肝炎病毒以及寄生虫卵等；制革厂和屠宰厂的废水中含有炭疽杆菌和钩端螺旋体等；医院和生物研究所的废水中还有种类繁多的病原体。这些生物污染物质，一般是通过细菌总数和大肠菌群数这两个指标来度量的。此外，为了检测废水对水生生物的毒性影响，一般采用生物检测法。

1.2 城市污水处理技术概述

1.2.1 废水处理的分类

1. 污水处理程度分类

城市的污水，包括工业和生活废水，成分极其复杂，主要包括需氧物质、难降解的有机物，藻类的营养物质、农药、油脂，固体悬浮物、盐类、致病细菌和病毒、重金属以及各种的零星飘浮杂物。各类工业废水的组成又互不一致，千差万别，因此，具体的处理方法也有多种多样。目前，城市污水处理正向现代化和大型化方向发展，就其处理的历程而言，主要有一级、二级和三级处理之分，现分别简述如下。

一级废水处理通常采用物理方法（图1-1），主要目的是清除污水中的难溶性固体物质，诸如砂砾、油脂和渣滓等。一级处理工艺一般由格栅、沉淀和浮选等步骤组成。

二级处理的主要目的是把废水中呈胶状和溶解状态有机污染物质除掉（图1-2）。通过微生物的代谢作用，将废水中复杂有机物降解成简单的物质，这是二级处理中最常用的生物处理法的基础。目前，二级处理工艺上主要

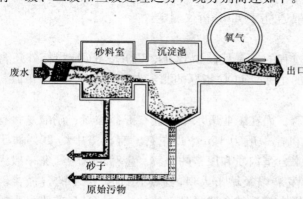

图 1-1　废水的一级处理示意图

有用好氧生物处理流程，包括活性污泥法和生物过滤法。

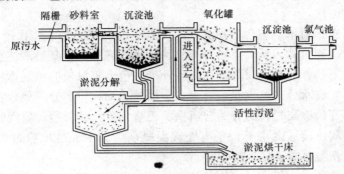

图 1-2　废水的二级处理示意图

　　经过二级废水处理后排放，其中还含有不同程度的污染物。必要时，仍需采用多种的工艺流程，如曝气、吸附、化学絮凝和沉淀、离子交换、电渗析、反渗透、氯消毒等，作浓度处理或高级废水处理。其过程包括悬浮固体物的去除、可溶性有机物的去除、可溶性无机物的去除、磷的去除、氮的去除和金属的去除。

　　三级处理也称为高级处理或深度处理。当出水水质要求很高时，为了进一步去除废水中的营养物质（氮和磷）、生物难降解的有机物质和溶解盐类等，以便达到某些水体要求的水质标准或直接回用于工业，就需要在二级处理之后再进行三级处理。

　　2. 按作用原理分类

　　废水处理方法可按其作用原理分为 4 大类，即物理处理法、化学处理法、物理化学法和生物处理法。

　　（1）物理处理法

　　通过物理作用，以分离、回收废水中不溶解的呈悬浮状态污染物质（包括油膜和油珠），常用的有重力分离法、离心分离法、过滤法等。

　　（2）化学处理法

　　向污水中投加某种化学物质，利用化学反应来分离、回收污水中的污染物质，常用的有化学沉淀法、混凝法、中和法、氧化还原（包括电解）法等。

　　（3）物理化学法

　　利用物理化学作用去除废水中的污染物质，主要有吸附法、离子交换法、膜分离法、萃取法等。

　　（4）生物处理法

　　通过微生物的代谢作用，使废水中呈溶液、胶体以及微细悬浮状态的有机性污染物质转化为稳定、无害的物质，可分为好氧生物处理法和厌氧生物处理法。

1.2.2　物理处理法

　　重力分离法指利用污水中泥沙、悬浮固体和油类等在重力作用下与水分离的特性，经过自然沉降，将污水中密度较大的悬浮物除去。离心分离法是在机械高速旋转的离心作用下，把不同质量的悬浮物或乳化油通过不同出口分别引流出来，进行回收。过滤法是用石英砂、筛网、尼龙布、隔栅等作过滤介质，对悬浮物进行截留。蒸发结晶法是加热使污水中的水汽化，固体物得到浓缩结晶。磁力分离法是利用磁场力的作用，快速除去废水中难于分离的细小悬浮物和胶体，如油、重金属离子、藻类、细菌、病毒等污染物质。

其他常用物理方法：

（1）混凝澄清法是对不溶态污染物的分离技术，指在混凝剂的作用下，使废水中的胶体和细微悬浮物凝聚成絮凝体，然后予以分离除去的水处理法。混凝澄清法在给水和废水处理中的应用是非常广泛的，它既可以降低原水的浊度、色度等水质的感观指标，又可以去除多种有毒有害污染物。废水处理的混凝剂有无机金属盐类和有机高分子聚合物两大类，前者主要有铁系和铝系等高价金属盐，可分为普通铁、铝盐和碱化聚合盐；后者则分为人工合成的和天然的两类。混凝澄清法的主要设备有完成混凝剂与原水混合反应过程的混合槽和反应池，以及完成水与絮凝体分离的沉降池等。

（2）浮力浮上法是对不溶态污染物的分离技术，指借助于水的浮力，使水中不溶态污染物浮出水面，然后用机械加以刮除的水处理方法。浮力浮上法可分为自然浮上法、气泡浮升法和药剂浮选法。自然浮上法又称隔油，这是因为该法主要用于粒径大于 $50\sim60\mu m$ 的可浮油分离，主要设备是隔油池。气泡浮升法主要针对油和弱亲水性悬浮物，在废水中注气，让细微气泡和水中的悬浮微粒随气泡一起浮升到水面，加以去除，主要设备有加压泵、溶气罐、释放器和气浮池等。药剂浮选法是在水中加入浮选剂，使亲水粒子的表面性质由亲水性转变为疏水性，降低水的表面张力，提高气泡膜的弹性和强度，使细微气泡不易破裂。浮选剂按功能可分为捕收剂、调整剂和起泡剂三类，它们大多是链状有机表面活性剂。

1.2.3 化学处理法

化学处理法就是通过化学反应和传质作用来分离、去除废水中呈溶解、胶体状态的污染物或将其转化为无害物质的废水处理法。通常采用方法有：中和、混凝、氧化还原、萃取、汽提、吹脱、吸附、离子交换以及电渗透等方法。

1. 电渗析法

电渗析法是对溶解态污染物的化学分离技术，属于膜分离法技术，是指在直流电场作用下，使溶液中的离子作定向迁移，并使其截留置换的方法。离子交换膜起到离子选择透过和截阻作用，从而使离子分离和浓缩，起到净化水的作用。电渗析法处理废水的特点是不需要消耗化学药品，设备简单，操作方便。在废水处理中，电渗析法应用较普遍的类型有：（1）处理碱法造纸废液，从浓液中回收碱，从淡液中回收木质素；（2）从含金属离子的废水中分离和浓缩重金属离子，对浓缩液进一步处理或回收利用；（3）从放射性废水中分离放射性元素；（4）从硝酸废液中制取硫酸和氢氧化钠；（5）从酸洗废液中制取硫酸及沉降重金属离子；（6）处理电镀废水和废液等。

2. 超滤法

超滤法属于膜分离法技术，是指利用静压差，使原料液中溶剂和溶质粒子从高压的料液侧透过超滤膜到低压侧，并阻截大分子溶质粒子的技术。在废水处理中，超滤技术可以用来去除废水中的淀粉、蛋白质树胶、油漆等有机物和黏土、微生物，还可用于污泥脱水等。在汽车、家具制造业中，用电泳法将涂料沉淀到金属表面后，要用水将制品涂料的多余部分冲洗掉，针对这种清洗废水的超滤设备大部分为醋酸纤维管状膜超滤器。超滤技术对含油废水处理后的浓缩液含油 $5\%\sim10\%$，可直接用于金属切割，过滤水可重新用作延压清洗水。超滤技术还可用于纸浆和造纸废水、洗毛废水、还原染料废水、聚乙烯退浆废水、食品工业废水以及高层建筑生活污水的处理。

1.2.4　物理化学法

物理化学法是利用萃取、吸附、离子交换、膜分离技术和气提等操作过程，处理或回收利用工业废水的方法。主要有以下几种：

1. 萃取法。将不溶于水的溶剂投入污水之中，污染物由水中转入溶剂中，利用溶剂与水的密度差，将溶剂与水分离，污水被净化，再利用其他方法回收溶剂。

2. 离子交换法。利用离子交换剂的离子交换作用来置换污水中的离子态物质。

3. 电渗析法。在离子交换技术基础上发展起来的一项新技术，省去了用再生剂再生树脂的过程。

4. 反渗透法。利用一种特殊的半渗透膜来截留溶于水中的污染物质。

5. 吸附法。利用多孔性的固体物质，使污水中的一种或多种物质吸附在固体表面进行去除。吸附法是对溶解态污染物的物理化学分离技术。废水处理中的吸附处理法，主要是指利用固体吸附剂的物理吸附和化学吸附性能，去除废水中多种污染物的过程，处理对象为剧毒物质和生物难降解污染物。吸附法可分为物理吸附、化学吸附和离子交换吸附三种类型。影响吸附的主要因素有：（1）吸附剂的物理化学性质；（2）吸附质的物理化学性质；（3）废水 pH 值；（4）废水的温度；（5）共存物的影响；（6）接触时间。常见的吸附剂有活性炭、树脂吸附剂（吸附树脂）、腐殖酸类吸附剂。吸附工艺的操作方式有静态间歇吸附和动态连续吸附两种。

1.2.5　生物处理法

未经处理即被排入河流的废水，流经一段距离后会逐渐变清，臭气消失，这种现象是水体的自然净化。水中的微生物起着清洁污水的作用，它们以水体中的有机污染物作为自己的营养食料，通过吸附、吸收、氧化、分解等过程，把有机物变成简单的无机物，既满足了微生物本身繁殖和生命活动的需要，又净化了污水。在污水中培养繁殖的菌类、藻类和原生动物等微生物，具有很强的吸附、氧化、分解有机污染物的能力。它们对废物的处理过程中，对氧的要求不同，据此可将生化处理分为好氧处理和厌氧处理两类。好氧处理是需氧处理，厌氧处理则在无氧条件下进行。生化处理法是废水中应用最久最广且相当有效的一种方法，特别适用于处理有机污水。

1. 活性污泥法

活性污泥是以废水中有机污染物为培养基，在充氧曝气条件下，对各种微生物群体进行混合连续培养而成的，细菌、真菌、原生动物、后生动物等微生物及金属氢氧化物占主体的，具有凝聚、吸附、氧化、分解废水中有机污物性能的污泥状褐色絮凝物。活性污泥中至少有 50 种菌类，它们是净化功能的主体。污水中的溶解性有机物是透过细胞膜而被细菌吸收的；固体和胶体状态的有机物是先由细菌分泌的酶分解为可溶性物质，再渗入细胞而被细菌利用的。活性污泥的净化过程就是污水中的有机物质通过微生物群体的代谢作用，被分解氧化和合成新细胞的过程。人们可根据需要培养和驯化出含有不同微生物群体并具有适宜浓度的活性污泥，用于净化受不同污染物污染的水体。

2. 生物塘法

生物塘法，又称氧化塘法，也叫稳定塘法，是一种利用水塘中的微生物和藻类对污水和有机废水进行生物处理的方法。生物塘法的基本原理是通过水塘中的"藻菌共生系统"进行废水净化。所谓"藻菌共生系统"是指水塘中细菌分解废水的有机物产生的二氧化碳、磷酸盐、铵盐等营养物供藻类生长，藻类光合作用产生的氧气又供细菌生长，从而构成共生系统。不同深浅的塘在净化机理上不同；可分为好氧塘、兼氧塘、厌氧塘、曝气氧化塘、田塘和鱼塘。好氧塘为浅塘，整个水层处于有氧状态；兼氧塘为中深塘，上层有氧、下层厌氧；厌氧塘为深塘；除表层外绝大部分厌氧；曝气氧化塘为配备曝气机的氧化塘；田塘即种植水生植物的氧化塘；鱼塘是放养鸭、鱼等的氧化塘。

3. 厌氧生物处理法

厌氧生物处理法是利用兼性厌氧菌和专性厌氧菌将污水中大分子有机物降解为低分子化合物，进而转化为甲烷、二氧化碳的有机污水处理方法，分为酸性消化和碱性消化两个阶段。在酸性消化阶段，由产酸菌分泌的外酶作用，使大分子有机物变成简单的有机酸和醇类、醛类、氨、二氧化碳等；在碱性消化阶段，酸性消化的代谢产物在甲烷细菌作用下进一步分解成甲烷、二氧化碳等构成的生物气体。这种处理方法主要用于对高浓度的有机废水和粪便污水等处理。

4. 生物膜法

生物膜法是利用附着生长于某些固体物表面的微生物（即生物膜）进行有机污水处理的方法。生物膜是由高度密集的好氧菌、厌氧菌、兼性菌、真菌、原生动物以及藻类等组成的生态系统，其附着的固体介质称为滤料或载体。生物膜自滤料向外可分为厌氧层、好氧层、附着水层、运动水层。生物膜法的原理是，生物膜首先吸附附着水层有机物，由好氧层的好氧菌将其分解，再进入厌氧层进行厌氧分解，流动水层则将老化的生物膜冲掉以生长新的生物膜，如此往复以达到净化污水的目的。生物膜法具有以下特点：（1）对水量、水质、水温变动适应性强；（2）处理效果好并具良好硝化功能；（3）污泥量小（约为活性污泥法的3/4）且易于固液分离；（4）动力费用省。

5. 接触氧化法

接触氧化法是一种兼有活性污泥法和生物膜法特点的一种新的废水生化处理法。这种方法的主要设备是生物接触氧化滤池。在不透气的曝气池中装有焦炭、砾石、塑料蜂窝等填料，填料被水浸没，用鼓风机在填料底部曝气充氧；空气能自下而上，夹带待处理的废水，自由通过滤料部分到达地面，空气逸走后，废水则在滤料间格自上向下返回池底。活性污泥附在填料表面，不随水流动，因生物膜直接受到上升气流的强烈搅动，不断更新，从而提高了净化效果。生物接触氧化法具有处理时间短、体积小、净化效果好、出水水质好而稳定、污泥不需回流也不膨胀、耗电小等优点。

1.3 城市污水处置与资源化

1.3.1 城市污水处置的途径

众所周知，城市污水中含有各种有害物质，如果不加处理而任意排放，会污染环境，造成公害，必须加以妥善的控制与治理。然而，对于一个环境工程师来说，决不能满足于排什么废水就处理什么废水，而是在解决污水去向问题时，应当考虑下面一些主要途径。

1. 改革生产工艺，减少污水排放量

在解决城市工业园污水问题时，应当首先深入到工业园区中去，与工艺人员、工人相结

合，力求革新生产工艺，尽量不用水或少用水，尽量不用或少用易产生污染的原料、设备及生产方法。例如采用无水印染工艺，可以消除印染废水的排放；采用无氰电镀可使废水中不再含氰等，又如采用酵法制革以代替灰碱法，不仅避免产生危害大的碱性废水，而且酵法脱毛废水稍加处理，即可成为灌溉农田的肥水。因此，改革生产工艺，以减少废水的排放量和废水的浓度，减轻处理构筑物的负担和节省处理费用，是应该首先考虑的原则。

2. 重复利用污水

尽量采用重复用水和循环用水系统，使污水排放量减至最少。根据不同生产工艺对水质的不同要求，可将甲工段排出的废水送往乙工段使用，实现一水二用或一水多用，即重复用水。例如利用轻度污染的废水作为锅炉的水力排渣用水或作为焦炉的熄焦用水。

将工业园区污水经过适当处理后，送回本工段再次利用，即循环用水。例如高炉煤气洗涤废水经沉淀、冷却后可不断循环使用，只需补充少量的水以补偿循环中的损失。城市污水经高级处理后亦可用作某些工业用水。在国外，废水的重复使用已作为一项解决环境污染和水资源贫乏的重要途径。

3. 回收有用物质

城市污水中特别是工业园区的污水中含有的污染物质，都是在生产过程中进入水中的原料、半成品、成品，工作介质和能源物质。如果能将这些物质加以回收，便可变废为宝，化害为利，既防止了污染危害又创造了财富，有着广阔的前景。例如造纸废液中回收碱、木质素和二甲基亚砜等有用物质，含酚废水用萃取法或蒸汽吹脱法回收酚等。有时还可厂际协作，变一厂废料为他厂原料，综合利用。如某纸浆厂利用染化厂的含蒽衍生物废液作为蒸煮初剂，利用印染厂废碱液替代部分蒸煮用碱，可降低成本，减少污染。

4. 对污水进行妥善处理

污水经过回收利用后，可能还有一些有害物质随水流出，此外也会有一些目前尚无回收价值的废水排出。对于这些废水，还必须从全局出发，加以妥善处理，使其无害化，不致污染水体，恶化环境。

1.3.2 城市污水处置程度的确定

将污水排放到水体之前需要处理到何种程度，是选择污水处理方法的重要依据。在确定处理程度时，首先应考虑如何能够防止水体受到污染，保障水环境质量，同时也要适当考虑水体的自净能力。

通常采用有害物质、悬浮固体、溶解氧和生化需氧量这几个水质指标来确定水体的容许负荷，或废水排入水体时的容许浓度，然后再确定废水在排入水体前所需要的处理程度，并选择必要的处理方法。

具体来说，废水处理程度的确定，有以下几种方法。

1. 按水体的水质要求

根据水环境质量标准或其他用水标准对水体水质目标的要求，将废水处理到出水符合要求的程度。

$$E = \frac{(C_i - C_0)}{C_i} \times 100\%$$

式中　E——废水处理的程度；

　　　C_i——未处理废水中某污染指标的平均浓度；

C_0——废水排入水体时的容许浓度。

2. 按污水处理厂所能达到的处理程度（表 1-1）

对于城市污水来说，目前发达国家多已普及二级处理，因此，近年来各国多根据二级处理一般能达到的所谓"双 30"标准（即要求城市污水厂出水悬浮固体和 BOD_5 均不超过 30mg/L）来规定应有的处理程度。表 1-1 为几种处理方法对生活污水或与生活污水性质相近的工业废水中悬浮固体和 BOD_5 的一般处理效果，亦可供确定处理程度时的参考。

表 1-1 污水处理厂处理程度（%）

处理方法	悬浮固体	BOD_5
沉淀	50～70	25～40
沉淀及生物膜法	70～90	75～95
沉淀及活性污泥法	85～95	85～95

3. 考虑水体的稀释和自净能力

当水体的环境容量潜力很大时，利用水体的稀释和自净能力，能减少处理程度，取得一定的经济上的好处，但需慎重考虑。

下面的例题可用来说明怎样确定水体的容许负荷及废水所需处理的程度。在计算时，应以不利的情况为准，并同时满足各项标准的要求。河水流量一般采用具有保证率 95% 的最旱月平均时流量；溶解氧可采用夏季每昼夜平均含量；废水流量可采用最高时流量或平均日流量，但对于有毒废水应采用最高时流量。

例 1 某河水最旱年最旱月平均时流量（95% 保证率）$Q = 5m^3/s$（流速约为 0.25m/s），河水溶解氧含量（夏季）DO = 7mg/L。一含酚废水最大流量 $q = 100m^3/h$，废水中含挥发酚浓度 $C_P = 200mg/L$，废水的 $BOD_5 = 450mg/L$（河水中原来没有酚）。该河段为《地表水环境质量标准》（GB 3838—2002）中规定的 Ⅳ 类水体。采用岸边集中排水。（1）计算此废水排入河流前，废水中酚所需的处理程度；（2）为了满足水体中溶解氧的含量要求，估计此废水所需的处理程度。

解：（1）废水中酚所需处理的程度：

由于废水和河水混合前后含酚的总量应相等，所以

$$C_1 \times aQ + C \times q = (aQ + q)C_0$$
$$C = [(aQ + q)C_0 - C_1 \times aq]/q$$

式中 C_1——废水排入前河水中的挥发酚浓度；

C——允许排入河流的挥发酚浓度；

C_0——水体中挥发酚的最大容许浓度；

a——混合系数。

因为河水流速为 0.25m/s，故取 $a = 0.75$。河水中原来没有酚，即 $C_1 = 0$。由表 1-2 可查得 Ⅳ 类水体的挥发酚最大容许浓度 $C_0 = 0.01mg/L$。代入上式：

$$C = (0.75 \times 5 + 100/3600) \times 0.01/(100/3600) = 1.35mg/L$$

表 1-2 地面水环境质量标准

分类	Ⅰ 类	Ⅱ 类	Ⅲ 类	Ⅳ 类	Ⅴ 类
生化需氧量（BOD_5）≤	3 以下	3	4	6	10
挥发酚≤	0.002	0.002	0.005	0.01	0.1
溶解氧≥	饱和率 90%（或 7.5）	6	5	3	2

根据《污水综合排放标准》 （GB 8978—1996），挥发酚的最高允许排放浓度是 0.5mg/L。所以废水处理到 0.5mg/L 就可以同时满足排放标准和地面水环境质量标准。于是，废水中酚所需处理的程度为：

$$E=C_P-C_s/C_P=200-0.5/200×100\%=99.75\%$$

如果计算所得的 $C<0.5$，则上式中的 C_s 应采用计算所得的 C 值。

（2）满足溶解氧要求所需的处理程度：

影响水体中溶解氧变化的因素很多，其中主要是有机物生物氧化所消耗的氧量。本题因缺乏必要的资料，故不考虑复氧等因素而作一般的估计。

若取混合系数 $a=0.75$。查表 1-2 得Ⅳ类水体的溶解氧含量应不低于 3mg/L，故河水中可以利用的氧量为：

$$DO_1 = (DO-3)×aQ = (7-3)×0.75×5 = 15g/s$$

废水氧化分解，并使水中溶解氧保持在 3mg/L，假定原废水中不含溶解氧，故所需的氧量为：

$$DO_2=q×x_5+q×3=100×x_5/3600+100×3/3600$$

式中 x_5 是允许排入河流的废水 BOD5。根据物料平衡关系，$DO_1=DO_2$，因此

$$15=100×x_5/3600+100×3/3600$$

$$x_5=537mg/L$$

根据《污水综合排放标准》，BOD5 的最高容许排放浓度是 60mg/L。因此，就溶解氧来说，废水 BOD5 所需处理的程度为：

$$E=(450-60)/450×100\%=86.7\%$$

如果计算所得的 $x_5<60$，则计算上式时应采用计算所得的数字。

根据以上计算，应按酚的去除要求来决定该废水所需的处理程度，即应达到 99.75％。

1.3.3 水体自净

1. 概念

水体自净能力的定义有广义和狭义两种。广义定义指受污染的水体经物理、化学与生物作用，使污染的浓度降低，并恢复到污染前的水平；狭义定义是指水体中的氧化物将有机污染物分解而使水体得以净化的过程。自然环境包括水环境对污染物质都具有一定的承受能力，即所谓环境容量。水体能够在其环境容量的范围内，经过水体的物理、化学和生物的作用，使排入污染物质的浓度和毒性随着时间和空间的推移的过程中自然降低，最终使得水体得到净化。水体自净能力是水介质拥有的、在被动接受污染物之后发挥其载体功能，主动改变、调整污染物时空分布，改善水质质量，以提供水体的再续使用。因此，对水环境自净能力的科学认识和充分合理利用对水环境保护工作具有重要意义。

废水和污染物进入水体后，即开始自净过程，该过程由弱到强，直到趋于恒定。自净机制包括物理自净、化学和物理化学自净、生物和生化自净。

2. 水体自净特征

自净过程的主要特征表现如下：

① 污染物浓度逐渐下降；

② 一些有毒污染物可经各种物理、化学和生物作用，转变为低毒或无毒物质；

③ 重金属污染物以溶解态被吸附或转变为不溶性化合物，沉淀后进入底泥；

④ 部分复杂有机物被微生物利用和分解，变成二氧化碳和水；

⑤ 不稳定污染物转变成稳定的化合物；

⑥ 自净过程初期，水中溶解氧含量急剧下降，到达最低点后又缓慢上升，逐渐恢复至正常水平；

⑦ 随着自净过程及有毒物质浓度或数量的下降，生物种类和个体数量逐渐随之回升，最终趋于正常的生物分布。

3. 自净机理

水体的自净过程很复杂，按其机理划分有：

(1) 物理过程

物理过程包括稀释、混合、扩散、挥发、沉淀、淋洗等过程。水体中的污染物质在这一系列作用下，其浓度得以降低。稀释和混合作用是水环境中极普遍的现象，又是比较复杂的一项过程，它在水体自净中起着重要的作用。污染物进入水体后，通过水的流动，使污染物得到扩散、混合、稀释、挥发，改变污染物的物理性状和空间位置，使其在水体中降低浓度以至消除。而这其中的动力基础是由水体的动力要素提供的。不同的水域由于其水动力条件的不同，其自净能力有较大差异。同时，水动力要素还会与污染物在水中的生化反应进程交互影响，进而通过生化反应过程影响到水体的自净能力。因此，水动力特性对水域自净的影响是十分敏感而又复杂的。

(2) 化学及物理化学过程

污染物质通过氧化、还原、化合、分解、交换、络合、吸附、凝聚、中和等反应使其浓度降低。污染物在水体中通过一系列化学变化，使污染物发生化学性质、形态、价态上的变化，从而改变污染物在水体中的迁移能力和毒性大小。如某些有机污染物经氧化还原作用后最终生成水和二氧化碳等。水中铜、铅、锌、镉、汞等重金属离子与硫离子化合，生成难溶的硫化物沉淀。铁、锰、铝的水合物、黏土矿物、腐殖酸等对重金属离子的化学吸附和凝聚作用，土壤和沉积物中的代换作用等均属环境的化学净化。影响化学净化的环境因素有酸碱度、氧化还原电势、温度和化学组分等。污染物本身的形态和化学性质对化学净化也有重大的影响。温度的升高可加速化学反应，所以温热环境的自净能力比寒冷环境强。这在对有机质的分解方面表现得更为明显。有害的金属离子在酸性环境中有较强的活性而利于迁移；在碱性环境中易形成氢氧化物沉淀而利于净化。环境中的化学反应如生成沉淀物、水和气体则利于净化；如生成可溶盐则利于迁移。

(3) 生物化学过程

污染物质中的有机物，由于水体中微生物的代谢活动而被分解、氧化并转化为无害、稳定的无机物，从而使浓度降低。悬浮和溶解于水体中的有机污染物在微生物的作用下，发生氧化分解，使其降低浓度、转化为简单、无害的无机物以至从水体中消除。微生物能够直接以金属离子为电子共体或者受体，改变重金属离子的氧化还原状态，导致其释放。释放出来的金属离子，在一定条件下，重新进行氧化、络合、吸附凝聚和共沉淀等，从而使溶解态的重金属离子浓度再度下降。因此，在释放过程中，水相存在重金属离子的浓度峰值，重金属离子的释放浓度由低逐渐升高然后再由高逐渐降低，直至达到平衡。它还可以包括生物转化和生物富集等过程。一部分有机质，可利用于细胞合成，故可贮藏于活体内，细菌若在一定程度上能够繁殖，则由于变成小块而生成各种可能沉淀的形态，结果通过这种细菌的作用，也能把溶解性的污染物质，转变为可能沉淀的物质，从而变成与水分离的形态。氮、磷之类的溶解性营养盐类，通过与细菌相同的过程，便转移到浮游生物体内。如果转移为浮游生物，也有可能沉淀。冬季水温降低而浮游生物死亡时，便与水分离，终于沉积于河底。植物能吸收土壤中的酚、氰，并在体内转化为酚糖苷和氰糖苷，球衣菌可以把酚、氰分解为二氧化碳和水；绿色植物可以吸收二氧化碳，放出氧气。凤眼莲可以吸收水中的汞、镉、砷等化学污染物，从而净化水体。同生物净化有关的因素有生物的科属，环境的水热条件和供氧状况等。在温暖、湿润、养料充足、供氧良好的环境中，植物的吸收净化能力强。生物种类不同，对污染物的净化能力有很大的差异。有机污染物的净化主要依靠微生物的降解作用。如在温度为 $20\sim40℃$，pH 值为 $6\sim9$，养料充分、空气充足的条件下，需氧微生物大量繁殖，能将水中的各种有机物迅速地分解、氧化，转化成为二氧化碳、水、氨和硫酸盐、磷酸盐等厌氧微生物。在缺氧条件下，能把各种有机污染物分解成甲烷、二氧化碳和硫化氢等。在硫磺细菌的作用下，硫化氢可能转化为硫酸盐。氨在亚硝酸菌和硝酸菌的作用下，被氧化为亚硝酸盐和硝酸盐。植物对污染物的净化主要是根和叶片的吸收。在水体自净中，生物自净占有主要的地位。

4. 水体自净影响因素

影响水域自净能力的因素是多样而且十分复杂的。如水域中流速、流向、流动结构各不相同将直接对污染物迁移、扩散方向和强度带来影响。同时，水体本身的组分决定了生物和化学进程对水域自净能力的作用。如湖泊中的某些生物往往对吸收排入水体中的营养盐有明显效果，但这些生物过多，又会导致水体中溶解氧的大量减少，反过来造成水体中的生态破坏。另一方面，如果该水域的水动力特性很活跃，如向外域的迁移、扩散能力强，或浅水湖泊中的风力对水体的强烈扰动等又会增加水体中的溶解氧，对增加水域的自净能力有益。在水域床底长期积累的底质污泥，即内源污染积累对水域的自净能力也有不可忽视的间接影响。例如，在浅水水域中受风的扰动造成波浪掀沙，吸附在沙粒中的污染物就会随之对水体造成二次污染等。总之，物理的、生物的、化学的，或直接的、间接的各种因素对水域自净能力的影响是交互作用的复杂过程。而水动力特性在其中起着不可忽视的重要作用。影响水体自净过程的因素很多，其中主要因素有：收纳水体的地理、水文条件、微生物的种类与数量、水温、复氧能力以及水体和污染物的组成、污染物浓度等。当然，水体的自净往往还需要一定的时间和条件。

总之，水体的自净作用包含着十分广泛的内容，任何水体的自净作用又常是相互交织在一起的，物理过程、化学和物化过程及生物化学过程常常是同时同地产生，相互影响，其中常以生物自净过程为主，生物体在水体自净作用中是最活跃、最积极的因素。水的自净能力与水体的水量、流速等因素有关。水量大、流速快，水的自净能力就强。但是，水对有机氯农药、合成洗涤剂、多氯联苯等物质以及其他难于降解的有机化合物、重金属、放射性物质等的自净能力是极其有限的。

5. 水体自净表现形式

由于地形、地貌和水文条件等的差异，不同的水域呈现出不同的水动力特征，表现出不同的自净特点。对同一水域而言，依照不同的环境功能区划，其自净能力也各不相同。水域的动力特性是影响水域自净能力的直接的、重要的因素之一。

河道径流型的水域，其水流的主体流动方向是单向的。污染物排入水域后，总体趋势是随水流从上游向下游迁移，同时在空间上扩散沉降。污染物在空间的扩散强度与流速的大小及梯度也有直接关系。随着河道中横向流速强度的不同，河道中污染带的宽度及其分布形式也会有所不同。污染物进入河流后，有机物在微生物作用下，进行氧化降解，逐渐被分解，最后变为无机物。随着有机物被降解，细菌经历着生长繁殖和死亡的过程。当有机物被去除后，河水水质改善，河流中的其他生物也逐渐重新出现，生态系统最后得到恢复。由此可见，河流自然净化的关键是有机物的好氧生物降解过程。

湖泊水库环流型的水域，流动结构主要是以平面和立面环流的形式存在。对浅水型水域内的环流，其主要的外界驱动力是风。而对深水的水库和湖泊而言，除风之外，温度梯度及其变化往往也是形成立面环流的主要因素。由于该类水域相对而言与域外的交换较少（汛期等特殊情况除外），水域纳污之后污染物主要仍在域内滞留，尤其是进入环流区的污染物，往往不易被水流带走。另外，该类水域的流速一般较小，使污染物在该类水域内的扩散作用相对加强，与外域的交换相对减弱。对湖泊环流型水域而言，自净能力主要是体现在域内的迁移转化。湖泊水库水体的自净过程主要是水体中微生物与污染物质的作用过程，将污染物质还原为无机态，为生态系统的循环生长提供营养，同时保持水体的洁净。在湖泊，经常有大量水源贮留，即使有污水流入，也可以想象会充分受到稀释。事实上果真如此吗？现在，假定一定量污水在一定时间范围内被排进湖中，这就像盛满水的玻璃杯滴入一滴墨水，假如加以搅拌，只要玻璃杯装水量多，便可以充分稀释。但是在污水连续排进湖中的情况下，湖水与污水逐渐混合，最后，整个湖水便为污水所充满，因此，稀释效果便等于零。但实际上并非如此，在一般的湖泊中，在排进污水的同时，在其他地方，也有小溪流入清水，所以，常常可以希望由于有这种小溪的清水而得到稀释。

河口海湾感潮型的水域，水体的流动方向往复变化，污染物在该类型水域中随着流向的不同而迁移转换。在该类型水域中，余流的强度和方向是确定污染物最终迁移方向的因素，因而对该类水域而言，自净能力主要是体现在与域外水体的交换能力上。

自然状态下的不同水域，因其物理的、生物的、化学的条件不同，其自净能力也各不相同。对排污口进行科学选址，并因地制宜地对排污量实施控制，是科学利用自然状态下水域的自净能力的重要内容。以河道径流型水域为例，虽然在此类水域中水流的主要流向指向下游，但各断面的流速分布是不均匀的，沿空间方向的流速梯度也不相同，因而在不同的部位安排排污口，其污染带的范围及向域外迁移扩散的效果必不相同。极端而言，若将排污口安排在有局部环流存在的区域，则该部分水域的水质会很快被破坏，即它的自净能力会远低于直接将污染物排放到流速大且方向单一的部位（当然，作为一条河流，应当从整体上对上下游的水环境区划进行安排，并认清不同水域间的交换特性，兼顾上下游的利益）。在我国许多热电站和核电站的建设前期，都要对承纳热、核排放的水域进行审慎研究，在选址时尽可能地避开水动力交换弱、自净能力差的区域。不少热电站设计时还经常利用流速沿垂向分布的不同及浮力流的特性，合理安排取、排水口的高程和部位，达到科学利用自然状态下的水域的自净能力的目的。

1.4　城市污泥的来源及特性

1.4.1　城市污泥的来源与分类

1. 城市污泥的来源

城市污水处理目前常用的方法有物理法、化学法、物理化学法和生物法。但无论哪种方法都或多或少会产生沉淀物、颗粒物和漂浮物等，统称为城市污泥。虽然产生的污泥体积比处理废水体积小得多，如活性污泥法处理废水时，剩余活性污泥体积通常只占到处理废水体积 1%以下，但污泥处理设施的投资却占到总投资的 30%～40%，甚至超过 50%。因此，无论从污染物净化的完善程度，废水处理技术开发中的重要性及投资比例，污泥处理占有十分重要的地位。

2. 城市污泥的分类

污泥一般指介于液体和固体之间的浓稠物，可以用泵输送，但它很难通过沉降进行固液分离。悬浮物浓度一般在 1%～10%，低于此浓度常称为泥浆。

（1）按亲水和疏水性性质分类

污泥按亲水和疏水性其种类可见表 1-3。

表 1-3 污泥的分类

类别	来源	出处	组分
亲水性有机污泥	（1）生活污水； （2）食品工业废水； （3）印染工业废水	初次沉淀池 初次沉淀池＋厌氧消化 初次沉淀池＋生化处理 初次沉淀池＋生化处理＋厌氧消化	挥发性物质 30%～90% 蛋白质病原微生物 植物及动物废物 动物脂肪 金属氢氧化物 其他碳氢化合物
亲水性无机污泥	（1）金属加工工业废水； （2）无机化工工业废水； （3）染料工业废水； （4）其他工业废水	物理和化学法处理 中和法处理	金属氢氧化物 挥发性物质约 30% 动物脂肪和少量其他有机物
疏水性含油污泥	钢铁加工工业废水	初次沉淀池	大多数氧化铁，矿物油和油脂
疏水性无机污泥	钢铁工业等废水	中和池 混凝沉淀池 初次沉淀池	大部分为疏水性物质 亲水性氢氧化物<5% 挥发性物质<5%
纤维性污泥	造纸工业废水	初次沉淀池 混凝沉淀池 生化处理	赛璐珞纤维 亲水性氢氧化物 生化处理构筑物中的挥发性物质

由于污泥的来源及水处理方法不同，产生的污泥性质不一，因此目前划分污泥分类常采用以下方法。

（2）按处理方法分类

① 筛屑物

系指经格筛截留的固体物，称筛屑物，其数量的变化，取决于废水的特性和筛网孔眼尺寸。筛屑是湿的，若暂时堆放，有水从中排出，但仍不能减小运输这些筛屑物的体积。筛屑物较易处置，可直接运填埋场地消纳。

② 初沉淀污泥

系指初级处理中来自沉淀底部的污泥；漂浮物则来自沉淀池顶部。若为浮选池，浮渣是来自浮选池的顶部。污泥特性随污水的成分而有变化。

浮选池的浮渣，通常含总固体浓度为 4%～6%，可用泵输送。来自初次沉淀池底部的污泥，则很难用泵输送。污泥浓度根据所加工的原料而变化。例如加工马铃薯和番茄时，由于带有田间的污秽固体浓度可能达到 40%，这时只能用特定的活塞泵输送。

③ 腐殖污泥与剩余活性污泥

系指二级生物处理中产生的污泥。生物膜法后的二沉池中沉淀物称腐殖污泥，扣除回流的部分活性污泥，剩余部分则称剩余活性污泥。

④ 消化污泥

初沉淀污泥、腐殖污泥与剩余活性污泥经消化处理后，成为消化污泥或熟污泥。

⑤ 深度处理污泥

系指经深度处理（或三级处理）产生的污泥，通常称为化学污泥。其污泥量根据处理能力所采用的混凝剂而定。

石灰污泥大约含 7% 的固体，能用真空过滤或采用离心机能较好的脱水。输送石灰污泥的管道应该加大尺寸，这是考虑到在管内的结垢和日后的清除；铝盐污泥十分轻并呈凝胶状、脱水困难；三氯化铁污泥脱水较易，但很脏，通常可用真空过滤脱水。在正常情况下，三级化学澄清池的污泥中含有机物很少，除非二级生物处理装置受到干扰，才需要进一步稳定污泥以防止腐化。

1.4.2 污泥的性质

正确把握污泥的性质是科学合理地处理处置和利用污泥的先决条件，只有根据污泥的性质指标才能正确选择有效的处理工艺和合适的处理设备及资源化的趋向。因此，表征污泥性质的指标越精确，取得的效益越显著。通常需要对污泥的下述性质指标进行分析测定。

1. 污泥的含水率和固体含量

单位质量污泥所含水分的质量百分数称为含水率，相应的固体物质在污泥中所含的质量百分数，称为含固量（%）。污泥的含水率一般都很高，而含固量很低，例如城市污水厂初沉污泥含固量在 2%～4%，而剩余活性污泥含固量在 0.5%～0.8%，密度接近 $1g/cm^3$。一般来说，固体颗粒越小，其所含有机物越多，污泥的含水率越高。

2. 污泥的脱水性能

表 1-4 列出了几种代表性污泥的含水率，由表 1-4 可知，一般污泥的含水率都比较高，体积大，不利于污泥的贮存、输送、处理及利用，必须对污泥进行脱水处理。如 $1m^3$ 含水率 95% 的生活污水污泥，其体积约 1000L，若脱水后含水率降低 10%，则其体积减少 2/3；含水率降低 30%，其体积则减少 6/7。但是不同性质的污泥脱水的难易程度差别很大，应根据其脱水性能，选择合适的方法，才能取得良好的效果。因此测定污泥的脱水性能，对选择脱水方法具有重要的意义。

表 1-4　代表性污泥的含水率

名称	含水率（%）	名称	含水率（%）
初沉污泥	95	生物滴滤池污泥	—
混凝污泥	93	慢速滤池	93
活性污泥	—	快速滤池	97
空气曝气	98～99	厌氧消化污泥	—
纯氧曝气	96～98	初沉污泥	85～90
		活性污泥	90～94

3. 污泥的理化性质

污泥的理化性质主要包括：有机物（挥发性）和无机物（灰分）的含量、植物养分含量、有害物质（重金属）含量、热值等。

表 1-5 列举了国内外城市污水厂污泥的有机物含量。由表 1-5 的数据可知，我国污泥中的有机物含量为 50%～70%，低于发达国家（60%～80%）；如日本加药脱水污泥的平均有机物含量为 75.4%。

表 1-5　污泥中有机物的含量（%）

项　　目	初沉污泥		剩余污泥	
	中国	美国	中国	美国
总固体	3.2～7.8	2.0～8.0	1.4～2.0	0.83～1.2
挥发性固体	49.9～51.6	60～80	67.7～74.0	59～88
脂肪	10	7～35	6.4	5～12
蛋白质	13.8	20～30	38.2	32～41
碳化水合物	26.1	8～15	23.2	—

注：上述数据来源于上海和天津两地污水厂。

4. 污泥的安全性

随着城市的发展和废水污水治理的实施，污泥的成分越来越复杂，污泥最终处置前进行安全性试验和评价显得十分重要。污泥中含有大量细菌及各种寄生虫卵，为了防止应用过程中传染疾病，必须对污泥进行寄生虫卵的检查。作农肥使用的污泥要根据《农用污泥中污染物控制标准》（GB 4284—1984）分析其中的重金属和有毒有害成分。即使进行填埋的污泥也必须按照有关法规和标准进行各种安全性评价。

1.5　城市污泥处理技术概述

1.5.1　污泥中水分的存在形式及其分离性能

污泥中所含水分形态，尽管不同的文献有不同的分类，但一般都认为有四种形态，即表面吸附水、间隙水、毛细结合水和内部结合水。毛细结合水又可分为裂隙水、空隙水和楔形水。图 1-3 为污泥颗粒与水分形态示意图。

1. 表面吸附水

污泥属于凝胶，是由絮状的胶体颗粒集合而成。污泥的胶体颗粒很小，与其体积相比表面积很大，由于表面张力的作用吸附的水分也就很多。胶体颗粒全部带有相同性质的电荷，相互排斥，妨碍颗粒的聚集长大，而保持稳定状态，因而表面吸附水用普通的浓缩或脱水方法去除比较困难。只有加入能起混凝作用的电解质，使胶体颗粒的电荷得到中和后，颗粒呈不稳定状态，黏附在一

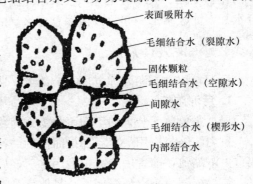

图 1-3　污泥中水分的存在形态

起，最后沉降下来。颗粒增大后其比表面积减小，表面张力随之降低，表面吸附水也随之从胶体颗粒上脱离。污泥胶体颗粒一般带负电荷，因此应加入带正电荷的电解质离子。刚好中和胶体电荷的中性点成为等电点。一到等电点，其同性电荷的相斥作用立即停止，小颗粒胶体开始聚集、收缩，其容积减小。电解质的加入量不足或过量，达不到等电点，凝聚效果差，浓缩或脱水效果也不好。

2. 间隙水

间隙水是指大小污泥颗粒包围着的游离水分，它并不与固体直接结合，因而很容易分离，只需在浓缩池中控制适当的停留时间，利用重力作用，就能将其分离出来。间隙水一般要占污泥总含水量的 65%～85%，这部分水是污泥浓缩的主要对象。

3. 毛细结合水

将一根直径细小的管子插入水中，在表面张力的作用下，水在管内上升使水面达到一定的高度，这一现象叫毛细现象。水在管内上升的高度与管子半径成反比，就是说管子半径越小，毛细力越大，上升高度越高，毛细结合水就越多。污泥由高度密集的细小固体颗粒组成，在固体颗粒接触表面上，由于毛细力的作用，形成毛细结合水，这种结合水称为楔形毛细结合水，如图 1-4 所示；固体颗粒自身裂隙中的毛细水，称为裂隙毛细结合水；固体颗粒和颗粒之间空隙的毛细水，称为间隙毛细水。各类毛细结合水约占污泥总含水量的 15%～25%。

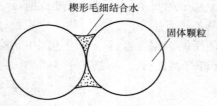

图 1-4　两球形颗粒接触处的楔形毛细结合水

浓缩作用不能将毛细结合水分离，图 1-4 表示重力作用下颗粒中水分分布的时间变化。如果将固体颗粒间充满水分的污泥柱浸入水中，间隙水由于重力作用从上部开始流动，一直保持不变。因此，要分离毛细结合水，需要较高的机械作用力和能量，如真空过滤、压力过滤和离心分离才能去除这部分水分。

4. 内部结合水

内部结合水是指包含在污泥中微生物细胞体内的水分。它的含量多少与污泥中微生物细胞体所占比例有关。一般初沉污泥内部结合水较少，二沉污泥中内部结合水较多。这种内部结合水与固体结合得很紧密，使用机械方法去除这部分水是行不通的。要去除这部分水分，必须破坏细胞膜，使细胞液渗出，由内部结合水变为外部液体。为了除去这些内部结合水，可以通过好氧菌或厌氧菌的作用进行生物分解，如好氧消化、堆肥、厌氧消化等，或采用高温加热和冷冻等措施。内部结合水的量不多，内部结合水和表面吸附水一起只占污泥总含水量的 10%左右。

1.5.2　污泥处理方法

污泥常用的污泥处理方法有：浓缩、调理、消化、脱水和干燥。

1. 污泥浓缩

根据主要单元装置的不同可分为重力浓缩、气浮浓缩和离心浓缩。

重力浓缩是应用最广泛和最简便的一种浓缩方法。它又可分为连续式重力浓缩池和间歇式重力浓缩池，前者用于大中型污水厂，后者用于小型污水厂。

气浮浓缩与重力浓缩相反，是依靠大量微小气泡附着在污泥颗粒的周围，减小颗粒的密度而强制上浮。因此气浮法对比重接近于 1 的污泥尤其适用。气浮到水面的污泥用刮泥机刮除。澄清水从池底排除，一部分水加压回流，混入压缩空气，通过溶气罐，供给所需要的微气泡。

离心浓缩的原理是利用污泥中固液比重不同，所具有的不同离心力进行浓缩。它占地面积小，造价低，但运行费用与机械维修费较高。

2. 污泥调理

污泥中的固体物主要为胶质，有复杂的结构，与水的亲和力很强，含水率很高，一般为 $96\%\sim99\%$，浓缩后含水率仍然高达 $85\%\sim90\%$ 以上。为了提高污泥浓缩和脱水效率，需要采用多种方法，改变污泥的理化性质，减小与水的亲和力，通过调整固体粒子群性质及其排列状态，使凝聚力增强，颗粒变大。这样的预处理操作叫做调质（或调理）。它是污泥浓缩和脱水过程中不可缺少的工艺过程。污泥中的固体物主要为胶质，有复杂的结构，与水的亲和力很强，含水率很高，一般为 $96\%\sim99\%$，浓缩后含水率仍然高达 $85\%\sim90\%$ 以上。为了提高污泥浓缩和脱水效率，需要采用多种方法，改变污泥的理化性质，减小与水的亲和力，通过调整固体粒子群性质及其排列状态，使凝聚力增强，颗粒变大。这样的预处理操作叫做调质（或调理）。它是污泥浓缩和脱水过程中不可缺少的工艺过程。

3. 污泥消化

污泥的消化是一个生物化学过程，主要依靠微生物对有机物的分解作用。污泥的消化处理是稳定污泥的有效方法。按作用的细菌种类的不同，可分为：厌氧消化法和好氧消化法。厌氧消化法是污泥中的有机物在无氧的条件下被分解为甲烷和二氧化碳，主要处理对象为初次沉淀污泥，剩余活性污泥以及高浓度的生产污水，特别对那些生化需氧量极高，在缺氧的条件下易于分解的生产污水，非常有效；好氧消化法即对活性污泥进行长时间的曝气，使细菌体内进行内源代谢。

影响厌氧消化的主要因素是温度，其他还有污泥投配率、营养与碳氮比、酸碱度、有毒物质含量等。

4. 污泥脱水

污泥经浓缩处理后，含水率约为 $95\%\sim97\%$，体积还很大，仍可用管道运输。为了满足卫生标准、综合利用或进一步处置的要求，可对污泥进行干化和脱水。污泥干化与脱水，主要有自然干化、机械脱水和热处理法。污泥脱水是依靠过滤介质（多孔性物质）两面的压力差为推动力，使水分强制通过过滤介质，固体颗粒被截留在介质上，达到脱水的目的。造成压力差的方法有：（1）依靠污泥本身厚度的静压力（如污泥自然干化场的渗透脱水）；（2）在过滤介质的一面造成负压（如真空过滤脱水）；（3）加压污泥把水分压过过滤介质（如亚压滤脱水）；（4）造成离心力作为脱水的推动力（如离心脱水）。真空过滤是目前使用最广泛的一种机械脱水方法。它的优点是能连续生产，操作平稳，可实现自动化，适应于各种污泥的脱水；缺点是脱水前必须预处理，附属设备多，工序较复杂，运行费用高。

5. 污泥干燥

污泥经过自然干化或机械脱水后，尚有约 $45\%\sim85\%$ 的含水率，体积与重量仍很大，可采用干燥的方法进一步脱水干化。干燥的对象是毛细管水、吸附水和颗粒内部水。经干燥后，含水率可降至 10% 左右。

根据干燥介质（灼热气体）和污泥流动相对方向的不同，污泥干燥设备可分为并流、逆流和错流式三种。并流干燥中，污泥与干燥介质的流动方向一致，干燥快，温度低，热损失少，但由于推动力不断降低，影响生产率；逆流干燥中，污泥与干燥介质移动方向相反，推动力较为均匀，速度快，干燥程度高，但热损失大；错流干燥中，污泥移动方向与干燥介质流动方向垂直，干燥推动力均匀，可克服并流或逆流干燥中的缺点，但其构造比较复杂。在污泥干燥中，上述三种都使用，但最常用的是并流和错流两种。

1.6　城市污泥的处置及资源化

1.6.1　城市污泥处理处置的一般原则

污泥的处理处置与其他固体废物的处理处置一样，都应遵循减量化、稳定化、无害化的原则。为达到此目的，通过各种装置的组合，构成种种污泥处理处置的工艺。

1. 减量化

污泥的含水率高，一般大于 95%，体积很大，不利于贮存、运输和消纳，减量化十分重要。经浓缩后，含水率均在 85% 以上，可用泵输送污泥；含水率为 70%～75% 的污泥呈柔软状；60%～65% 的污泥几乎成为固体状态；34%～40% 时已成可离散状态；10%～15% 的污泥则成粉末状的减量化程度。

2. 稳定化

污泥中有机物含量 60%～70%，会发生厌氧降解，极易腐败并产生恶臭。因此需要采用生物好氧或厌氧消化工艺，使污泥中的有机组分转化成稳定的最终产物；也可添加化学药剂，终止污泥中的微生物的活性来稳定污泥，如投加石灰，提高 pH 值，即可实现对微生物的抑制。pH 值在 11.0～12.2 时可使污泥稳定，同时还能杀灭污泥中病原体微生物。但化学稳定法不能使污泥长期稳定，因为若将处理过的污泥长期存放，污泥的 pH 值会逐渐下降，微生物逐渐恢复活性，使污泥失去稳定性。

3. 无害化

污泥中，尤其是初沉污泥中，含有大量病原菌、寄生虫卵及病毒，易造成传染病大面积传播。肠道病原菌可随粪便排出体外，并进入废水处理系统，感染个体排泄出的粪便中病毒多达 10^6 个/g。实验室研究表明，加到污泥悬浮液中的病毒能与活性污泥絮体结合，因而在水相中残留的相当少。此外，污泥中还含有多种重金属离子和有毒有害的有机物，这些物质可从污泥中渗滤出来或挥发，污染水体和空气，造成二次污染。因此污泥处理处置过程必须充分考虑无害化的原则。

污泥处理处置时应将各种因子结合起来，综合考虑，杜绝不确定因素对环境可能造成的冲击和意想不到的污染物在不同介质之间的转移，对环境整体而言，要具有安全性和可持续性。

1.6.2　城市污泥处理处置的基本工艺流程

城市污泥处理处置的方法很多，但最终目的是实现减量化、稳定化和无害化。污泥处理处置的基本工艺流程可分为以下几类：

（1）浓缩→前处理→脱水→好氧消化→土地还原；

（2）浓缩→前处理→脱水→干燥→土地还原；

（3）浓缩→前处理→脱水→焚烧（或热分解）→灰分填埋；

（4）浓缩→前处理→脱水→干燥→熔融烧结→做建材；

（5）浓缩→前处理→脱水→干燥→做燃料；

（6）浓缩→厌氧消化→前处理→脱水→土地还原；

（7）浓缩→蒸发干燥→做燃料；

（8）浓缩→湿法氧化→脱水→填埋。

决定污泥处理工艺时，不仅要从环境效益、社会效益和经济效益全面权衡，还要对各种处理工艺进行探讨和评价，根据实际情况进行选定。欧洲各国的污泥产生量和处置方法列于表 1-6。

表 1-6 欧洲各国的污泥产生量和处置方法（%）

项目	农用	填埋	焚烧	海洋投弃	污泥总量（10^4t 干污泥/a）
奥地利	28	35	37	—	25
比利时	57	43	—	—	3.5
丹麦	43	29	28	—	15
法国	27	53	20	—	90
德国	25	65	10	—	275
希腊	10	90	—	—	20
爱尔兰	23	34	—	43	2.3
意大利	34	55	11	—	80
卢森堡	80	20	—	—	1.5
荷兰	53	29	10	8	28
葡萄牙	80	12	—	8	20
西班牙	61	10	—	29	30
瑞典	60	40	—	—	18
瑞士	50	30	20	—	25
英国	51	16	5	28	150

1.6.3 城市污泥资源化的发展趋势

目前城市污泥处理处置的技术在发生变化，由于土地及劳力费上涨，城市污泥采用机械脱水的趋势虽然仍在发展，且污泥焚烧因其减量化明显，有了长足发展，但因其耗能阻碍了该技术的进一步推广，因此城市污泥目前的发展趋势是从原来单纯处理处置逐渐向污泥有效利用、实现资源化方向发展。

城市污泥的堆肥化就是资源化的途径之一，城市污泥富含微生物生活繁殖所需的有机营养成分，是一种理想的堆肥原料。城市污水污泥首先必须经脱水达到 20%～40% 的含固率，同时还应为维持好氧条件加入膨松剂以使所有的污泥供料都能均等的与空气接触。目前经常使用的膨松剂是木材，另外具有发展潜力的膨松剂是粉碎后的轮胎。微生物堆肥过程中产生的热量，有利于多余水分的蒸发，经试验表明，经过堆肥，76% 的最初污泥含水率可降至 22% 左右。

此外，利用城市污泥的比表面积较大的优势，还开发了污泥资源化做活性吸附材料的研究。如将污泥隔绝空气，在还原气氛下加热，使污泥中 20％左右的有机物质炭化，这种炭化污泥类似于木炭，具有以下特征：密度小，质量轻；孔隙多，比表面积大；润湿时可吸附污泥体积 30％～40％的水分；良好的脱色除臭性能；富含热值；适合微生物在其表面生长等优势。

目前炭化污泥已用作土壤改良剂，提高农作物产量；用作污泥脱水助剂，改善污泥脱水性能以及用作废水脱水除臭剂等。根据世界各国污泥处理技术发展的趋势和我国相关政策导向，资源化必将成为未来污泥处理的主流。

第2章 城市污水的预处理

城市污水中含有相当数量的漂浮物和悬浮物质，通过物理方法去除这些污染物的方法称为一级处理，又称为物理处理或预处理。

在实际工作中应根据不同的情况，采取不同的截留方法，将格栅、沉砂池、沉淀池等进行组合，以适应城市污水处理需求。近年来，又发展了强化一级处理工艺，通过投加混凝剂以强化一级处理效果，提高处理水平。下面对一级处理的各个单元进行介绍。

2.1 格 栅

格栅是由一组平行的金属或非金属材料的栅条制成的框架，斜或垂直置于污水流经的渠道上，用以截阻大块呈悬浮或漂浮状的污染物（垃圾）。

格栅设计的主要参数是确定栅条间隙宽度，栅条间隙宽度与处理规模、污水的性质及后续设备有关，一般以不堵塞水泵和处理设备，保证整个污水处理厂系统正常运行为原则。多数情况下污水处理厂设置两道格栅，第一道格栅间隙较粗，设置在提升泵前面；第二道格栅间隙较细一些，一般设置在污水处理构筑物前。

2.1.1 格栅的分类

（1）按形状，格栅可分为平面格栅和曲面格栅。平面格栅由栅条与框架组成，曲面格栅可分为固定曲面格栅与旋转鼓筒式格栅两种。

（2）按栅条净间隙，格栅可分为粗格栅（50～100mm）、中格栅（10～40mm）、细格栅（3～10mm）。粗格栅通常斜置在其他构筑物之前，如沉砂池，或者泵站等机械设备，因此粗格栅对废水预处理起着废水预处理和保护设备的双重作用。细格栅可以有多个放置地点，可放置在粗格栅后作为预处理设施，也可替代初沉池作为一级处理单元，或者置于初沉池后，用来处理初沉池的出水，还可以用来处理合流制排水的溢流水。

（3）按清渣方式，格栅可分为人工清渣格栅和机械清渣格栅。

人工清理的格栅：中小型城市的生活污水处理厂或所需截留的污染物量较少时，可采用人工清理的格栅。这类格栅是用直钢条制成，一般与水平成$50°\sim60°$倾角安放，这样可以增加有效格栅面积$40\%\sim80\%$，而且便于清除污物，防止因为堵塞而造成过高的水头损失。图2-1为人工清理的格栅示意图。

机械清渣的格栅：当每日栅渣量大于$0.2m^3$时，应采用机械清渣格栅，倾角一般为$60°\sim70°$，有时为$90°$。图2-2为链条式格栅除渣机示意图。

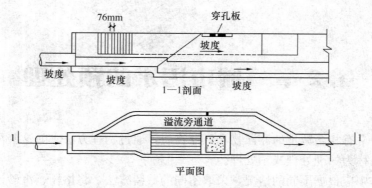

图 2-1　带溢流旁通道的人工清理格栅

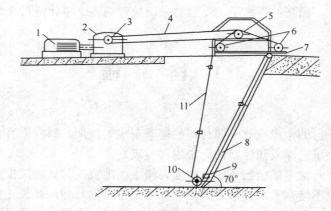

图 2-2　链条式格栅除渣机示意图

1—电动机；2—减速器；3—主动链条；4—传动链条；5—从动链轮；6—张紧轮；

7—导向轮；8—格栅；9—齿耙；10—导向轮；11—除污链条

2.1.2　格栅设计过程中注意事项

1. 栅条间距：水泵前格栅栅条间距按污水泵型号选定，当采用 PW 型或 PWL 型污水泵时，格栅的栅条间距和污水泵型号参见表 2-1。

表 2-1　污水泵型号与栅条间距

水泵型号	栅条间距（mm）
$2\frac{1}{2}$PW，$2\frac{1}{2}$PWL	≤20
4PW，4PWL	≤40
6PWL	≤70
8PWL	≤90
10PWL	≤110
12PWL	≤150

2. 若在处理系统前，格栅栅条净间隙还应符合下列要求：

（1）人工清渣：25～100mm；

（2）机械清渣：16～100mm；

（3）最大间距：100mm。

（4）栅条间距与截污物数量的关系见表 2-2。

表 2-2 栅条间距与截污物数量的关系

栅条间距（mm）	栅渣（m³/10³ m³污水）
16～25	0.10～0.05
30～50	0.03～0.01

3. 清渣方式：大型格栅（每日栅渣量大于 0.2m³）应用机械清渣。

4. 含水率、容重：栅渣的含水率按 80％计算，容重约为 960kg/m³。

5. 过栅流速：过栅流速一般采用 0.6～1.0m/s。

6. 栅前渠内流速一般采用 0.4～0.9m/s。

7. 过栅水头损失一般采用 0.08～0.15m。

8. 格栅倾角一般采用 45°～75°，一般机械清污时≥70°，特殊情况也有 90°垂直格栅，人工清污时≤60°。

9. 机械格栅不宜少于 2 台。

10. 格栅间需设置工作台，台面应高出栅前最高设计水位 0.5m；工作台两侧过道宽度不小于 0.7m；工作台面的宽度为：人工清渣不小于 1.2m，机械清渣不小于 1.5m。

2.1.3 格栅的计算公式

格栅的设计内容包括尺寸计算、水力计算、栅渣量以及清渣机械的选用等，格栅计算图如图 2-3 所示。

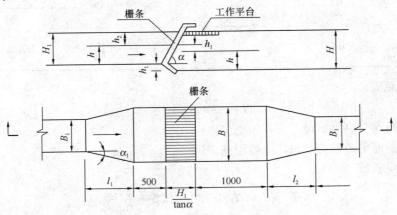

图 2-3 格栅计算图

（1）栅槽宽度

$$B = s(n-1) + en$$

$$n = \frac{Q_{\max}\sqrt{\sin\alpha}}{ehv}$$

式中 B——栅槽宽度，m；

s——栅条宽度，可参考表 2-2，m；

e——栅条净间隙，粗格栅 $e = 50～100$mm，中格栅 $e = 10～40$mm，细格栅 $e =$

3～10mm；

n——格栅间隙数；

Q_{max}——最大设计流量，m^3/s；

α——格栅倾角，°；

h——栅前水深，m；

ν——过栅流速，m/s。

（2）过栅水头损失

$$h_1 = kh_0$$

$$h_0 = \xi \frac{v^2}{2g} \sin\alpha$$

式中　h_1——过栅水头损失，为避免造成栅前涌水，故一般将栅后槽底下降 h_1 作为补偿，m；

h_0——计算水头损失，m；

g——重力加速度，$9.81m/s^2$；

k——系数，格栅受污物堵塞后导致水头损失增大而引入的系数，一般取 3；

ξ——阻力系数，其大小与栅条截面形状有关，可参考表 2-3。

表 2-3　阻力系数 ξ 的计算公式

截面形状		公式	说明
圆形		$\xi = \beta\left(\dfrac{S}{e}\right)^{4/3}$	$\beta=1.79$
矩形	规则的矩形		$\beta=2.42$
	带半圆的矩形		$\beta=1.83$
	两头半圆的矩形		$\beta=1.67$
正方形		$\xi = \left(\dfrac{b+s}{\varepsilon b}-1\right)^2$	收缩系数 $\varepsilon=0.64$

（3）栅槽总高度

$$H = h + h_1 + h_2$$

式中　H——栅前总高度，m；

h_2——栅前渠道超高，m，一般用 0.3m。

（4）栅槽总长度

$$L = l_1 + l_2 + 1.0 + 0.5 + \frac{H_1}{\tan\alpha}$$

$$l_1 = \frac{B - B_1}{2\tan\alpha_1}$$

$$l_2 = \frac{l_1}{2}$$

$$H_1 = h + h_2$$

式中　L——栅前总高度，m；

H_1——栅前槽高，m；

l_1——进水渠道渐宽部分长度，m；

B_1——进水渠道宽度，m；

α_1——进水渠展开角，一般用 $20°$；

l_2——栅槽与出水渠连接处渐缩部分的长度，m。

（5）每日栅渣量计算

$$W = \frac{Q_{max} W_1 \times 86400}{K_z \times 1000}$$

式中　W——每日残渣量，m^3/d；

W_1——栅渣量，$m^3/(10^3 m^3$污水$)$，取值可参考表 2-2，粗格栅宜用小值，细格栅宜用大值；

K_z——生活污水流量总变化系数，见表 2-4。

表 2-4　生活污水量总变化系数 K_z

平均日流量（L/s）	4	6	10	15	25	40
K_z	2.3	2.2	2.1	2.0	1.89	1.80
平均日流量（L/s）	70	120	200	400	750	1600
K_z	1.69	0.59	1.51	1.40	1.30	1.20

2.2　水量水质调节技术

工业废水与城市污水的水量、水质都是随着时间而不断变化的，有高峰流量、低峰流量，也有高峰浓度和低峰浓度。流量和浓度的不均匀往往给处理设备带来很多困难，或者无法保证其在最优的工艺条件下运行。为了改善废水处理设备的工作条件，在很多情况下需要对水量进行调节、水质进行调和。

调节的目的是减小和控制污水水量、水质的波动，为后续处理（特别是生物处理）提供最佳运行条件。调节池的大小和形式随污水水量及来水变化情况而不同。调节池池容应足够大，以便能消除因厂内生产过程的变化而引起的污水增减，并能容纳间歇生产中的定期集中排水。水质和水量的调节技术主要用于工业污水处理流程。

工业污水处理进行调节的目的是：

（1）适当缓冲有机物的波动以避免生物处理系统的冲击负荷；

（2）适当控制 pH 值或减小中和需要的化学药剂投加量；

（3）当工厂间断排水时还能保证生物处理系统的连续进水；

（4）控制工业污水均匀向城市下水道的排放；

（5）避免高浓度有毒物质进入生物处理工艺。

2.2.1　水量调节

污水处理中单纯的水量调节有两种方式：一种为线内调节（图 2-4），进水一般采用重力流，出水用泵提升；另一种为线外调节（图 2-5），调节池设在旁路上，当污水流量过高时，多余污水用泵打入调节池，当流量低于设计流量时，再从调节池回流至集水井，并送去后续处理。

27

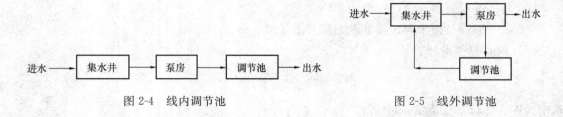

图 2-4　线内调节池　　　　　　　　　　图 2-5　线外调节池

废水的平均流量 Q_0（m^3/h）按下式计算：

$$Q_0 = \frac{\sum Q_i}{24}$$

式中　$\sum Q_i$——一日内逐时流量之和。

2.2.2　水质调节

　　水质调节的任务是对不同时间或不同来源的污水进行混合，使流出水质较均匀，水质调节池也称为均和池或匀质池。

　　水质调节的基本方法有两种：① 利用外加动力（如叶轮搅拌、空气搅拌、水泵循环）而进行的强制调节，它设备较简单，效果较好，但运行费用高；② 利用差流方式使不同时间和不同浓度的污水进行自身混合，基本没有运行费，但设备结构复杂。

　　图 2-6 为一种外加动力的水质调节池，采用空气搅拌；在池底设有曝气管，在空气搅拌作用下，使不同时间进入池内的污水得以混合。这种调节池构造简单，效果较好，并可预防悬浮物沉积于池内。最适宜在污水流量不大、处理工艺中需要预曝气以及有现成空气系统的情况下使用。如污水中存在易挥发的有害物质，则不宜使用空气搅拌调节池，可改用叶轮搅拌。

　　差流方式的调节池类型很多。如图 2-7 所示为一种折流调节池。配水槽设在调节池上部，池内设有许多折流板，污水通过配水槽上的孔口溢流至调节池的不同折流板间，从而使某一时刻的出水包含不同时刻流入的污水，起到了水质调节的作用。如图 2-8 所示为对角线出水调节池。其特点是出水槽沿对角线方向设置，同一时间流入池内的污水，由池的左、右两侧经过不同时间流到出水槽，从而达到自动调节和均和的目的。为防止污水在池内短路，可以在池内设置若干纵向隔板。池内设置沉渣斗，污水中的悬浮物在池内沉淀，通过排渣管定期排出池外。当调节池容积很大，需要设置的沉渣斗过多时，可考虑调节池设计成平底，用压缩空气搅拌污水，防止沉砂沉淀。空气量 $1.5\sim3m^3/(m^2 \cdot h)$，调节池有效水深 $1.5\sim2m$，纵向隔板间距为 $1\sim1.5m$。

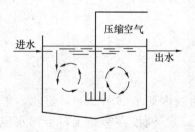

图 2-6　空气搅拌调节池

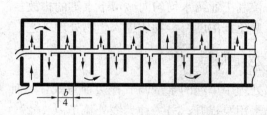

图 2-7　折流调节池

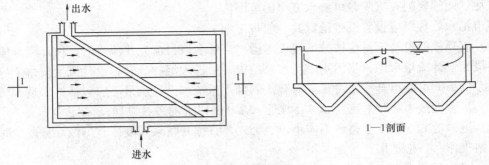

图 2-8　对角线出水调节池

2.2.3　调节池的设计计算

　　调节池的容积主要是根据污水浓度和流量的变化范围以及要求的均和程度来计算的。计算调节池的容积，首先要确定调节时间。当污水浓度无周期性变化时，要按最不利情况计算，即浓度和流量在高峰时的区间。采用的调节时间越长，污水越均匀。

　　先假设某一调节时间，计算不同时段拟定调节时间内的污水平均浓度。若高峰时段的平均浓度大于所求得的平均浓度，则应增大调节时间，直到满足要求为止。反之，若计算出拟调节时间的平均浓度过小，则可重新假设一个较小的调节时间计算。

　　当污水浓度呈周期性变化时，污水在调节池内的停留时间即为一个变化周期的时间。

　　污水经过一定时间的调节后，其平均浓度可按下式计算：

$$C = \sum_{i=1}^{n} \frac{C_i q_i t_i}{qT}$$

式中　C——T 小时内的污水平均浓度，mg/L；

　　　q——T 小时内的污水平均流量，m^3/h；

　　　C_i——污水在 t_i 时段内的平均浓度，mg/L；

　　　q_i——污水在 t_i 时段内的平均流量，m^3/h；

　　　t_i——各时段时间（h），其总和等于 T。

所需调节池的容积为：

$$V = qT = \sum_{i=1}^{n} q_i t_i$$

2.3　沉　砂　池

　　污水中一般含有砂粒、石屑和其他矿物质颗粒。这些颗粒易在污水处理厂的水池与管道中沉积，引起水池、管道附件的阻塞，也会磨损水泵等机械设备。沉砂池的作用就是从污水中分离出这些无机颗粒，同时防止沉降的砂粒中混入过量的有机颗粒。沉砂池一般设于泵站和沉淀池之间，以保护机件和管道，保证后续作业的正常运行。

　　沉砂池是采用物理原理将无机颗粒从污水中分离出来的一个预处理单元，以重力分离作为基础（一般视为自由沉淀），即把沉淀池内的水流速度控制在只能使相对密度较大的无机颗粒沉淀，而较轻的有机颗粒可随水流出的范围内。

城市污水处理厂应设置沉砂池，其一般规定如下。

（1）沉砂池的设计流量应按分期建设考虑。当污水以自流方式流入时，设计流量按建设时期的最大设计流量考虑；当污水由污水泵站提升后进入沉砂池时，设计流量按每个建设时期工作泵的最大可能组合流量考虑；对合流制排水系统，设计流量还应包括雨水量。

（2）沉砂池按去除相对密度 2.65、粒径 0.2mm 以上的砂粒设计。

（3）沉砂池的个数或分格数不应小于 2 个，并宜按并联系列设计。当污水量较少时，可考虑一格工作、一格备用。

（4）城市污水的沉砂量可按 $106m^3$ 污水沉砂 $30m^3$ 计算，其含水率为 60%，容量为 $1500kg/m^3$；合流制污水的沉砂量应根据实际情况确定。

（5）砂斗容积应按不大于 2d 的沉砂量计算，斗壁与水平面的倾角不应小于 55°。

（6）沉砂一般宜采用泵吸式或气提式机械排砂，并设置贮砂池或晒砂场。排砂管直径不小于 200mm。

（7）当采用重力排砂时，沉砂池和贮砂池应尽量靠近，以缩短排砂管长度，并设排砂闸门于管的首端，使排砂管畅通和利于养护管理。

（8）沉砂池的超高不宜小于 0.3m。

沉砂池按水流形式可分为平流式、竖流式、曝气式和旋流式四种。

2.3.1 平流式沉砂池

平流式沉砂池是一种常用的形式，它的结构简单，工作稳定，处理效果也比较好，如图 2-9 所示。

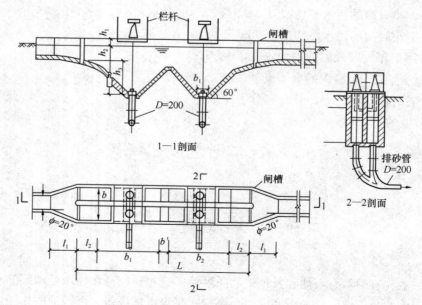

图 2-9 平流式沉砂池示意图

平流式沉砂池由进水装置、出水装置、沉淀区和排泥装置组成，池中的水流部分实际上是一个加宽加深的明渠，两端设有闸板，以控制水流。当污水流过沉砂池时，由于过水断面增大，水流速度下降，污水中挟带的无机颗粒将在重力作用下而下沉，而密度较小的有机物则处于悬浮状态，并随水流走，从而达到从水中分离无机颗粒的目的。在池底设有 1～2 个贮砂槽，下接带闸阀的排砂管，用以排除沉砂。平流沉砂池可利用重力排砂，也用射流泵或螺旋泵进行机械排砂。

1. 设计参数

（1）最大流速为 0.3m/s，最小流速为 0.15m/s。

（2）最大流量时停留时间不小于 30s，一般采用 30～60s。

（3）有效水深应不大于 1.2m，一般采用 0.25～1m，每格宽度不宜小于 0.6m。

（4）进水头部应采取消能和整流措施。

（5）池底坡度一般为 0.01～0.02。当设置除砂设备时，可根据设备要求考虑池底形状。

2. 计算公式

（1）池长

$$L = vt$$

式中　v——最大设计流量时的水平流速，m/s；

t——最大设计流量时的停留时间，s。

（2）水流断面面积 A

$$A = \frac{Q_{\max}}{v}$$

式中　$Q_{\max}$——最大设计流量，m³/s。

（3）池总宽度 B

$$B = \frac{A}{h_2}$$

式中　h_2——设计有效水深，m。

（4）贮砂斗所需容积

$$V = \frac{Q_{\max} XT \times 86400}{k_2 \times 10^6}$$

式中　X——污水的沉砂量，对城市污水一般采用 30m³/10⁶m³ 污水；

T——排砂时间间隔；

k_2——生活污水流量总变化系数。

（5）贮砂斗各部分尺寸

设贮砂斗的宽 $b_1 = 0.5$m，斗壁与水平面的倾角为 60°，则贮砂斗的上口宽 b_2 为：

$$b_2 = 2h'_3 \tan 60° + b_1$$

贮砂斗的容积 V_1 为

$$V_1 = \frac{1}{3} h'_3 (S_1 + S_2 + \sqrt{S_1 S_2})$$

式中　h'_3——贮砂斗高度，m；

S_1、S_2——分别为贮砂斗上口和下口面积，m²。

（6）贮砂室的高度

设采用重力排砂，池底坡度 $i = 6\%$，坡向砂斗，则贮砂室高度

$$h_3 = h'_3 + 0.06 l_2 = h'_3 + 0.06 \left(\frac{L - 2b_2 - b'}{2} \right)$$

式中　l_2——贮砂斗的下口宽，m；

b'——二沉砂斗之间隔壁厚，m。

31

（7）池子总高度

$$h = h_1 + h_2 + h_3$$

式中　h_1——超高，m。

（8）校核最小水流速度

$$v_{min} = \frac{Q_{min}}{n_1 A_{min}}$$

式中　Q_{min}——设计最小流量，m^3/s；

　　　n_1——最小流量时工作的沉砂池数目，个；

　　　A_{min}——最小流量时沉砂池中水流断面面积，m^2。

2.3.2　竖流式沉砂池

竖流式沉砂池是污水自下而上经中心管流入沉砂池内，根据无机颗粒比水密度大的特点，实现无机颗粒与污水的分离。竖流式沉砂池占地面积小、操作简单，但处理效果一般较差。

1. 设计参数

（1）最大流速为 0.1m/s，最小流速为 0.02m/s。

（2）最大流量时停留时间不小于 20s，一般采用 30～60s。

（3）进水中心管最大流速为 0.3m/s。

2. 计算公式

（1）中心管直径 d

$$d = \sqrt{\frac{4Q_{max}}{v_1 \pi}}$$

式中　v_1——污水在中心管内流速，m/s；

　　　Q_{max}——最大设计流量，m^3/s。

（2）池子直径 D

$$D = \sqrt{\frac{4Q_{max}(v_1 + v_2)}{\pi v_1 v_2}}$$

式中　v_2——池内水流上升速度，m/s。

（3）水流部分高度

$$h_2 = v_2 t$$

式中　t——最大流量时的停留时间，s。

（4）沉砂部分所需容积 V

$$V = \frac{Q_{max} XT \times 86400}{k_2 \times 10^6}$$

式中　X——污水的沉砂量，对城市污水一般采用 $30m^3/10^6 m^3$ 污水；

　　　T——排砂时间间隔；

　　　k_2——生活污水流量总变化系数。

（5）沉砂部分高度

$$h_3 = (R - r)\tan\alpha$$

式中　R——池子半径，m；

　　　r——圆截锥部分下底半径，m；

α——截锥部分倾角，°。

（6）圆截锥部分实际容积

$$v_1 = \frac{1}{3}\pi h_4 (R^2 + Rr + r^2)$$

式中　h_4——沉砂池锥底部分高度，m。

（7）池总高度

$$H = h_1 + h_2 + h_3 + h_4$$

式中　h_1——超高，m；

　　　h_3——中心管底至沉砂砂面的距离，一般采用 0.25m。

2.3.3　曝气沉砂池

曝气沉砂池从 20 世纪 50 年代开始使用，它具有以下特点：① 沉砂中含有机物的量低于 5%；② 由于池中设有曝气设备，它还具有预曝气、除臭、除泡作用以及加速污水中油类和浮渣的分离等作用。这些特点对后续的沉淀池、曝气池、污泥消化池的正常运行以及对沉砂的最终处置提供了有利条件。但是，曝气作用要消耗能量，对生物脱氮除磷系统的厌氧段或缺氧段的运行也存在不利影响。

曝气沉砂池是一个条形渠道，沿渠道壁一侧的整个长度上，距池底约 60～90cm 处设置曝气装置，在池底设置沉砂斗，池底有 $i = 0.1 \sim 0.5$ 的坡度，以保证砂粒滑入砂槽。为了使曝气能起到池内回流作用，在必要时可在设置曝气装置的一侧装设挡板。

污水在池中存在着两种运动状态，其一为水平流动（流速一般取 0.1m/s，不得超过 0.3m/s），同时，由于在池的一侧有曝气作用，因而在池的横断面上产生旋转运动，整个池内水流产生螺旋状前进的流动形式。旋转速度在过水断面的中心处最小，而在池的周边则为最大。

由于曝气以及水流的旋流作用，污水中悬浮颗粒相互碰撞、摩擦，并受到气泡上升时的冲刷作用，使黏附在砂粒上的有机污染物得以摩擦去除，螺旋水流还将相对密度较轻的有机颗粒悬浮起来随出水带走，沉于池底的砂粒较为纯净，有机物含量只有 5% 左右，便于沉砂的处置。

1. 设计参数

（1）旋流速度应保持 0.25～0.3m/s。

（2）水平流速为 0.06～0.12m/s。

（3）最大流量时停留时间为 1～3min。

（4）有效水深为 2～3m，宽深比一般采用 1～2。

（5）长宽比可达 5，当池长比池宽大得多时，应考虑设计横向挡板。

（6）每立方米污水的曝气量为 0.2m³ 空气，或 3～5m³/(m²·h)，也可按表 2-5 所列值采用。

表 2-5　曝气管水下浸没深度与空气用量关系表

曝气管水下浸没深度 (m)	最低空气用量 [m³/(m²·h)]	达到良好除砂效果最大空气量 [m³/(m²·h)]
1.5	12.5～15.0	30
2.0	11.0～14.5	29
2.5	10.5～14.0	28
3.0	10.5～14.0	28
4.0	10.0～13.5	25

（7）空气扩散装置设在池的一侧，距池底 0.6～0.9m，送气管应设置调节气量的阀门。

（8）池子的形状尽可能不产生偏流或死角，在集砂槽附近可安装纵向挡板。

（9）池子的进口和出口布置，应防止发生短路，进水方向应与池中旋流方向一致，出水方向应与进水方向垂直，并宜考虑设置挡板。

（10）池内应考虑设消泡装置。

2. 计算公式

（1）池子总有效容积 V

$$V = 60Q_{max}t$$

式中　Q_{max}——最大设计流量，m^3/s；

　　　　t——最大设计流量时的停留时间，s。

（2）水流断面积 A

$$A = \frac{Q_{max}}{v_1}$$

式中　v_1——最大设计流量时的水平流速，m/s，一般采用 0.06～0.12。

（3）池总宽度 B

$$B = \frac{A}{h_2}$$

式中　h_2——设计有效水深，m。

（4）池长 L

$$L = \frac{V}{A}$$

（5）每小时所需空气量 q

$$q = 3600dQ_{max}$$

式中　q——每小时所需空气量，m^3/h；

　　　　d——每立方米污水所需空气量，m^3/m^3。

2.3.4　旋流沉砂池

旋流沉砂池是利用机械力控制水流流态与流速、加速砂粒的沉淀并使有机物随水流带走的沉砂装置。旋流沉砂池有多种类型，某些形式还属于专利产品，下面介绍一种涡流式旋流沉砂池。

该旋流沉砂池由进水口、出水口、沉砂分选区、集砂区、砂提升管、排砂管、电动机和变速箱组成。污水由流入口沿切线方向流入沉砂区，利用电动机及传动装置带动转盘和斜坡式叶片旋转，在离心力的作用下，污水中密度较大的砂粒被甩向池壁，掉入砂斗，有机物则被留在污水中。调整转速，可达到最佳沉砂效果。沉砂用压缩空气经砂、排砂管清洗后排除，清洗水回流至沉砂区。

2.4　沉　淀　池

2.4.1　沉淀的基市原理

在流速不大时，密度比污水大的一部分悬浮物会借重力作用在污水中沉淀下来，从而实现与污水的分离；这种方法称之为重力沉淀法。根据污水中可沉悬浮物质浓度的高低及絮凝性能的强弱，沉淀过程有以下四种类型，它们在污水处理工艺中都有具体体现。

1. 自由沉淀

自由沉淀是一种相互之间无絮凝倾向或弱絮凝固体颗粒在稀溶液中的沉淀。

污水中的悬浮固体浓度不高，而且不具有凝聚的性能，在沉淀过程中，固体颗粒不改变形状、尺寸，也不互相黏合，各自独立地完成沉淀过程。颗粒的形状、粒径和密度直接决定颗粒的下沉速度。另外，由于自由沉淀过程一般历时较短，因此污水中的水平流速与停留时间对沉淀效果影响很大。自由沉淀由于发生在稀溶液中，且是离散的，因此，入流颗粒浓度不影响沉淀效果。

2. 絮凝沉淀

絮凝沉淀是一种絮凝性颗粒在稀悬浮液中的沉淀。在絮凝沉淀的过程中，各微小絮状颗粒之间能互相粘合成较大的絮体，使颗粒的形状、粒径和密度不断发生变化，因此沉降速度也不断发生变化。

3. 成层沉淀

当污水中的悬浮物浓度较高时，颗粒相互靠得很近，每个颗粒的沉降过程都受到周围颗粒作用力的干扰，但颗粒之间相对的位置不变，成为一个整体的覆盖层共同下沉。此时，悬浮物与水之间有一个清晰的界面，这种沉淀类型为成层沉淀。

4. 压缩沉淀

发生在高浓度悬浮颗粒的沉降过程中，由于悬浮颗粒浓度很高，颗粒相互之间已集成团状结构，互相支撑，下层颗粒间的水在上层颗粒的重力作用下被挤出，使污泥得到浓缩。

2.4.2　沉淀池概况

沉淀池是分离悬浮固体的一种常用处理构筑物。

1. 沉淀池类型

（1）沉淀池按工艺布置的不同，可分为初次沉淀池和二沉池。

① 初次沉淀池

初次沉淀池是一级污水处理系统的主要处理构筑物，或作为生物处理中预处理的构筑物。初次沉淀池的作用是对污水中密度大的固体悬浮物进行沉淀分离。放污水进入初次沉淀池后流速迅速减小至 0.02m/s 以下，从而极大地减小了水流夹带悬浮物的能力，使悬浮物在重力作用下沉淀下来成为初次沉淀污泥，而相对密度小于 1 的细小漂浮物则浮至水面形成浮渣而除去。初次沉淀池可去除污水中 $40\%\sim55\%$ 以上的 SS 以及 $20\%\sim30\%$ 的 BOD_5。

② 二沉池

通常把生物处理后的沉淀池称为二沉池，是生物处理工艺中的一个重要组成部分。二沉池的作用是泥水分离，使混合液澄清、污泥浓缩并将分离的污泥回流到生物处理段。其工作效果直接影响回流污泥的浓度和活性污泥处理系统的出水水质。

（2）沉淀池常按池内水流方向不同分为平流式、竖流式、辐流式、斜板式沉淀池（图2-10）。

① 平流式沉淀池

平流式沉淀池呈长方形，污水从池的一端流入，水平方向流过池子，从池的另一端流

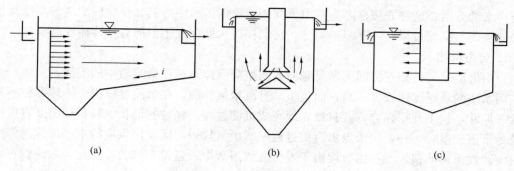

图 2-10 三种沉淀池示意图

(a) 平流式；(b) 竖流式；(c) 辐流式

出。在池的进水口处底部设置贮泥斗，其他部位池底设有坡度，坡向贮泥斗。

② 竖流式沉淀池

竖流式沉淀池多为圆形，亦有呈正方形或多角形的，污水从设在池中央的中心管进入，从中心管的下端经过反射板后均匀缓慢的分布在池的横断面上，由于出水口设置在池面或池壁四周，故水的流向基本由下向上，污泥贮积在底部的污泥斗中。

③ 辐流式沉淀池

辐流式沉淀池亦称为辐射式沉淀池，多呈圆形，有时亦采用正方形。池的进水在中心位置，出口在周围。水流在池中呈水平方向向四周辐射，由于过水断面面积不断变化，故池中的水流流速从池四周逐渐减慢。泥斗设在池中央，池底向中心倾斜，污泥通常用刮泥机（或吸泥机）机械排除。

④ 斜板（管）沉淀池

斜板（管）沉淀池是根据"浅层沉淀"理论，在沉淀池中设斜板或蜂窝斜管，以提高沉淀效率的一种新型沉淀池。它具有沉淀效率高、停留时间短、占地少等优点。斜板（管）沉淀池应用于城市污水的初次沉淀中，其处理效果稳定，维护工作量小，但斜板（管）沉淀池应用于城市污水的二次沉淀中，当固体负荷过重时，其处理效果不太稳定，耐冲击负荷的能力较差。斜板（管）设备在一定条件下，有滋长藻类等问题，给维护和管理工作带来一定的困难。

2. 沉淀池组成

沉淀池由五个部分组成，即进水区、出水区、沉淀区、贮泥区及缓冲区。进水区和出水区的功能是使水流的进入与流入保持均匀平稳，以提高沉淀效率。沉淀区是池子的主要部位。贮泥区是存放污泥的地方，它起到贮存、浓缩与排放的作用。缓冲区介于沉淀区和贮泥区之间，缓冲区的作用是避免水流带走沉在池底的污泥。

沉淀池的运行方式有间歇式与连续式两种。在间歇运行的沉淀池中，其工作过程大致分为三步：进水、静置及排水。污水中可沉淀的悬浮物在静置时完成沉淀过程，然后由设置在沉淀池壁不同高度的排水管排出。在连续运行的沉淀池中，污水是连续不断地流入和排出。污水中可沉颗粒的沉淀是在流过水池时完成，这时可沉颗粒受到由重力所造成的沉速与水流流动的速度两方面的作用。水流流动的速度对颗粒的沉淀有重要的影响。

3. 沉淀池的特点

各种形式的沉淀池的特点及适用条件见表 2-6。

表 2-6 各种沉淀池的特点及适用条件

池型	优点	缺点	适用条件
平流式	1. 对冲击负荷和温度变化适应能力较强； 2. 施工简单，造价低	1. 采用多斗排泥时，每个泥斗需要单独设排泥管各自操作； 2. 采用机械排泥时，大部分设备位于水下，易腐蚀	1. 适用于地下水位较高及地质较差的地区； 2. 适用于大、中、小型污水处理厂
竖流式	1. 排泥方便，管理简单； 2. 占地面积小	1. 池子深度大，施工困难； 2. 对冲击负荷和温度变化适应能力较差； 3. 造价较高； 4. 池径不宜太大	适用于处理水量不大的小型污水处理厂
辐流式	1. 采用机械排泥，运行较好； 2. 排泥设备有定型产品	1. 水流速度不稳定； 2. 易于出现异重流现象； 3. 机械排泥设备复杂，对池体施工质量要求高	1. 适用于地下水位较高地区； 2. 适用于大、中型污水处理厂
斜板（管）式	1. 去除率高； 2. 停留时间短，占地面积较小	造价较高，排泥机械维修较麻烦，抗冲击负荷性能不佳	1. 已有污水处理厂挖潜或扩大处理规模时； 2. 当受到占地面积限制时，作为初次沉淀池用

4. 沉淀池的工艺设计

沉淀池的一般设计原则及参数：

(1) 设计流量。沉淀池的设计流量与沉砂池的设计流量相同。在合流制的污水系统中，当废水自流进入沉淀池时，应按最大流量作为设计流量；当用水泵提升时，应按水泵的最大组合流量作为设计流量。在合流制系统中应按降雨时的设计流量校核，但沉淀时间应不小于 30min。

(2) 沉淀池的数量。对城市污水厂，沉淀池应不小于 2 座。

(3) 沉淀池的经验设计参数。对于城市污水处理厂，如无污泥沉淀性能的实测资料时，可参照表 2-7。

表 2-7 沉淀池的经验设计参数

沉淀池类型		沉淀时间 (h)	表面负荷 （日平均流量） $[m^3/(m^2 \cdot h)]$	污泥含水率 (%)	污泥量(干物质) $[g/(pc \cdot d)]$
初次沉淀池	仅一级处理	1.5～2.0	1.5～2.5	96～97	15～27
	二级处理	1.0～2.0	1.5～3.0	95～97	14～25
二次沉淀池	活性污泥法后	1.5～2.5	1.0～1.5	99.2～99.5	10～21
	生物膜法后	1.5～2.5	1.0～2.0	96～98	7～19

(4) 沉淀池的构造尺寸。沉淀池超高不少于 0.3m；有效水深宜采用 2.0～4.0m；缓冲层高采用 0.3～0.5m；贮泥斗斜壁的倾角，方斗不宜小于 60°，圆斗不宜小于 55°；排泥管直径不小于 200mm。

(5) 沉淀池出水部分。一般采用堰流，在堰口保持水平。初沉池的出水堰的负荷一般取

1.5～2.9L/(s·m)。有时亦可采用多槽出水布置，以提高出水水质。

（6）贮泥斗容积。初沉池一般按不大于 2d 的污泥量计算；二沉池按贮泥时间不超过 2h 计算。

（7）排泥部分。沉淀池一般采用静水压力排泥，静水压力数值如下：初次沉淀池不小于 14.71kPa(1.5m H_2O)；或活性污泥法的二沉池应不小于 8.83kPa(0.9m H_2O)；生物膜法的二沉池应不小于 11.77kPa(1.2m H_2O)。

2.4.3 平流式沉淀池

1. 平流式沉淀池的构造

平流式沉淀池的结构如图 2-11 所示。它由进水装置、出水装置、沉淀区和排泥装置组成。

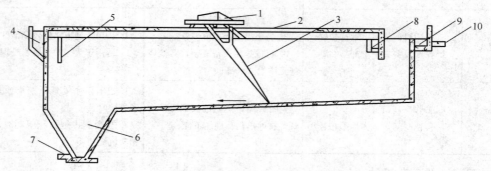

图 2-11　设有行车刮泥机的平流式沉淀池
1—刮泥行车；2—刮渣板；3—刮泥板；4—进水槽；5—挡流墙；6—泥斗；7—排泥管；
8—浮渣槽；9—出水槽；10—出水管

（1）进水装置

进水装置采用淹没式横向潜孔，潜孔均匀地分布在整个整流墙上，在潜孔后设挡流板，其作用是消能，以使污水均匀分布。整流墙上潜孔的总面积为过水断面的 6%～20%。

（2）出水装置

出水区多采用自由堰形式，堰前设挡板以拦截浮渣，也可采用浮渣收集和排除装置。出水堰是沉淀池的重要部件，它不仅控制沉淀池水位，而且可保证沉淀池内水流的均匀分布。

（3）沉淀区和排泥装置

该区起贮存、浓缩和排泥的作用。沉淀区能及时排除沉于池底的污泥，使沉淀池工作正常。由于可沉悬浮颗粒多沉于沉淀池的前部，因此，在池的前部设贮泥斗，贮泥斗中的污泥通过排泥管利用的静水压力排出池外。排泥方式一般采用重力排泥和机械排泥。

2. 平流沉淀池的设计参数

（1）沉淀池的个数或分格数应至少设置 2 个，按同时运行设计；若污水由水泵提升后进入沉淀池，则其容积应按泵站的最大设计流量计算，若污水自流进入沉淀池，则应按进水管最大设计流量计算。

（2）初次沉淀池沉淀时间一般取 1～2h，二沉池沉淀时间一般稍长，取 1.5～3.0h；初次沉淀池表面负荷 1.5～2.5m^3/(m^2·h)，二沉池表面负荷取 0.5～2.5m^3/(m^2·h)，沉淀效率为 40%～60%。

（3）对于工业废水系统中的沉淀池，设计时应对实际沉淀试验数据进行分析，确定设计参数。若无实际资料，可参照类似工业废水处理工程的运行资料。

（4）沉淀区的有效水深一般在 2.5～3.0m 之间。

（5）池的长宽比不小于 4，长深比采用 8～12。

（6）池的超高不宜小于 0.3m。

（7）缓冲层的高度在非机械排泥时，采用 0.5m；机械排泥时，则缓冲层上缘应高出刮泥板 0.3m。排泥机械的行进速度为 0.3～1.2m/min。

（8）进水处设闸门调节流量，淹没式潜孔的过孔流速为 0.1～0.4m/s，出水处设三角形溢流堰，溢流堰的流量用下式计算

$$Q = 1.43H^{2.5}$$

式中　Q——三角堰的过堰流量，m^3/s；

　　　H——堰顶水深，m。

（9）池底一般设 1%～2% 的坡度；采用多斗贮泥时，各斗应设置单独的排泥管及排泥闸阀，池底横向坡度采用 0.05；机械刮泥时，纵坡为 0。

（10）进、出水口的挡流板应在水面以上 0.15～0.2m；进水处设挡流板伸入水下的深度不小于 0.25m，距进水口 0.5～1.0m，而出口处的挡流板淹没深度不应大于 0.25m，距离出水口 0.25～0.5m。

（11）排泥管一般采用铸铁管，其直径应按计算确定，但一般不宜小于 200mm，下端伸入斗底中央处，顶端敞口，伸出水面，其目的是疏通和排气。在水面以下 1.5～2.0m 处，排泥管连接水平排出管，污泥在静水压力的作用下排出池外，排泥时间一般采用 5～30min。

（12）泥斗坡度约为 45°～60°，二沉池泥斗坡度不能小于 55°。

3. 平流沉淀池的设计

平流沉淀池设计的内容包括确定沉淀池的数量，入流、出流装置设计，沉淀区和污泥区尺寸计算，排泥和排渣设备选择等。

目前按照表面水力负荷、沉淀时间和水平流速进行设计计算。

（1）沉淀区表面积 A

$$A = \frac{Q_{max}}{q}$$

式中　A——沉淀区表面积，m^2；

　　　Q_{max}——最大设计流量，m^3/h；

　　　q——表面水力负荷，$m^3/(m^2 \cdot h)$，通过沉淀试验取得。

（2）沉淀区有效水深 h_2

$$h_2 = qt$$

式中　h_2——沉淀区的有效水深，m；

　　　t——沉淀时间，初沉池一般取 0.5～2.0h，二沉池一般取 1.5～4.0h，通常取 2.0～4.0m。

（3）沉淀区的有效容积 V

$$V = Ah_2$$

或 　　　　　　　　　　　　$$V = Q_{max}t$$

式中　V——有效容积，m^3；

　　　　A——沉淀区表面积，m^2；

　　Q_{max}——最大设计流量，m^3/h。

（4）沉淀区总宽度

$$B = \frac{A}{L}$$

式中　B——沉淀区总宽度，m。

（5）沉淀池座数或分格数

$$n = \frac{B}{b}$$

式中　n——沉淀池座数或分格数；

　　　　b——每座或每格宽度，m，与刮泥机有关，一般用 $5\sim10m$。

　　为了使水流均匀分布，沉淀区长度一般采用 $30\sim50m$，长宽比不小于 4，长深比不小于 8，沉淀池总长度等于沉淀区长度加前后挡板至池壁的距离。

（6）污泥区计算

按每日污泥量和排泥的时间间隔设计。

每日产生的污泥量：

$$W = \frac{SNt}{1000}$$

式中　W——每日污泥量，m^3/d；

　　　　S——每人每日产生污泥量，$L/(人 \cdot d)$；

　　　　N——设计人口数，人；

　　　　t——两次排泥的时间间隔，初次沉淀池按 2d 考虑；曝气池后的二次沉淀池按 2h 考虑；机械排泥的初次沉淀池和生物膜法处理后的二次沉淀池污泥区容积应按 4h 的污泥量计算。

　　如已知污水悬浮物浓度与去除率，污泥量可按下式计算：

$$W = \frac{24Q_{ax}(C_0 - C_1)t}{\gamma(1 - p_0)}$$

式中　C_0、C_1——分别为进水与沉淀出水的悬浮物浓度，kg/m^3，如有浓缩池、消化池及污泥脱水机的上清液回流至初次沉淀池中，则式中 C_0、C_1 应取 $50\%\sim60\%$；

　　　　p_0——污泥含水率，%；

　　　　γ——污泥容量，kg/m^3，因污泥的主要成分是有机物，含水率为 95% 以上，故可取为 $1000kg/m^3$；

　　　　t——两次污泥的时间间隔。

（7）沉淀池的总高度

$$H = h_1 + h_2 + h_3 + h_4$$

式中　H——总高度，m；

　　　　h_1——超高，采用 $0.3m$；

　　　　h_2——沉淀区高度，m；

　　　　h_3——缓冲区高度，当无刮泥机时，缓冲层的上缘应高出刮板 $0.3m$；

h_4——污泥区高度，m。

根据污泥量、池底坡度、污泥斗几何高度及是否采用刮泥机决定；一般规定池底纵坡不小于 0.01，机械刮泥时，纵坡为 0，污泥斗倾角 α：方斗宜为 60°，圆半径宜为 55°。

2.4.4　竖流式沉淀池

1. 竖流式沉淀池的构造

竖流式沉淀池的平面为圆形、正方形和多角形。为使池内配水均匀，池径不宜过大，一般采用 4~7m，不大于 10m。为了降低池的总高度，污泥区可采用多斗排泥方式。

沉淀池的直径与有效水深之比不大于 3。构造图样如图 2-12 所示。

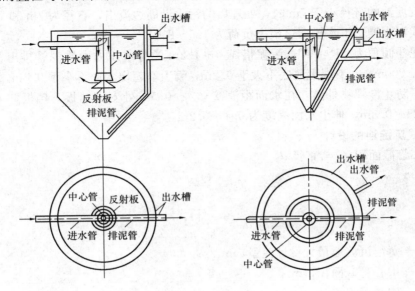

图 2-12　竖流式沉淀池

污水从中心管流入，由中心管的下部流入，通过反射板的阻挡向四周分布，然后沿沉淀区的整个断面上升，沉淀后的出水由池四周溢出。出水区设在池周，采用自由堰或三角堰。如果池子的直径大于 7m，一般要考虑设辐射式集水槽与池边环形水槽相通。

2. 竖流式沉淀池的原理

污水是从下向上以流速 v 做竖向流动，污水中的悬浮颗粒有以下三种运动状态：① 当颗粒沉速 $u>v$ 时，则颗粒将以 $u-v$ 的差值向下沉淀，颗粒得以去除；② 当 $u=v$ 时，则颗粒处于随机状态，不下沉亦不上升；③ 当 $u<v$ 时，颗粒将不能沉淀下来，而会被上升水流带走。由此可知，当可沉颗粒属于自由沉淀类型时，其沉淀效果（在相同的表面水力负荷条件下）竖流式沉淀池的去除效率要比其他沉淀池低。但当可沉颗粒属于絮凝沉淀类型时，则发生的情况就比较复杂。一方面，由于在池中颗粒存在相反方向的运行，就会出现上升着的颗粒与下降着的颗粒，同时还存在着上升颗粒与上升颗粒之间、下降颗粒与下降颗粒之间的相互接触、碰撞，致使颗粒的直径逐渐增大，有利于颗粒的沉淀；另一方面，絮凝颗粒在上升水流的顶托和自身重力作用下，会在沉淀区内形成一个絮凝污泥层，这一层可以网捕拦截污泥中的待沉颗粒。

3. 竖流式沉淀池的设计参数

（1）为了使水流在沉淀池内分布均匀，水流自下而上作垂直流动，池子的直径和有效水深之比不小于3，池子的直径（或半径）一般不大于10m。

（2）污水在沉降区流速应等于待去除的颗粒最小沉速，一般采用0.3～1.0m/s。

（3）中心管内流速应不大于30mm/s，中心管下口应设喇叭口和反射板，喇叭口直径及高度为中心管直径的1.35倍；反射板直径为喇叭口直径的1.35倍。反射板表面与水平面倾角为17°，污水从喇叭口与反射板之间的间隙流出的流速不应大于40mm/s。

（4）缓冲层高度在有反射板时，板底面至污泥表面高度采用0.3m；无反射板时，中心管流速应相应降低，缓冲层采用0.6m。

（5）当沉淀池的直径小于7m时，处理后的污水沿周边流出，直径为7m和7m以上时，应增设辐流式汇水槽，汇水槽堰口最大负荷为1.5～2.9L/(s·m)。

（6）贮泥斗倾角为45°～60°，污泥借1.5～1.2m的静水压力由排泥管排出，排泥管直径一般不小于200mm，下端距池底不大于0.2m，管上端超出水面不小于0.4m。

（7）为了防止漂浮物外溢，在水面距池壁0.4～0.5m处安设挡板，挡板伸入水中部分的深度为0.25～0.3m，伸出水面高度为0.1～0.2m。

4. 竖流式沉淀池的设计

（1）中心管截面积 f_1 与直径 d_0

$$f_1 = \frac{Q_{max}}{v_0}$$

$$d_0 = \sqrt{\frac{4f_1}{\pi}}$$

式中　Q_{max}——每组沉淀池最大设计流量，m^3/s；

　　　f_1——中心管截面积，m^2；

　　　v_0——中心管流速，m/s；

　　　d_0——中心管直径，m。

（2）中心管喇叭口到反射板之间的间隙高度为

$$h_3 = \frac{Q_{max}}{v_1 \pi d_1}$$

式中　h_3——间隙高度，m；

　　　v_1——间隙流出速度，m/s；

　　　d_1——喇叭口直径，m。

（3）沉淀池面积 f_2 和池径 D

$$f_2 = \frac{Q_{max}}{q}$$

$$A = f_1 + f_2$$

$$D = \sqrt{\frac{4A}{\pi}}$$

式中　f_2——沉淀池面积，m^2；

　　　q——表面水力负荷，$m^3/(m^2 \cdot h)$；

　　　A——沉淀池面积（含中心管面积），m^2；

　　　D——沉淀池直径，m。

其余各部分的设计与平流沉淀池相似。

2.4.5 辐流式沉淀池

1. 辐流式沉淀池的构造

辐流式沉淀池是一种大型沉淀池，池径最大可达100m，池周水深1.5～3.0m。有中心进水和周边进水两种形式。

中心进水辐流式沉淀池（图2-13）进水部分在池中心，因中心导流管流速大，活性污泥在中心导流管内难于絮凝，并且这股水流与池内水相比，相对密度较大，向下流动时动能也较高，易冲击池底沉渣。周边进水辐流式沉淀池（图2-14）的入流区在构造上有两个特点：① 进水槽断面较大，而槽底的孔口较小，布水时的水头损失集中在孔口上，故布水比较均匀，但配水渠内浮渣难于排除，容易结壳；② 进水挡板的下沿深入水面下约2/3深度处，距进水孔口有一段较长的距离，这有助于进一步把水流均匀地分布在整个入流的过水断面上，而且污水进入沉淀区的流速要小得多，有利于悬浮颗粒的沉淀。池子的出水槽可设在池的半径的中间或池的周边。进出水的改进在一定程度上克服了中心进水辐流式沉淀池的缺点，可以提高沉淀池的容积利用率。但是，如果辐流式沉淀池的直径很大，进口的布水和导流装置设计不当，则周边进水沉淀池会发生短流现象，严重影响效果。

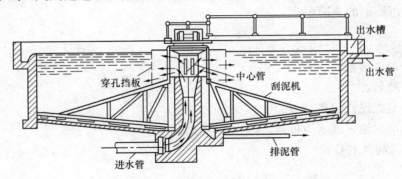

图2-13 中心进水辐流式沉淀池

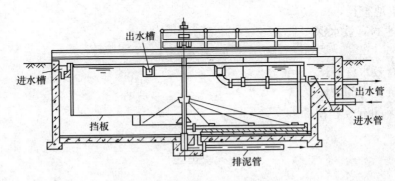

图2-14 周边进水辐流式沉淀池

2. 辐流式沉淀池的设计参数

（1）沉淀池的直径一般不小于10m，当直径小于20m时，可采用多孔排泥；当直径大于20m时，应采用机械排泥。

（2）设计沉淀池时，进水流量取最大设计流量，初次沉淀池表面负荷取2～3.6m³/(m²·h)，

43

二沉池表面负荷取 $0.8\sim2m^3/(m^2 \cdot h)$，沉淀效率一般在 $40\%\sim60\%$。

（3）进水处设闸门调节流量，进水中心管流速大于 $0.4m/s$，进水采用中心管淹没式潜孔进水，过流流速宜为 $0.1\sim0.4m/s$，进水管穿孔挡板的穿孔率为 $10\%\sim20\%$。

（4）沉淀区有效水深不大于 4m，池子直径与有效水深比值一般取 $6\sim12$。

（5）出水处设挡渣板，挡渣板高出池水面 $0.15\sim0.2m$，排渣管直径大于 200mm，出水集水渠内流速为 $0.2\sim0.4m/s$。

（6）对于非机械排泥，缓冲层高宜为 0.5m；用机械刮泥时，缓冲层上缘高出刮板 0.3m。

（7）池底坡度，作为初次沉淀池时要求不小于 0.02；作为二沉池用时则不小于 0.05。

（8）当池径小于 20m，刮泥机采用中心传动；当池径大于 20m 时，刮泥机采用周边传动，周边线速控制在 $1\sim3r/h$，一般不宜大于 $3m/min$。

（9）池底排泥管的管径应大于 200mm，管内流速大于 $0.4m/s$，排泥静水压力宜在 $1.2\sim2.0m$，排泥时间不宜小于 10min。

（10）沉淀池有效水深、污泥沉淀时间、沉淀池超高、污泥斗排泥间隔等的设计参数可参考平流式沉淀池。

3. 辐流式沉淀池的设计

（1）每个沉淀池的表面积

$$A_1 = \frac{Q_{max}}{nq_0}$$

式中　A_1——单池表面积，m^2；

　　　n——池数，个；

　　Q_{max}——最大设计流量，m^3/h；

　　q_0——沉淀池表面水力负荷，$m^3/(m^2 \cdot h)$。

（2）每个沉淀池的直径

$$D = \sqrt{\frac{4A_1}{\pi}}$$

式中　D——单池直径，m。

（3）沉淀池的有效水深

$$h_2 = q_0 t$$

式中　h_2——有效水深，m；

　　　t——沉淀时间，h。

（4）沉淀区的有效容积

$$V_0 = A_1 h_2$$

或

$$V_0 = \frac{Q_{max} n}{t}$$

式中　V_0——沉淀区的有效容积，m^3。

（5）污泥区容积

$$W = \frac{SNt}{1000}$$

或

$$W = \frac{24Q_{max}(C_0 - C_1)t}{\gamma(1 - p_0)}$$

式中　W——污泥区容积，m^3；

　　　S——每人每日产生的污泥量，$L/(人·d)$，一般按 $0.3\sim0.8$ 计算；

　　　N——设计人口数；

　　　t——两次排泥的间隔时间，d；

C_0、C_1——分别为进水、出水的悬浮物质量浓度，kg/m^3；

　　　p_0——污泥含水率，%；

　　　γ——污泥密度，kg/m^3，取 $\gamma=1000kg/m^3$。

（6）污泥斗容积

$$V_1 = \frac{\pi h_5}{3}(r_1^2 + r_1 r_2 + r_2^2)$$

式中　V_1——污泥斗容积，m^3；

　　　r_1——污泥斗上口半径，m；

　　　r_2——污泥斗下口半径，m；

　　　h_5——污泥斗的高度，m。

（7）沉淀池的总高度

$$H = h_1 + h_2 + h_3 + h_4 + h_5$$

式中　H——沉淀池的总高度，m；

　　　h_1——沉淀池超高，m；

　　　h_3——缓冲区高度，m；

　　　h_4——沉淀池底坡落差，m。

2.4.6　斜板沉淀池

1. 斜板沉淀池的构造

斜板沉淀池由斜板沉淀区、进水配水区、清水出水区、缓冲区和污泥区等部分组成。

按斜板或斜管间水流与污泥的相对运动方向来区分，斜板沉淀池分为异向流、同向流、侧向流三种。在污水处理中常采用升流式异向流斜板沉淀池（图 2-15）。

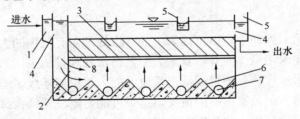

图 2-15　升流式异向流斜板沉淀池

1—配水槽；2—整流墙；3—斜板、斜管体；4—淹没孔口；5—集水槽；6—污泥斗；

7—穿孔排泥管；8—阻流板

2. 斜板沉淀池设计

（1）沉淀池表面积

$$A = \frac{Q_{max}}{0.91 n q_0}$$

式中　A——斜板沉淀池的表面积，m^2；

　　　Q_{max}——最大设计流量，m^3/h；

n——池数；

0.91——斜板面积利用系数；

q_0——表面水力负荷，$m^3/(m^2 \cdot h)$，可以普通沉淀池表面水力负荷的 2 倍计，但如果用于二沉池，应以固体负荷核算。

（2）沉淀池平面尺寸

$$D = \sqrt{\frac{4A}{\pi}} \quad 或 \quad a = \sqrt{A}$$

式中　D——圆形池直径，m；

a——矩形池边长，m。

（3）污泥在池内的停留时间

$$t = \frac{60(h_2 + h_3)}{q_0}$$

式中　t——池内停留时间，min；

h_2——斜板区上部的清水层高度，m；

h_3——斜板的自身垂直高度，m。

（4）沉淀池的总高度

$$H = h_1 + h_2 + h_3 + h_4 + h_5$$

式中　H——总高度，m；

h_1——沉淀池超高，m；

h_4——斜板区底部缓冲层高度，m；

h_5——污泥斗高度，m。

污泥斗的高度与污泥量有关。

2.5　强化一级预处理技术

2.5.1　概述

目前，我国城市污水处理中，以沉淀为主的一级处理对有机物的去除率较低，仅采用一级处理，难以有效控制水污染。而且，我国大多数污水处理设施采用的是生物二级处理，在实际运营中常常出现污水厂的处理量远低于其设计能力，设置建成了却不投入运营或超负荷运行，处理后的出水达不到国家标准的情况。这很可能是由于建设大批城市污水二级处理厂需要大量投资和高额运行费用，这是广大发展中地区难以承受的。因而，各种类型投资较低而对污染物去除率较高的城市污水强化一级预处理技术应运而生。

强化一级预处理技术的优越性在于：在一级处理的基础上，通过增加较少的投资建设强化处理措施，可以较大程度地提高污染物的去除率，削减总污染负荷，降低去除单位污染物的费用。强化一级处理技术大致可分为三种：化学一级强化、生物一级强化和复合一级强化，下面将详细介绍这三种强化一级处理技术。

2.5.2　化学一级强化处理工艺

化学强化一级处理，是在传统的一级处理的基础上，通过投加低剂量的化学絮凝剂等措施强化对污水中污染物的去除效果的水处理方法。

污染物质在水中根据其存在的状态可分为：悬浮物质（颗粒粒径大于 $10^{-1}\,\mu m$）、胶体物质（颗粒粒径在 $10^{-3}\sim10^{-1}\,\mu m$ 之间）和溶解物质（颗粒粒径小于 $10^{-3}\,\mu m$）。静置沉淀是去除悬浮物质的有效手段。但由于胶体表面带有电荷，所以胶体颗粒会在水中长期保持悬浮状态而不下沉。因此如何减少胶体表面电荷排斥作用的影响或者破坏胶体表面电荷结构是解决这一问题的关键。

1. 混凝机理

（1）双电层压缩机理

如前所述，水中胶体颗粒能维持稳定的分散悬浮状态，主要是由于胶体的 ξ 电位，如果能消除或降低胶粒的 ξ 电位，就能使微粒碰撞聚集，失去稳定性。在水中投加混凝剂可达到这样的目的。例如，天然水体中带负电的黏土胶粒，在投入铁盐或铝盐等混凝剂后，混凝剂提供大量正离子会涌入胶体扩散层甚至吸附层，从而增加扩散层及吸附层中正离子浓度，就使扩散层变薄，胶体粒子 ξ 电位降低，胶体间的相互排斥力减小。同时，由于扩散层变薄，胶粒间相撞时的距离也减少，因此相互间的吸引力也相应变大，从而使胶粒易发生聚集。当大量正离子涌入吸附层以致扩散层完全消失时，ξ 电位为零。这种状态称为等电状态。在等电状态下，胶粒间静电斥力消失，胶粒易发生聚结。实际上，ξ 电位只要降至某一程度而使胶粒间排斥的能量小于胶粒布朗运动的动能时，胶粒就开始产生明显的聚结，这时的 ξ 称为临界电位。胶粒因 ξ 电位降低或消除以致失去稳定性的过程，称为胶粒脱稳。脱稳的胶粒相互聚结，称为凝聚。

压缩双电层作用是阐明胶体凝聚的一个重要结论。它特别适用于无机盐混凝剂所提供的简单离子的情况。但是，如仅用双电层作用原理来解释水中的混凝现象，会产生一些矛盾。例如，三价铝盐或铁盐混凝剂投量过多时效果反而下降，水中的胶粒又会重新获得稳定。又如在等电状态下，混凝效果应该是最好的，但实践却表明，混凝效果最佳时的 ξ 电位常大于零。

（2）吸附架桥原理

三价铝盐或铁盐以及其他高分子混凝剂溶于水后，经水解和缩聚反应形成高分子聚合物，具有线性结构。这类高分子物质可被胶体微粒所强烈吸附。因其线性长度较大，当它的一端吸附某一胶粒后，另一端又吸附另一胶粒，在相距较远的两胶粒间进行吸附架桥，使颗粒逐渐结大，形成肉眼可见的粗大絮凝体。这种高分子物质吸附架桥作用使微粒相互黏结的过程，称为絮凝。

（3）沉淀物网捕机理

三价铝盐或铁盐等水解而生成沉淀物。这些沉淀物在自身沉淀过程中，能卷集、网捕水中的胶体等微粒，使胶体黏结。上述产生的微粒凝结现象——凝聚和絮凝总称为混凝。

压缩双电层作用和吸附架桥作用，对于不同类型的混凝剂，所起的作用程度并不相同。对高分子混凝剂特别是有机高分子混凝剂，吸附架桥可能起主要作用，对铝盐、铁盐等无机混凝剂，压缩双电层和吸附架桥以及网捕作用都具有重要作用。

在城市污水化学一级强化处理的措施中，通常会向废水中加入混凝剂和絮凝剂，以去除污水中的悬浮物和胶态有机物，实现污水的净化，具体工艺如图 2-16 所示。

2. 常用混凝剂和絮凝剂

混凝剂指主要起脱稳作用而投加的药剂，而絮凝剂主要指通过架桥作用把颗粒连接起来

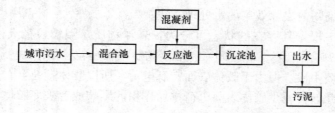

图 2-16　化学混凝一级强化处理工艺

所投加的药剂。

（1）城市污水采用的混凝剂主要有铝盐和铁盐等，具体见表 2-8。

表 2-8　污水处理中采用的混凝剂

混凝剂名称	混凝剂分子式	适用条件
硫酸铝	$Al_2(SO_4)_3 \cdot 18H_2O$	1. 适用水温为 20～40℃； 2. 硫酸铝适用的 pH 值范围与原水的硬度有关，处理软水时，适宜 pH 值为 5～6.6；处理中硬水时，适宜 pH 值为 6.6～7.2；处理高硬水，适宜 pH 值为 7.2～7.8
明矾	$Al_2(SO_4)_3 \cdot K_2SO_4 \cdot 24H_2O$	基本同硫酸铝
硫酸亚铁	$FeSO_4 \cdot 7H_2O$	1. 腐蚀性较高； 2. 絮体形成较快，较稳定，沉淀时间短； 3. 适用于碱度高、浊度高废水； 4. 适用 pH 值为 8.1～9.6，废水色度高时不宜采用
三氯化铁	$FeCl_3 \cdot 6H_2O$	1. 不受温度影响，絮体大、沉淀快、效果好； 2. 适用 pH 值为 6.0～8.4，废水碱度不够时应加一定量的石灰，以提高碱度； 3. 处理低浊度废水时，效果不显著
碱式氯化铝	$Al_n(OH)_mCl_{3n-m}$	1. 温度适应性高； 2. 适用 pH 值为 5～9； 3. 操作简单、腐蚀性小、劳动条件好、成本低

（2）常用絮凝剂。絮凝剂分为无机絮凝剂和有机絮凝剂，具体见表 2-9。

表 2-9　常用絮凝剂

絮凝剂名称	絮凝剂分子式	适用条件
聚丙烯酰胺（PAM）	水溶性高分子物质 $CONH_2(CH_2-CH)_n$	1. 不易溶解，配制浓度一般控制为 2%，投加浓度一般为 0.5%～1%； 2. 与常用混凝剂配合使用时，应视原水浊度的高低按一定的顺序投加，以发挥最佳效果
丙烯酰胺与二烯丙基季铵盐共聚絮凝剂		1. 具有酰胺基、阳离子和阴离子三个功能基团； 2. 对于降低沉淀后剩余浊度具有较大的优越性

续表

絮凝剂名称	絮凝剂分子式	适用条件
活化硅酸（AS）	硅酸钠溶液中加酸调制而成的聚硅酸	1. 适用于和硫酸亚铁、硫酸铝配合使用，可缩短混凝时间，节省混凝剂用量； 2. 当原水浊度低、悬浮物含量少、水温较低时，处理效果更为显著
骨胶	动物类粘结材料	1. 骨胶一般和三氯化铁混合后使用； 2. 不会因投加量过大，使混凝效果降低； 3. 投加量少、操作方便
海藻酸钠	$(C_6H_7O_6Na)_n$	价格昂贵，产地仅限于沿海

据有关实验研究，无机絮凝剂与有机絮凝剂的强化效果可参见表 2-10。

表 2-10　化学絮凝一级强化处理效果

絮凝剂		最佳投加量（mg/L）	COD 去除效果（%）			浊度去除效果（%）		
			自然沉降去除率	强化去除率	总去除率	自然沉降去除率	强化去除率	总去除率
无机絮凝剂	硫酸铁	60	7.3	43.9	49.3	11.4	65.7	71.2
	三氯化铁	60	6.1	48.5	54.3	25.6	58.2	73.1
	硫酸铝	60	31.1	40.1	58.7	14.3	55.8	62.8
	聚合硫酸铁	50	16.4	28.4	44.2	13.5	54.2	61.4
	聚合氯化铝	30	19.4	32.9	48.2	11.4	58.9	65.4
有机絮凝剂	聚丙烯酰胺	2	15.2	36.8	48.6	27.9	55.5	70.0
	阳离子型壳聚糖	2	12.3	50.5	59.9	28.6	58.5	72.0
	PA331	2	17.4	55.5	63.4	28.1	58.0	71.7
	PA362	2	11.2	47.0	59.7	27.4	49.2	65.7

从以上化学强化的处理机理和效果可以总结出，化学絮凝一级强化处理对悬浮固体、胶体物质的去除均有明显的强化效果，SS 去除率可达 90%，BOD 去除率约为 50%～70%，COD 的去除率为 50%～60%；此外除磷效果好，一般在 80% 以上。当接后续处理时，可降低其运行的负荷和能耗。

但是，由于在处理过程中投加化学药剂，将对环境造成一定影响，而且污泥产量较大，污泥处理处置工作量较大，且处理费用相当可观，这一问题还有待解决。

3. 混凝的影响因素

废水的胶体杂质浓度、pH 值、水温及共存杂质都会不同程度的影响混凝效果。

（1）浊度：浊度过高或过低都不利于混凝，浊度不同，所需脱稳的 Al^{3+} 和 Fe^{3+} 的用量也不同。

（2）pH 值：pH 值也是影响混凝的重要因素。采用某种混凝剂对任一废水的混凝，都有一个相对最佳 pH 值存在，使混凝反应速度最快，絮体溶解度最小，混凝作用最大。一般通过实验得到最佳的 pH 值。往往需要加酸加碱来调整 pH 值，通常加碱。

（3）水温：水温对混凝效果影响很大。无机盐类的混凝剂的水解是吸热反应，水温低时，水解困难。如硫酸铝，当水温低于5℃时，水解速度变慢，要求最佳温度是35～40℃。且水温低时，黏度增加，不利于脱稳胶粒相互絮凝，影响絮凝体的结块，进而影响后续沉淀处理的效果。

（4）共存杂质的种类和浓度：除硫、磷化合物以外的其他各种无机金属盐，它们均能压缩胶体粒子的扩散层厚度，促进胶体粒子的凝聚。离子浓度越高，促进能力越强，并可使混凝范围扩大。二价金属离子 Ca^{2+}、Mg^{2+}等对阴离子型的高分子絮凝剂凝聚带负电的胶体粒子有很大的促进作用，表现在能压缩胶体粒子的扩散层，降低微粒间的排斥力，并能降低絮凝剂和微粒间的斥力，使它们表面彼此接触。磷酸离子、亚硫酸离子、高级有机酸离子等有阻碍高分子絮凝作用。另外，氯、螯合物、水溶性高分子物质和表面活性物质都离不开混凝。

（5）水力条件：水力条件对混凝效果有重要影响。两个主要的控制指标是搅拌强度和搅拌时间。搅拌强度常用速度梯度 G 来表示。在混合阶段，要求混凝剂与废水迅速均匀的混合，为此要求 G 在 $500\sim1000s^{-1}$，搅拌时间 t 应在 $10\sim30s$。而到了反应阶段，既要创造足够的碰撞机会和良好的吸附条件让絮体有足够的成长机会，又要防止生成的小絮体被打碎，因此搅拌强度逐渐减少，而反应时间要长，相应 G 和 t 值分别应在 $20\sim70s^{-1}$ 和 $15\sim30min$。

2.5.3 生物一级强化处理工艺

1. 生物絮凝一级强化处理工艺

生物絮凝法不同于化学絮凝沉淀，此法无需投加化学絮凝剂，二次污染低，环境效益较好。它是在污水的一级处理中引入大粒径的污泥絮体，直接利用污泥絮体中的微生物及其代谢产物作为吸附剂和絮凝剂，通过对污染物质的物理吸附、化学吸附和生物吸附及吸收作用，以及吸附架桥、电性中和、沉淀网捕等絮凝作用，将污水中较小的颗粒物质和一部分胶体物质转化为生物絮体的组成部分，并通过絮体沉降作用将其快速去除。

蒋展鹏等人提出的"絮凝—沉淀—活化"工艺即是一种生物强化，污水在絮凝吸附池与活化污泥进行混合，在絮凝吸附池中污泥絮体可吸附大量污染物质，其处理出水排入沉淀池，沉淀污泥进入污泥活化池进行短时间曝气活化，改善污泥性能后，再回到絮凝吸附池，进行下一轮作用；由于曝气时间短，其能耗远低于二级生物处理工艺。其工艺流程如图2-17所示。

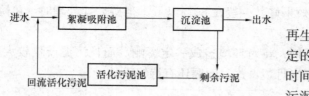

图 2-17　絮凝—沉淀—活化一级强化处理工艺流程

这种污泥活化池与活性污泥法中的污泥再生池是有区别的。首先控制参数不同，确定的实验工艺参数为：絮凝吸附池水力停留时间为30min，沉淀池的沉淀时间为60min，污泥活化池内溶解氧保持在2mg/L，活化时间为120min。而吸附再生法的活性污泥吸附性能依靠再生池来保持，活性污泥将吸附的有机物氧化分解后又恢复了吸附活性，所需的污泥再生时间较长，所得到的污泥的性质也不同。活化污泥的氧化程度相对较低，活性微生物含量较少，污泥吸附性能不如活性污泥，但沉淀性能良好。它对溶解性物质的去除效果较差，主要处理对象是小颗粒悬浮物质和胶体颗粒。

2. 水解酸化一级强化处理工艺

水解酸化也是一种生物一级强化处理的技术。水解酸化工艺就是将厌氧发酵过程控制在水解与酸化阶段。在水解产酸菌的作用下，污水中的非溶解性有机物被水解为溶解性有机物，大分子物质被降解为小分子物质。因此经过水解酸化后，污水的可生化性得到较大提高。

在水解酸化一级强化处理工艺中，用水解池代替初沉池，污水从池底进入，水解池内形成一悬浮厌氧活性污泥层，当污水由下而上通过污泥层时，进水中悬浮物质和胶体物质被厌氧生物絮凝体絮凝，截留在厌氧污泥絮体中。经过水解工艺后，污水 BOD_5 的去除率约为 30%～40%，COD_{Cr} 去除率为 35%～45%，SS 的去除率为 70%～90%。

2.5.4　复合一级强化处理工艺

1. 化学-生物联合絮凝强化一级处理

化学-生物联合絮凝强化一级处理是将化学强化一级处理与生物絮凝强化一级处理相结合达到了既对 SS 和 TP 有较高的去除率，又能较好地去除 COD_{Cr} 和 BOD_5 的目的。工艺流程如图 2-18 所示。

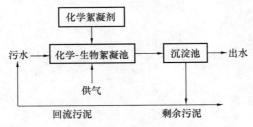

图 2-18　化学-生物联合絮凝强化一级处理流程图

此方法是以化学强化絮凝沉淀为主，生物絮凝沉淀为辅，在处理过程中取长补短，既可以减少投药量、降低处理成本，又可以减少污泥产生量，在采用空气混合絮凝反应的情况下，处理系统可灵活多变，根据具体情况既可采用化学强化一级处理、生物絮凝吸附强化一级处理，又可采用化学-生物联合絮凝强化一级处理，以适应不同时期水质水量的变化。郑兴灿等采用化学-生物絮凝强化一级处理技术对城市污水进行处理研究，研究结果表明：COD_{Cr} 和 BOD_5 去除率高达 80%，SS 去除率为 90%，TP 的去除率为 90%，TN 的去除率为 25%。显然联合强化一级处理比单一强化一级处理去除效果好得多。

2. 微生物-无机絮凝剂强化一级处理

微生物絮凝剂是具有高效絮凝活性的微生物代谢产物，其化学本质主要是糖蛋白、多糖、蛋白质、纤维素和 DNA 等。例如 GS7、普鲁兰等都是微生物絮凝剂。微生物-无机絮凝剂强化一级处理技术采用微生物絮凝剂和无机絮凝剂共同作用处理污水。一般该类型微生物絮凝剂多呈负电荷，因此单独作用对城市污水中带负电荷的悬浮物无絮凝效果，其与无机絮凝剂复配使用处理城市污水效果很好。

下面以普鲁兰＋聚合氯化铝处理城市污水为例作一介绍：

普鲁兰＋聚合氯化铝絮凝剂主要用于处理低浓度城市污水，其处理效果接近于常规二级处理。取进水 COD 浓度为 80mg/L 的城市污水进行试验，试验表明，其最佳复配比为 0.6mg/L 普鲁兰＋15mg/L 聚合氯化铝，最佳絮凝动力学条件为同时投加普鲁兰和聚合氯化铝，在 250r/min 的速度下快速搅拌 1min，再以 60r/min 的速度慢速搅拌 10min，相应的 G 值为 $23s^{-1}$，GT 值为 1.4×10^4，最佳沉淀时间为 30min，处理效果见表 2-11。

表 2-11　普鲁兰与聚合氯化铝复配处理城市污水的处理效果

污染物种类	进水浓度（mg/L）	出水浓度（mg/L）	去除率（%）
COD_{Cr}	80.2	33.4	58.4
NH_3-N	10.7	9.08	15.1
TP	29.28	2.73	90.7

　　微生物—无机絮凝剂具有处理效果好、投加量少、适用面广、絮体易于分离等优点，而且，由于微生物絮凝剂部分替代了无机絮凝剂，这对改善化学污泥性质，实现污泥处理与处置的无害化和多样化大有裨益。该技术尤其适用于我国南方低浓度城市污水处理。

第3章 生物处理

生物处理又称二级处理，主要作用是去除污水中的胶体和溶解状态的有机物，同时还可以去除部分无机物（氮、磷），由于其环境二次污染小，运行经济，一直是城市污水处理的主要方法。根据废水中微生物的生存方式，生物处理可分为好氧法和厌氧法；根据微生物的生长方式，又可分为悬浮生长处理和固着生长处理。

3.1 传统活性污泥法

活性污泥法亦称悬浮生长系统，最早出现在20世纪初的英国，以微生物在好氧悬浮生长状态下，对水中有机污染物进行降解，去除水中的BOD、SS、NH_4^+-N的生物处理方法，其基本过程如图3-1所示。

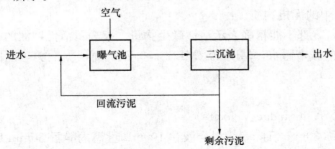

图3-1 传统活性污泥法流程示意图

3.1.1 活性污泥

活性污泥是由好氧菌为主体的微生物群体形成的絮状绒粒，绒粒直径一般为0.02～0.2nm，含水率一般为99.2%～99.8%，密度因含水率不同而有一些差异，一般为1.002～1.006g/m^3，绒粒状结构使得活性污泥具有较大的比表面积，一般为20～100cm^2/mL。

成熟的活性污泥呈茶褐色，稍具泥土味，具有良好的凝聚沉淀性能，其中含有大量的菌胶团和纤毛虫原生动物，如钟虫、等枝虫、盖纤虫等，并可使BOD_5的去除率达到90%左右。因此在污水处理中，一般习惯用活性污泥在混合液中的浓度表示活性污泥微生物量。

在混合液中保持一定浓度的活性污泥，可通过活性污泥适量地从二次沉淀池回流和排放以及在曝气池内增长来实现。

3.1.2 活性污泥处理系统的运行方式

如图3-1所示，污水从曝气池一端进入池内，由二次沉淀池回流的回流污泥也同步注入，对曝气反应器的活性微生物量进行调节。污水与回流污泥形成的混合液在池内呈推流形式流动至池的末端，并由此流出池外进入二次沉淀池，在这里处理后的污水与活性污泥分离，并根据曝气池内的需要，将部分污泥回流曝气池，部分污泥则排出系统，成为剩余污泥。

有机污染物在曝气池内，首先被吸附到菌胶团表面，随着水流的推进，逐步被菌胶团分解代谢，完成了污水中有机物的降解过程，同时活性污泥也经历了一个从池首端的对数增长，经减速增长到池末端的内源呼吸期的完全生长周期。

3.1.3　重要设计参数和性能指标

（1）活性污泥微生物量的指标

在污水的生物处理过程中，活性污泥浓度（量）可用混合液悬浮固体浓度（Mixed Liquor Suspended Solids）和混合液挥发性悬浮固体浓度（Mixed Liquor Volatile Suspended Solids）来表示，分别简写为 MLSS 和 MLVSS。

$$MLSS = M_a + M_e + M_i + M_{ii}$$
$$MLVSS = M_a + M_e + M_i$$

式中　M_a——具有代谢功能活性的微生物群体；

M_e——微生物（主要是细菌）内源代谢、自身氧化的残留物；

M_i——由污水挟带入的难为细菌降解的惰性有机物；

M_{ii}——污水中的无机物质。

MLSS 和 MLVSS 都不能精确表示活性微生物量，仅表示活性污泥的相对值，且在一般情况下，对于国内的城市污水，MLVSS/MLSS≈0.75，而根据欧美等国的相关资料，这个比值可达到 0.8～0.9。

（2）沉降性能

① 污泥沉降比 SV（Sludge Velocity）

污泥沉降比又称 30min 沉降率，混合液在 100mL 量筒内静置 30min 后所形成沉淀污泥容积占原混合液容积的百分比，以％计。污泥沉降比能够反映曝气池运行过程的活性污泥量，可用以控制、调节剩余污泥的排放量，还能通过它及时地发现污泥膨胀等异常现象的发生。

② 污泥容积指数 SVI（Sludge Volume Index）

污泥容积指数是指曝气池出口处的混合液，30min 静沉后，1g 干污泥所形成的沉淀污泥所占有的容积，以 mL 计。SVI 能够反映活性污泥的凝聚、沉降性能，对生活污水及城市污水，此值为 80～150 为宜。SVI 过低，说明泥粒细小，无机质含量高，缺乏活性；SVI 过高，说明污泥的沉降性能不好，并且已有产生膨胀现象的可能。

（3）污泥负荷

污泥负荷是指曝气池内单位质量的活性污泥在单位时间内承受的有机质的数量，单位是 kg BOD$_5$/（kg MLSS·d），一般记为 F/M，常用 N_s 表示。

污泥负荷在 0.5～1.5kg BOD$_5$/（kg MLSS·d）之间时易发生污泥膨胀，因此正常运行的曝气池污泥负荷一般都在 0.5 以下，高负荷曝气池污泥负荷都在 1.5 以上。

（4）容积负荷

容积负荷是指单位有效曝气体积在单位时间内承受的有机质的数量，单位是 kg BOD$_5$/

$(m^3 \cdot d)$，一般记为 F/V，常用 N_v 表示。

（5）水力停留时间（HRT）

水力停留时间是水流在处理构筑物内的平均驻留时间，从直观上看，可以用处理构筑物的容积与处理进水量的比值来表示，HRT 的单位一般用小时（h）表示。

（6）固体停留时间（SRT）

固体停留时间是生物体（污泥）在处理构筑物内的平均驻留时间，即污泥龄。从直观上看，可以用处理构筑物内的污泥总量与剩余污泥排放量的比值来表示，SRT 的单位一般用天（d）表示。

就生物处理构筑物而言，HRT 实质上是为保证微生物完成代谢降解有机物所提供的时间；SRT 实质上是为保证微生物能在生物处理系统内增殖并占优势地位且保持足够的生物量所提供的时间。

（7）去除负荷

去除负荷是指曝气池内单位质量的活性污泥在单位时间内去除的有机质的数量，或单位有效曝气池容积在单位时间内去除的有机质的数量，以 Nr_s 表示，其单位为 kg BOD/（kg MLVSS·d）。

（8）污泥回流比

污泥回流比是污泥回流量与曝气池进水量的比值。

（9）剩余污泥

剩余污泥是活性污泥微生物在分解氧化废水中有机物的同时，自身得到繁殖和增殖的结果。为维持生物处理系统的稳定运行，需要保持微生物数量的稳定，即需要及时将新增长的污泥量当作剩余污泥从系统中排放出去。每日排放的剩余污泥量应大致等于污泥每日的增长量，剩余污泥浓度与回流污泥浓度相同，其近似值 $X_r = 10^6 / SVI$。

3.1.4　活性污泥法的主要运行模式

作为有较长历史的活性污泥法生物处理系统，在长期的工程实践过程中，根据水质的变化、微生物代谢活性的特点和运行管理、技术经济及排放要求等方面的情况，又发展成为多种运行方式和池型，如图 3-2～图 3-9 所示。其中按运行方式，可以分为普通曝气法、渐减曝气法、阶段曝气法、吸附再生法（即生物接触稳定法）、高速率曝气法等；按池型可分为推流式曝气池、完全混合曝气池；此外按池深、曝气方式及氧源等，又有深水曝气池、深井曝气池、射流曝气池、纯氧（或富氧）曝气池等。

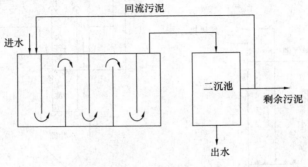

图 3-2　推流式活性污泥法（多廊道）

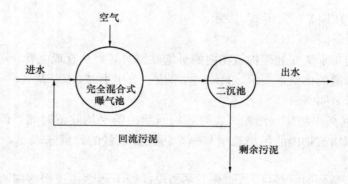

图 3-3　完全混合活性污泥法

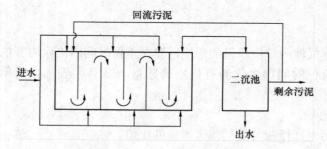

图 3-4　分段式曝气法

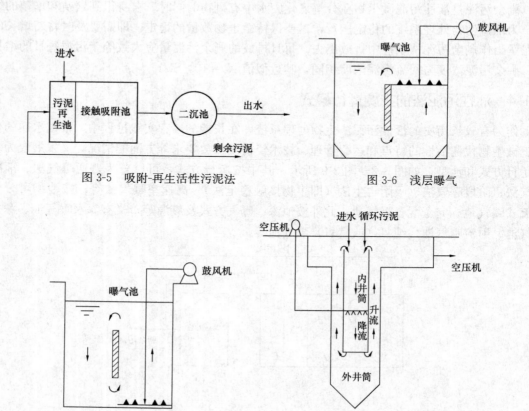

图 3-5　吸附-再生活性污泥法　　　　　　图 3-6　浅层曝气

图 3-7　深水曝气　　　　　　　　　　图 3-8　深井曝气

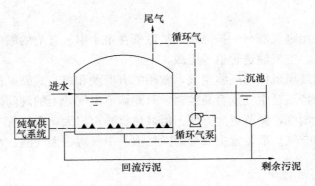

图 3-9 纯氧曝气

以上工艺流程的主要参数列于表 3-1。

表 3-1 活性污泥工艺的主要设计参数

活性污泥运行方式	BOD-SS 负荷 [kg BOD₅ /（m³·d）]	BOD-容积负荷 [kg BOD₅ /（m³·d）]	生物固体停留时间（污泥龄）（d）	混合液悬浮固体浓度 MLSS（mg/L）	混合液悬浮固体浓度 MLVSS（mg/L）	污泥回流比（%）	曝气时间（h）
表示符号	N_s	N_v	SRT	MLSS	MLVSS	R	T
1 传统活性污泥法	0.2~0.4	0.4~0.9	5~15	1500~3000	1500~2500	25~75	4~8
2 阶段曝气活性污泥法	0.2~0.4	0.4~1.2	5~15	2000~3500	1500~2500	25~95	3~5
3 吸附-再生活性污泥法	0.2~0.4	0.9~1.8	5~15	吸附池 1000~3000 再生池 4000~10000	吸附池 800~2400 再生池 3200~8000	50~100	吸附池 0.5~1.0 再生池 3.0~6.0
4 延时曝气活性污泥法	0.05~0.1	0.15~0.3	20~30	3000~6000	2500~5000	60~200	24~48
5 高负荷活性污泥法	1.5~3.0	1.5~0.3	0.2~2.5	200~500	500~1500	10~30	1.5~3.0
6 合建式完全混合活性污泥法	0.25~0.5	0.5~1.8	5~15	3000~6000	2000~4000	100~400	
7 深井曝气活性污泥法	1.0~1.2	5.0~10.0	5	5000~10000		50~150	>0.5
8 纯氧曝气活性污泥法	0.4~0.8	2.0~3.2	5~15	—	—	—	—

3.1.5 曝气设备

1. 曝气类型

曝气类型大体分为两类，一类是鼓风曝气，另一类为机械曝气。

（1）鼓风曝气

鼓风曝气是指采用曝气器——扩散板或扩散管在水中引入气泡的曝气方式。鼓风曝气通常由鼓风机、曝气器、空气输送管道等组成。

鼓风曝气系统用鼓风机供应压缩空气，常用的有罗茨和离心式鼓风机。

离心式鼓风机的特点是空气量容易控制，只要调节出气管上的阀门即可；如果把电动机上的安培表改用流量刻度，调节更为方便。但鼓风机噪声很大，空气管上应安装消声器。

鼓风曝气系统的空气扩散装置主要分为微气泡、中气泡、大气泡、水力剪切、水力冲击及空气升液等类型。

① 微气泡曝气器

这一类扩散装置的主要性能特点是产生微小气泡，气、液接触面大，氧利用率较高，一般都可达 10％以上；其缺点是气压损失较大，易堵塞，送入的空气应预先通过过滤处理。

具体的曝气器形式有固定式平板曝气器[图 3-10（a）]，固定式钟罩型微孔曝气器[图 3-10（b）]，膜片式微孔曝气器[图 3-10（c）]，摇臂式微孔曝气器[图 3-10（d）]。

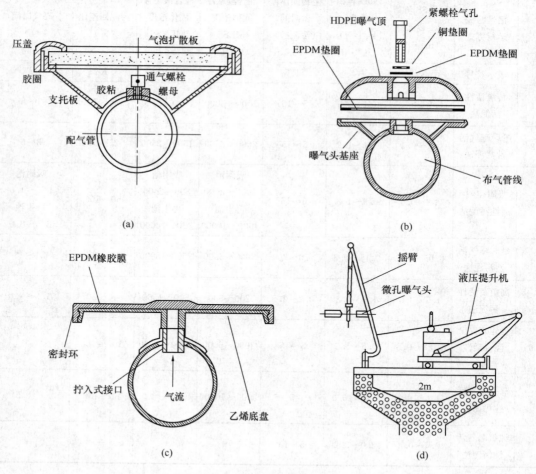

图 3-10　微气泡曝气器

② 中气泡曝气器

应用较为广泛的中气泡空气扩散装置是穿孔管，由管径介于 25～50mm 之间的钢管或塑料管制成，由计算确定，在管壁两侧向下相隔 45°角，留有直径为 3～5mm 的孔眼或隙缝，间距 50～100mm，空气由孔眼溢出。这种扩散装置构造简单，不易堵塞，阻力小；但氧的利用率较低，只有 4%～6%左右，动力效率亦低，约 1kg/(kW·h)。因此目前在活性污泥曝气中采用较少，而在接触氧化工艺中较为常用。

③ 水力剪切型曝气器

包括倒伞型曝气器和固定空气螺旋型曝气器，如图 3-11 和图 3-12 所示。

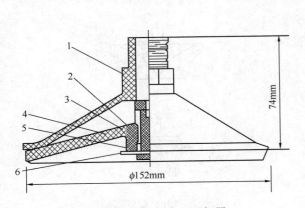

图 3-11　塑料倒伞型曝气器

1—盆形塑料壳体；2—橡胶板；3—密封圈；4—塑料螺杆；5—塑料螺母；6—不锈钢开口销

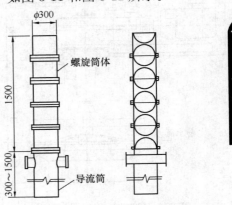
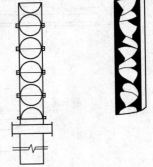

图 3-12　固定螺旋空气曝气器（单位：mm）

④ 水力冲击式曝气器

水力冲击式曝气器如图 3-13 所示。

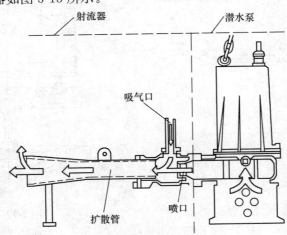

图 3-13　BER 型水下射流式水曝气器

（2）机械曝气

机械曝气是指利用叶轮等器械引入气泡的曝气方式。机械曝气器按传动轴的安装方向有竖轴（纵轴）式和卧轴（横轴）式之分，按淹没程度有表面曝气和淹没曝气之分。

① 竖轴式机械曝气器

竖轴式机械曝气器又称竖轴叶轮曝气机，在我国应用比较广泛。常用的有泵型、K 型、倒伞型和平板型等四种，如图 3-14～图 3-17 所示。

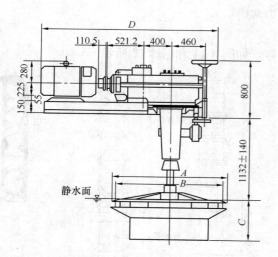

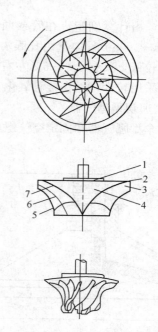

图 3-14 PE12A 泵型叶轮曝气器（单位：mm）

图 3-15 K 型叶轮曝气器结构图
1—法兰；2—盖板；3—叶片；4—后轮盘；5—后流线；6—中流线；7—前流线

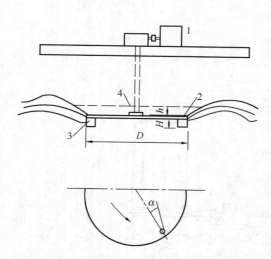

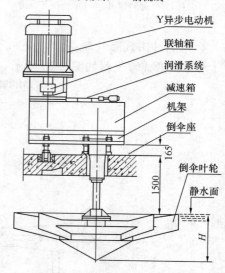

图 3-16 平板型叶轮曝气器构造示意图
1—驱动装置；2—进气孔；3—叶片；4—停转时水位线；
H—叶片高度；h—叶轮浸没深度；D—叶轮直径

图 3-17 倒伞型叶轮
表面曝气器（单位：mm）

② 卧轴式机械曝气器

目前应用的卧轴式机械曝气器主要是转刷曝气器。

2. 曝气设备的主要技术性能指标

（1）动力效率（E_P）是指每消耗 1kW 电能转移到混合液中的氧量，以 kg/(kW·h) 计；

（2）氧的利用效率（E_A）是通过鼓风曝气转移到混合液的氧量，占总供氧量的百分比（％）；

（3）氧的转移效率（E_L）也称充氧能力，是通过机械曝气装置，在单位时间内转移到混合液中的氧量，以 kg/h 计。

鼓风曝气设备的性能按（1）、（2）两项指标评定，机械曝气装置则按（1）、（3）两项指标评定。

曝气设备的主要特点和用途见表 3-2。

表 3-2　曝气设备的特点和用途

设备	特点	用途
（1）淹没式曝气器		
鼓风机		
细气泡系统	用多孔扩散板或扩散管产生气泡	各种活性污泥法
中等气泡系统	用塑料或布包管子产生气泡	各种活性污泥法
粗气泡系统	用孔口、喷射器或喷嘴产生气泡	各种活性污泥法
叶轮分布器	由叶轮及压缩空气注入系统组成	各种活性污泥法
静态管式混合器	竖管中设挡板以使底部进入的空气与水混合	各种活性污泥法
射流式	压缩空气与带压力的混合液在射流设备中混合	各种活性污泥法
（2）表面曝气器		
低速叶轮曝气器	用大直径叶轮在空气中搅起水底并卷入空气	常规活性污泥法
高速浮式曝气器	用小直径叶浆在空气中搅起水底并卷入空气	
转刷式曝气器	浆板通过水中旋转促进水的循环并曝气	氧化沟、渠道曝气

3.1.6　工艺设计

污水处理工艺流程的选择主要依据污水水量、水质及其变化规律和对污泥的处理要求来确定，以及对出水水质的要求，其中出水水质的要求对工艺流程的选择影响最大。

活性污泥系统由曝气池、二次沉淀池及污泥回流设备等组成。其工艺计算与设计主要包括以下五方面内容：

（1）工艺流程的选择；

（2）曝气池的设计计算；

（3）曝气系统的设计计算；

（4）二次沉淀池的设计计算；

（5）污泥回流系统的设计计算。

在设计活性污泥法系统时主要考虑以下内容：

（1）污泥负荷或容积负荷；

（2）污泥产量；

（3）需氧量和氧的传质；

（4）营养物的需求；

（5）丝状微生物的控制；

（6）进、出水水质。

在进行曝气池容积的计算时，应在一定范围内合理地确定污泥负荷（N_s）和污泥浓度（X）值，此外，还应同时考虑处理效率、污泥容积指数（SVI）和污泥龄（生物固体平均停留时间）等参数。

3.2 城市污水厌氧处理工艺

厌氧生物处理是在厌氧条件下，由多种微生物共同作用，利用厌氧微生物将污水或污泥中的有机物分解并生成甲烷和二氧化碳等最终产物的过程。在不充氧的条件下，厌氧细菌和兼性（好氧兼厌氧）细菌降解有机污染物，又称厌氧消化或发酵，分解的产物主要是沼气和少量污泥。厌氧生物处理适用于处理含高浓度有机工业废水的城市污水和好氧生物处理后的污泥消化，基本方法可以分为厌氧活性污泥法（包括厌氧消化池、厌氧接触消化、厌氧污泥床等）和厌氧生物膜法（包括厌氧生物滤池、厌氧流化床和厌氧生物转盘等）两大类。

3.2.1 厌氧反应器的分类

目前所用的厌氧反应器主要分为 7 种类型，如图 3-18 所示，它们是：

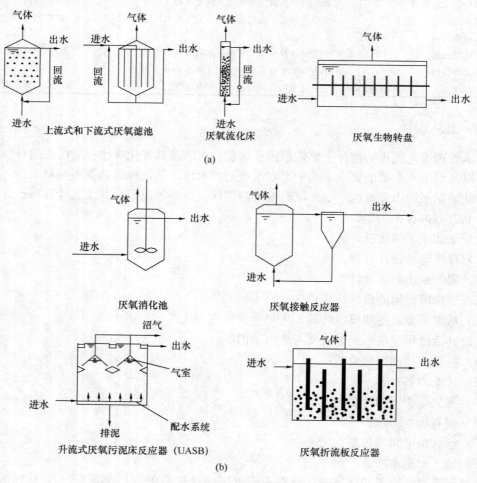

图 3-18 常见的厌氧反应器

（a）厌氧接触生长工艺；（b）厌氧悬浮生长工艺

(1) 普通厌氧消化池；

(2) 厌氧接触工艺反应器；

(3) 升流式厌氧污泥床（UASB）反应器；

(4) 厌氧滤床；

(5) 厌氧流化床反应器；

(6) 厌氧生物转盘；

(7) 其他，如厌氧混合反应器和厌氧折流反应器。

3.2.2　第一代厌氧消化工艺

1. 厌氧消化池

厌氧消化池的形式如图 3-18 所示，污水或污泥定期或连续加入消化池，经消化的污泥和污水分别从消化池底部和上部排出，所产的沼气是从顶部排出。在进行中温和高温发酵时，常需加热发酵料液。一般采用在池外设热交换器的方法间接加热或采用蒸汽直接加热。普通消化池的特点是在一个池内实现厌氧发酵反应过程和液体与污泥的分离过程。通常是间断进料，也有采用连续进料方式的。为了使进料和厌氧污泥密切接触而设有搅拌装置，一般情况下每隔 2～4h 搅拌一次。在排放消化液时，通常停止搅拌，待沉淀分离后从上部排出上清液。目前，消化工艺被广泛地应用于城市污水、污泥的处理上。

2. 厌氧接触反应器

厌氧接触工艺的反应器是完全混合的，如图 3-18 所示，排出的混合液首先在沉淀池中进行固液分离，可以采用沉淀池或气浮处置。污水由沉淀池上部排出，沉淀下的污泥回流至消化池，这样做既保证污泥不会流失，又可提高消化池内的污泥浓度，从而在一定程度上提高了设备的有机负荷率和处理效率。与普通消化池相比，它的水力停留时间可以大大缩短。厌氧接触工艺处理已在我国成功地应用于酒精糟液的处理上。

3.2.3　第二代厌氧消化工艺

1. 厌氧滤池

厌氧滤池（AF）是在反应器内充填各种类型的固体填料，如卵石、炉渣、瓷环、塑料等来处理有机废水。废水向上流动通过反应器的厌氧滤池称为升流式厌氧滤池；当有机物的浓度和性质适宜时采用的有机负荷可高达 $10\sim20kg\ COD/(m^3 \cdot d)$，如图 3-18 所示。另外还有下向流厌氧滤池。污水在流动过程中生长并保持与厌氧细菌的填料相接触；因为细菌生长在填料上，不随出水流失。在短的水力停留时间下可取得长的污泥龄，平均细胞停留时间可以长达 100d 以上。厌氧滤池的缺点是载体相当昂贵，据估计载体的价格与构筑物建筑价格相当。但如采用的填料不当，在污水中悬浮物较多的情况下，容易发生短路和堵塞，这是 AF 工艺不能迅速推广的原因。

2. 升流式厌氧污泥床反应器（UASB）

待处理的废水被引入 UASB 反应器（图 3-18）的底部，向上流过由絮状或颗粒状污泥组成的污泥床。随着污水与污泥相接触而发生厌氧反应，产生沼气（主要是甲烷和二氧化碳）引起污泥床扰动。在污泥床产生的气体中有一部分附着在污泥颗粒上，自由气体和附着在污泥颗粒上的气体上升至反应器的顶部。污泥颗粒上升撞击到脱气挡板的底部，这引起附着的气泡释放；脱气的污泥颗粒沉淀回到污泥层的表面。自由气体和从污泥颗粒释放的气体被收集在反应器顶部的集气室内。液体中包含一些剩余的固体物和生物颗粒进入到沉淀室内，剩余固体和生物颗粒从液体中分离并通过反射板落回到污泥层的上面。

3. 厌氧流化床和厌氧固定膜膨胀床系统

厌氧流化床（AFB）系统是一种具有很大比表面积的惰性载体颗粒的反应器，厌氧微生物在其上附着生长，如图 3-18 所示。它的一部分出水回流，使载体颗粒在整个反应器内处于流化状态。最初采用的颗粒载体是沙子，但随后采用低密度载体如煤和塑料物质以减少所需的液体上升流速，从而减少提升费用。由于流化床使用了比表面积很大的填料，使得厌氧微生物浓度增加。根据流速大小和颗粒膨胀程度可分成膨胀床和流化床。流化床一般按 20％～40％的膨胀率运行。膨胀床运行流速应控制在比初始流化速度略高的水平，相应的膨胀率为 5％～20％。

厌氧固定膜膨胀床（AAFEB）反应器工艺流程近似于厌氧流化床反应器，但其反应器床仅膨胀 10％～20％。由于载体质量较大，为便于介质颗粒流化和膨胀需要大量的回流，这增加了运行过程的能耗；并且其三相分离特别是固液分离比较困难，要求较高的运行和设计水平。

4. 厌氧生物转盘反应器

厌氧生物转盘是与好氧生物转盘相类似的装置，如图 3-18 所示。在这种反应器中，微生物附着在惰性（塑料）介质上。介质可部分或全部浸没在废水中。介质在废水中转动时，可适当限制生物膜的厚度。剩余污泥和处理后的水从反应器排出。

5. 厌氧折流反应器

厌氧折流反应器结构如图 3-18 所示。由于折板的阻隔使污水上下折流穿过污泥层，造成了反应器推流的性质，并且每一单元相当于一个单独的反应器，各单元中微生物种群分布不同，可以取得好的处理效果。

3.2.4 第三代厌氧反应器

厌氧颗粒污泥膨胀床（EGSB）反应器。EGSB 反应器实际上是改进的 UASB 反应器，其运行在高的上升流速下使颗粒污泥处于悬浮状态，从而保持了进水与污泥颗粒的充分接触。EGSB 反应器的特点是颗粒污泥床通过采用高的上升流速（与小于 1～2m/h 的 UASB 反应器相比），即 6～12m/h，运行在膨胀状态。EGSB 的概念特别适于低温和相对低浓度污水，当沼气产率低、混合强度低时，在此条件下较高的进水动能和颗粒污泥床的膨胀高度将获得比"通常的"UASB 反应器好的运行结果。EGSB 反应器由于采用高的上升流速因而不适于颗粒有机物的去除。进水悬浮固体流过颗粒污泥床并随出水离开反应器，胶体物质被污泥絮体吸附而部分去除。下面是两种不同类型的 EGSB 反应器。

（1）厌氧内循环反应器（IC）

IC 工艺是基于 UASB 反应器颗粒化和三相分离器的概念而改进的新型反应器，属于 EGSB 的一种。IC 可以看成是由两个 UASB 反应器的单元相互重叠而成。它的特点是在一个高的反应器内将沼气的分离分两个阶段。底部一个处于极端的高负荷，上部一个处于低负荷。

（2）厌氧升流式流化床工艺（UFB-BIOBED）

厌氧升流式流化床工艺厌氧流化床，在其设计的生产性流化床装置上，由于强烈的水力和气体剪切作用，形成载体的生物膜脱落十分厉害，无法保持生物膜的生长。相反地，在运行过程中形成了厌氧颗粒污泥，将厌氧流化床转变为 EGSB 运行形式。UFB 是其商品名称，在文献和样本上有时该公司也称其为 EGSB 反应器；这从另一方面给出了厌氧流化床不成功的例子，因此它是 EGSB 反应器的一种。它可以在极高的水、气上升流速（两者都可达到 5～7m/h）下产生和保持颗粒污泥，所以不需采用载体物质。由于高的液体和气体的上升流速造成了进水和污泥之间的良好混合状态，因此系统可以采用 15～30COD/(m³·d) 的高负荷。

3.2.5 其他改进工艺

1. 厌氧复合床反应器（AF＋UASB）

许多研究者为了充分发挥升流式厌氧污泥床与厌氧滤池的优点，采用了将两种工艺相结合的反应器结构，被称为复合床反应器（AF＋UASB），也称为 UBF 反应器。复合床反应器的结构如图 3-19 所示，一般是将厌氧滤池置于污泥床反应器的上部。一般认为这种结构可发挥 AF 和 UASB 反应器的优点，改善运行效果。

2. 水解工艺和两阶段厌氧消化（水解＋EGSB）工艺

在以往的研究中发现采用水解池 HUSB 反应器，可以在短的停留时间（HRT＝2.5h）和相对高的水力负荷 [>1m³/(m²·h)] 下获得高的悬浮物去除率（SS 去除率平均为 85%）。这一工艺可以改善和提高原污水的可生化性和溶解性，有利于好氧后处理工艺。但是，工艺的 COD 去除率相对较低，仅有 40%～50%，并且溶解性 COD 的去除率很低。事实上 HUSB 工艺仅仅能够起到预水解和酸化作用。如前所述 EGSB 反应器可以有效地去除可生物降解的溶解性 COD 组分，但对于悬浮性 COD 的去除极差。研究表明采用水解（HUSK）＋ EGSB 串联处理工艺可以使这两个工艺相得益彰。

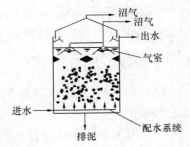

图 3-19　厌氧复合床反应器
（AF＋UASB）

采用两级厌氧工艺处理含颗粒性有机物组分的生活污水时，可能更有优势：第一级是絮状污泥的水解反应器并运行在相对低的上升流速下，颗粒有机物在第一级被截留，并部分转变为溶解性化合物，重新进入到液相而在随后的第二个反应器内消化。在水解反应器中，因为环境和运行条件不适合，几乎没有甲烷化过程。

3. 微氧后处理工艺（MUSB 反应器）

微氧反应器的微氧条件是采用慢速搅拌缓慢充氧来维持的，出水没有任何恶臭，微氧活性污泥沉降性能好。当城市污水采用厌氧处理后接微氧处理工艺，可以在 1～2d 内甚至更短的时间内去除。对已经存在生物稳定塘的情况下，在后处理中采用微氧工艺是有利的。在这种情况下采用简单的技术和经济的价格达到最终处理排放是适合中国国情的。

采用微氧升流式污泥床工艺（MUSB），水力停留时间（HRT）为 1.2h，进水从反应器的底部进入，通过水力混合和最低程度的曝气（气水比为 1:1），使污泥床保持悬浮并处于微氧条件。厌氧处理后采用 MUSB 等微氧工艺，由于厌氧出水中残余有机物大部分是胶体物，其可生化降解性差，一般在微氧处理工艺中同时投加少量的 $Al_2(SO_4)_3$ 等混凝剂，采用混凝工艺强化微氧生化工艺使出水得到极大改善。

3.3 A/O 和 A² /O 工艺

3.3.1 A/O 工艺

A/O 工艺是缺氧/好氧（Anoxic/Oxic）工艺或厌氧/好氧（Anaerobic/Oxic）工艺的简称，通常是在常规的好氧活性污泥法处理系统前，增加一段缺氧生物处理过程或厌氧生物处理过程。在好氧段，好氧微生物氧化分解污水中的 BOD_5，同时进行硝化或吸收磷。如果前边配的是缺氧段，有机氮和氨氮在好氧段转化为硝化氮并回流到缺氧段，其中的反硝化细菌利用氧化态氮和污水中的有机碳进行反硝化反应，使化合态氮变为分子态氮，获得同时去碳和脱氮的效果。如果前边配的是厌氧段，在好氧段吸收磷后的活性污泥部分以剩余污泥形式排出系统，部分回流到厌氧段将磷释放出来，并在随水流进入到好氧段吸收磷，如此循环。因此，缺氧/好氧（Anoxic/Oxic）法又被称为生物脱氮系统，被写作 A_1/O；而厌氧/好氧（Anaerobic/Oxic）法又被称为生物除磷系统，被写作 A_2/O。

3.3.2 A/O 工艺的特点

（1）A_1/O 系统可以同时去除污水中的 BOD_5 和氨氮，适用于处理氨氮和 BOD_5 含量均较高的污水。

（2）因为硝酸菌是一种自养菌，为抑制生长速率高的异养菌，使硝化段内硝酸菌占优势，要设法保证硝化段内有机物浓度不能过高，一般要控制 BOD_5 小于 20mg/L。

（3）硝化过程中消耗的氧，可以在反硝化过程中被回收利用，并氧化一部分 BOD_5。

（4）当污水中氨氮含量较高，仅 BOD_5 值较低时，可以用外加碳源的方法实现脱氮。一般 BOD_5 与硝态氮的比值<3 时，就需要另加碳源。外加碳源多采用甲醇，每反硝化 1g 硝态氮，约需消耗 2g 甲醇。

（5）硝化过程消耗水中的碱度，为保证硝化过程的顺利进行，当除碳后的污水中碱度低于 30mg/L 时，可以采用向污水中投加石灰的方法提高碱度。硝化 1g 氨氮，要消耗 7.14g 碱度，即要投加 5.4g 以上的熟石灰，才能维持污水原来的碱度。

（6）硝酸菌繁殖较慢，只有当曝气时间较长、曝气池泥龄较长时，才会有利于硝酸菌的积累，出现硝化作用。泥龄一般要超过 10d。

（7）A_2/O 法除磷时，运行负荷较高，泥龄和停留时间短。一般 A_2/O 法厌氧段的停留时间为 0.5~1.0h，好氧段的停留时间为 1.5~2.5h，MLSS 为 2~4g/L。由于此时泥龄短，废水中的氮往往得不到硝化，因此回流污泥中就不会携带硝酸盐回到厌氧区。

3.3.3 A_1 /O 工艺流程及设计参数

A_1/O 工艺流程如图 3-20 所示。

1. 设计要点

设计时所采用的硝化菌和反硝化菌的反应温度常数应取冬季水温时的数值。

硝化工况：

（1）好氧池出口溶解氧在 1~2mg/L 之上；

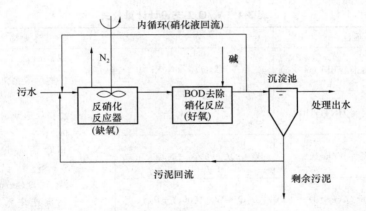

图 3-20 A₁/O 工艺流程

（2）适宜温度为 20～30℃，最低水温应≮13℃，低于 13℃硝化速度明显降低；

（3）TKN 负荷＜0.05kg TKN/（kg MLSS・d）；

（4）pH＝8.0～8.4。

反硝化工况：

（1）溶解氧趋近于零；

（2）生化反应池进水溶解性 BOD 浓度与硝态氮浓度之比应在 4 以上，即：S-BOD：NO$_T$-N＞4∶1，理论 BOD 消耗量为 1.72g BOD/g NO$_T$-N，实测为 1.88g BOD/g NO$_T$-N。

2. 设计参数与计算公式

A₁/O 工艺设计参数见表 3-3。A₁/O 工艺设计计算公式见表 3-4。

表 3-3 A₁/O 工艺设计参数

	项目	数值
1	HRT（h）	A₁ 段：0.5～1.0（≯2.0）；O 段：2.5～6；A₁∶O＝1∶（3～4）
2	SRT（d）	＞10
3	污泥负荷 N_s[kg BOD₅/（kg MLSS・d）]	0.1～0.7（≯0.18）
4	污泥浓度 X（mg/L）	2000～5000（≮3000）
5	总氮负荷率[kg TN/（kg MLSS・d）]	≯0.05
6	混合液（硝化液）回流比 R_N（%）	200～500
7	污泥回流比 R（%）	50～100
8	反硝化池 S-BOD₅/ NO$_x$	≮4

注：（ ）内数值供参考。

3. 反应池的容积计算

较为实际的计算方法是缺氧—好氧生化反应池容积与普通活性污泥法一样，按 BOD 污泥负荷率计算，公式同普通法，缺氧、好氧各段的容积比为 1∶（3～4）。

表 3-4 A_1/O 工艺设计计算公式

	项目	公式	主要符号说明
1	生化反应池总容积 $V(m^3)$	$V=24Q'L_0/(N_sX)$	Q'——污水设计流量（m^3/d）；L_0——生物反应池进水 BOD_5 浓度（kg/m^3）；
2	水力停留时间 HRT$[t(h)]$	$t=Q/V$	L_r——生物反应池去除 BOD_5 浓度（kg/m^3）；
3	剩余污泥量 $W(kg/d)$	$W=aQL_r-bVX_v+S_rQ×50\%$	N_s——BOD 污泥负荷 $[kg\ BOD_5/(kg\ MLSS\cdot d)]$；
4	湿污泥量 $Q_s(m^3/d)$	$Q_s=W/[1000(1-P)]$	X——污泥浓度（kg/m^3）；a——污泥产率系数（$kg/kg\ BOD_5$），$0.5\sim0.7$；
5	污泥龄 SRT(d)	$SRT=VN_v/W$	b——污泥自身氧化速率（d），0.5；Q——平均日污水流量（m^3/d）；
6	需氧量 $O_2(kg/h)$	$O_2=a'QL_r+b'N_r-b'N_D-c'X_w$	X_v——挥发性悬浮固体浓度，$X_v=fX$；f——系数，一般为 0.75；
7	回流污泥浓度 $X_r(kg/h)$	$X_r=10^6/SVI$	P——污泥含水率（$\%$）；$a'=1.47$；$b'=4.6$；$c'=1.42$；
8	曝气池混合液浓度 $X(kg/h)$	$X=X_rR/(1+R)$	N_r——氨氮去除量（kg/m^3）；N_D——硝态氮去除量（kg/m^3）；
9	混合液（硝化液）回流比 $R_N(\%)$	$R_N=[\eta_{aN}/(1-\eta_{aN})]×100\%$	W——剩余污泥量（kg/d）；X_w——剩余活性污泥量（kg/d）；R——污泥回流比（$\%$）；η_{aN}——总氮去除率（$\%$）

3.3.4　A_2/O 工艺流程及设计参数

A_2/O 工艺流程如图 3-21 所示。

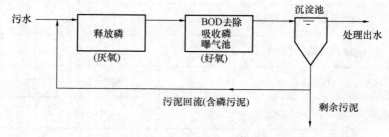

图 3-21　A_2/O 工艺流程

1. 设计要点

（1）在厌氧池中必须严格控制厌氧条件，使其既无分子态氧，也无 NO_3^- 等化合态氧，以保证聚磷菌吸收有机物并释放磷；好氧池中，要保证 DO 不低于 $2mg/L$，以供给充足的氧，保持好氧状态，维持微生物对有机物的好氧生化分解，并有效地吸收污水中的磷。

（2）污水中的 $BOD_5/T-P$ 比值应大于 $20\sim30$，否则其除磷效果将下降，聚磷菌对磷的释放和摄取在很大程度上决定于起诱导作用的有机物。

（3）污水中的 $COD/TKN\geqslant10$，否则 NO_3^--N 浓度必须 $\leqslant2mg/L$，才不会影响除磷

效果。

(4) 泥龄短对除磷有利，一般为 3.5～7d。

(5) 水温在 5～30℃。

(6) pH＝6～8。

(7) BOD 污泥负荷 $N_s > 0.1 kg\ BOD_5/(kg\ MLSS \cdot d)$。

2. 设计参数

A_2/O 工艺设计参数见表 3-5。

表 3-5 A_2/O 工艺设计参数

	项目	数值
1	HRT（h）	A_2段：1～2($\not>$2.0)；O 段：2～4；A_2：O＝1：(2～3)
2	SRT(d)	3.5～7(5～10)
3	污泥负荷 N_s[kg BOD$_5$/(kg MLSS·d)]	0.5～0.7
4	污泥浓度 MLSS(mg/L)	2000～4000
5	总氮负荷率[kg TN/(kg MLSS·d)]	0.05
6	污泥指数 SVI	≤100
7	污泥回流比 R（%）	40～100
8	DO(mg/L)	A_2段≈0；O 段＝2

注：（ ）内数值供参考。

3. 计算公式

(1) 曝气池容积计算公式：同 A_1/O 法，并按 $A_2/O＝1$：(2.5～3)，求定 A_2、O 段的容积，A_2 段 HRT 一般取 1h 左右。

(2) 剩余污泥龄计算公式：同 A_1/O 法。

(3) 需氧量 O_2(kg/d) 及曝气系统其他计算均与普通活性污泥法相同。

3.3.5 A^2/O 工艺

A^2/O 工艺，又称 A-A-O 工艺，是厌氧/缺氧/好氧（Anaerobic/Anoxic/Oxic）工艺的简称，其实是在缺氧/好氧（A/O）法基础上增加了前面的厌氧段，具有同时脱氮和除磷的功能，如图 3-22 所示。

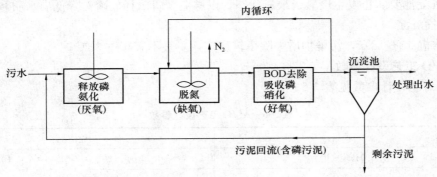

图 3-22 A^2/O 工艺流程

A^2/O 工艺具有如下特点：

（1）厌氧、缺氧、好氧三种不同的环境条件和不同种类微生物菌群的有机配合，能同时具有去除有机物、脱氮除磷的功能。

（2）在同时脱氮除磷去除有机物的工艺中，该工艺流程最为简单，总的水力停留时间也少于同类其他工艺。

（3）在厌氧—缺氧—好氧交替运行下，丝状菌不会大量繁殖，SVI 一般小于 100，不会发生污泥膨胀。

（4）污泥中磷含量高，一般为 2.5％以上。

（5）脱氮效果受混合液回流比大小的影响，除磷效果受回流污泥中夹带 DO 和硝酸态氧的影响，因而脱氮除磷效率不可能很高。

3.3.6 A^2/O 工艺设计要点及设计参数

1. 设计要点

（1）污水中可生物降解有机物对脱氮除磷的影响。厌氧段进水溶解性磷与溶解性 BOD_5 之比应小于 0.06，才会有较好的除磷效果。污水中 COD/TKN＞8 时，氮的总去除率可达 80％。COD/TKN＜7 时，则不宜采用生物脱氮。

（2）污泥龄。在 A^2/O 工艺中泥龄受硝化菌世代时间和除磷工艺两方面影响。权衡这两个方面，A^2/O 工艺的污泥龄一般为 15～20d。

（3）溶解氧。好氧段的 DO 应为 2mg/L 左右，太高太低都不利。对于厌氧段和缺氧段，则 DO 越低越好，但由于回流和进水的影响，应保证厌氧段 DO 小于 0.2mg/L，缺氧段 DO 小于 0.5mg/L。

回流污泥提升设备应用潜污泵代替螺旋泵，以减少提升过程中的复氧，使厌氧段和缺氧段的 DO 最低，以利于脱氮除磷。

厌氧段和缺氧段的水下搅拌器功率不能过大（一般为 $3W/m^3$ 的搅拌功率即可），否则会产生涡流，导致混合液 DO 升高，影响脱氮除磷的效果。

污水和回流污水进入厌氧段和缺氧段时应为淹没入流，以减少复氧。

（4）低浓度的城市污水，采用 A^2/O 工艺时应取消初沉池，使原污水经沉砂池后直接进入厌氧段，以便保持厌氧段中 C/N 比较高，有利于脱氮除磷。

（5）硝化的总凯氏氮（TKN）的污泥负荷率应小于 0.05kg TKN/（kg MLSS·d），反硝化进水溶解性的 BOD_5 浓度与硝酸态氮浓度之比应大于 4。

（6）沉淀池要防止发生厌氧、缺氧状态，以避免聚磷菌释放磷而降低出水质和反硝化产生 N_2 而干扰沉淀。

（7）水温 13～18℃，污染物质去除率较稳定，一般不宜超过 30℃。

2. A^2/O 工艺设计参数

A^2/O 工艺设计参数见表 3-6。

表 3-6　A^2/O 工艺设计参数

	项目	数值
1	HRT（h）	6～8；厌氧：缺氧：好氧＝1：1：（3～4）
2	SRT（d）	15～20（20～30）

	项目	数值
3	污泥负荷 N_s[kg BOD$_5$/(kg MLSS·d)]	0.15～0.2(0.15～0.7)
4	污泥浓度 MLSS(mg/L)	2000～4000(3000～5000)
5	总氮负荷率[kg TN/(kg MLSS·d)]	<0.05
6	总磷负荷率[kg TP/(kg MLSS·d)]	0.003～0.006
7	混合液(硝化液)回流比 R_N(%)	≥200(200～300)
8	污泥回流比 R(%)	25～100
9	DO(mg/L)	好氧段2;缺氧段0.5;厌氧段0.2

注:( )内数值供参考

3.4　AB 工艺

3.4.1　AB 工艺及其特点

　　AB 工艺（Adsorption Biodegradation）是吸附-生物降解工艺的简称，由以吸附作用为主的 A 段和以生物降解作用为主的 B 段组成，是在常规活性污泥法和两段活性污泥法基础上发展起来的一种污水处理工艺，如图 3-23 所示。A 段负荷较高，有利于增殖速度快的微生物繁殖，在此成活的只能是冲击负荷能力强的原核细菌，其他世代较长的微生物都不能存活。A 段污泥浓度高、剩余污泥产率大，吸附能力强，污水中的重金属、难降解有机物及氮磷等植物性营养物质都可以在 A 段通过污泥吸附去除。A 段对有机物的去除主要靠污泥絮体的吸附作用，以物理作用为主，因此 A 段对有毒物质、pH 值、负荷和温度的变化有一定的适应性。

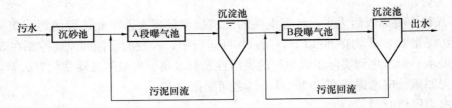

图 3-23　AB 法典型工艺流程

　　一般 A 段的污泥负荷可高达 2～6kg BOD$_5$/(kg MLSS·d)，是传统活性污泥法 10～20 倍，而水力停留时间和泥龄都很短(分别只有 0.5h 和 0.5d 左右)，溶解氧只要 0.5mg/L 左右即可；污水经 A 段处理后，水质水量都比较稳定，可生化性也有所提高，有利于 B 段的工作，B 段生物降解作用得到充分发挥。B 段的运行和传统活性污泥法相近，污泥负荷为 0.15～0.3kg BOD$_5$/(kg MLSS·d)左右，泥龄为 15～20d，溶解氧 1～2mg/L 左右。在考虑脱磷除氮设计时，一般情况下应保证 B 段进水的 BOD$_5$/TN 比值≥4。对 BOD$_5$/TN 值在 3 左右的污水来说，设置 A 段对生物除磷脱氮不利。另外，由于 AB 工艺产泥量大，合理解决污泥处置问题，也是 AB 工艺成功推广应用的关键因素之一。

3.4.2 工艺设计参数

1. 设计流量

AB工艺中的A段设计是该工艺的设计关键。由于A段水力停留时间较短，通常在1.0h之内，因此进水水量的变化将对其产生较大的影响。对于分流制排水管网，A段曝气池与中间沉淀池设计流量应按最大时流量（即平均流量乘以总变化系数 K_z）计算；对于合流制排水管网，设计流量应为旱季最大流量。由于B段的水力停留时间相对较长，一般HRT均超过5.0h以上，且B段处于A段之后，有一定的缓冲余地，因此B段曝气池的流量设计可按平均流量设计或适当考虑系统的变化系数。

AB工艺中的二沉池设计是否合理，也是保证污水处理厂出水达标的重要环节，良好的泥、水分离效果是出水水质达到设计要求的关键。因此二沉池的设计一般应按最不利情况考虑。同A段的设计流量一样，对于分流制排水系统，二沉池按最大时流量设计；但对于合流制排水系统，设计流量应取雨季最大流量（即平均流量与平均流量乘以截流倍数 n 的两项之和）。

2. A段曝气池设计

（1）污泥负荷

由于AB工艺中的A段为高负荷区，设计中污泥负荷在 $2\sim6\text{kg BOD}_5/(\text{kg MLSS}\cdot\text{d})$ 之间，但实际运行中，由于进水水质水量通常为变动状态，因此A段的污泥负荷瞬时波动是较大的，所以设计污泥负荷值不宜选取过高，通常取 $3\sim5\text{kg BOD}_5/(\text{kg MLSS}\cdot\text{d})$ 为宜。污泥负荷过高不利于进水微生物的适应及生长，而负荷太低也不利于固、液的分离。

（2）污泥浓度、污泥龄及污泥回流比

由于AB工艺中A段的负荷变化较大，因此在实际运行中，A段的污泥浓度也有较大波动，通常设计的污泥浓度为 $2\sim3\text{g/L}$。当设计的进水有机物浓度较高时，为了保证合理的水力停留时间，A段中的污泥浓度也可提高到 $3\sim4\text{mg/L}$。A段的污泥龄一般控制在 $0.3\sim1\text{d}$ 之间较为合适。

由于A段主要以吸附为主，且污泥中的无机物含量较大。因此该段的污泥沉降性能较好，一般污泥指数SVI均在60以下，所以实际运行中，A段的污泥回流比控制在50%以内便可满足要求。但考虑到实际工程运行的灵活性及其水质、水量的波动变化等因素，设计时A段的污泥回流比应考虑能在50%~100%之间变化。

（3）水力停留时间

由于A段以物理吸附为主，因此其HRT的设计较为重要，通常水力停留时间过长，吸附作用不十分明显。一般情况下，水力停留时间设计值不宜少于25min，但也不宜超过1.0h。工程设计中建议采用 $30\sim50\text{min}$ 为宜。

（4）溶解氧及耗氧负荷

由于A段可根据实际需要采用好氧或兼氧的方式运行，因此其溶解氧浓度的控制范围较大，其变化范围一般在 $0.2\sim1.5\text{mg/L}$ 之间。在采用兼氧运行方式时，溶解氧应控制在 $0.2\sim0.5\text{mg/L}$ 之间。A段的氧消耗负荷（以 O_2/去除BOD计）一般在 $0.3\sim0.4\text{kg O}_2/\text{kg}$ 去除BOD。

3. 中间沉淀池设计

中间沉淀池的作用主要是将A、B段的污泥菌种有效地隔开，因此其沉淀效果的好坏是非常重要的。由于 A 段的污泥沉降性能较好，因此其沉淀池的设计基本相当于初沉池的设计要求。一般情况下，中间沉淀池的表面水力负荷可取 $2m^3/(m^2 \cdot h)$，水力停留时间可取 $1.5 \sim 2h$；平均流量时允许的出水堰负荷为 $15m^3/(m \cdot h)$，最大流量时允许的出水堰负荷为 $30m^3/(m \cdot h)$。

4. B 段曝气池设计

由于 AB 工艺的 B 段基本上同传统活性污泥法类似，因此 B 段的设计参数确定基本等同于传统工艺的活性污泥法，在实际的 AB 工艺设计中，B 段的污泥龄及污泥负荷的选取主要取决于出水水质要求。若出水水质仅要求去除有机物，则污泥龄取 5d 左右即可；若出水水质必须满足脱氮或除磷的要求，则污泥龄应取 $5 \sim 20d$。B 段的污泥负荷一般取 $0.15 \sim 0.3kg$ $BOD_5/(kg\ MLSS \cdot d)$ 之间。

5. 二沉池的设计

AB 工艺中的 B 段在采用常规的活性污泥工艺时，二沉池的作用与其在传统活性污泥工艺中是一样的，因此其设计参数基本同常规活性污泥法工艺的二沉池设计。通常按最大流量考虑，表面水力负荷一般取 $1.0m^3/(m^2 \cdot h)$ 以下，水力停留时间为 $2.5 \sim 3h$，最大出水堰负荷为 $15m^3/(m \cdot h)$。

3.5　氧化沟工艺

3.5.1　工艺流程

氧化沟（Oxidation ditch）又名连续循环曝气池（Continuous loop reactor），属于活性污泥法的一种变形，氧化沟的水力停留时间可达 $10 \sim 30h$，污泥龄 $20 \sim 30d$，有机负荷很低 $[0.05 \sim 0.15kg\ BOD_5/(kg\ MLSS \cdot d)]$，实质上相当于延时曝气活性污泥系统。由于它运行成本低，构造简单，易于维护管理，出水水质好、耐冲击负荷、运行稳定，并可脱氮除磷，逐渐受到关注与重视。可用于人口 $360 \sim 1000$ 万人口当量的城市污水处理。氧化沟的基本工艺流程如图 3-24 所示。

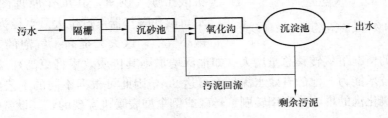

图 3-24　氧化沟的工艺流程

氧化沟出水水质好，一般情况下，BOD_5 去除率可达 95% 以上，脱氮率达 90% 左右，除磷效率达 50% 左右，如在处理过程中，适量投加铁盐，则除磷效率可达 95%。一般的出水水质为 $BOD_5 = 0 \sim 15mg/L$；$SS = 10 \sim 20mg/L$；$NH_4^+-N = 1 \sim 3mg/L$；$P < 1mg/L$。运行费用较常规活性污泥法低 30% $\sim$ 50%，基建费用较常规活性污泥法低 40% $\sim$ 60%。

3.5.2 氧化沟的类型

1. 基本型

基本型氧化沟处理规模小，一般采用卧式转刷曝气小，如图 3-25 所示。水深为 1～1.5m。氧化沟内污水水平流速 0.3～0.4m/s。为了保持流速，其循环量约为设计流量的 30～60 倍。此种池结构简单，往往不设二沉池。

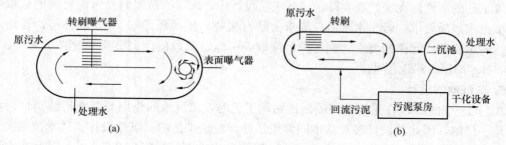

图 3-25　基本型氧化沟及其流程
（a）基本型氧化沟平面图；（b）基本型氧化沟工艺流程

2. 卡鲁塞尔（Carrousel）式氧化沟

Carrousel 氧化沟如图 3-26 所示，它的典型布置为一个多沟串联系统，进水与活性污泥混合后沿箭头方向在沟内不停的循环流动，采用表面机械曝气器，每沟渠的一端各安装一个，靠近曝气器下游的区段为好氧区，处于曝气器上游和外环的区段为缺氧区，混合液交替进行好氧和缺氧，这不仅提供了良好的生物脱氮条件，而且有利于生物絮凝，使活性污泥易于沉淀。

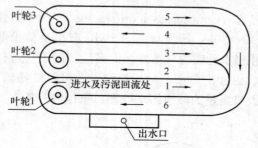

图 3-26　卡鲁塞尔氧化沟典型布置形式

此类氧化沟由于采用了表面曝气器，其水深可采用 4～4.5m。如果有机负荷较低时，可停止某些曝气器的运行，在保证水流搅拌混合循环流动的前提下，减少能量消耗。除此典型布置之外，卡鲁塞尔还有许多其他布置形式。

微孔曝气型 Carrousel 2000 系统采用鼓风机微孔曝气供氧，其工作原理图如图 3-27 所示。微孔曝气器可产生大量直径为 1mm 左右的微小气泡，这大大提高了气泡的表面积，使得在池容积一定的情况下氧转移总量增大（如池深增加则其传质效率将更高）。根据目前鼓风机生产厂家的技术能力，池的有效水深最大可达 8m，因此可根据不同的工艺要求选取合适的水深。传统氧化沟的推流是利用转刷、转碟或倒伞型表曝机实现的，其设备利用率低、动力消耗大。微孔曝气型 Carrousel 2000 系统则采用了水下推流的方式，即把潜水推进器叶轮产生的推动力直接作用于水体，在起推流作用的同时又可有效防止污泥的沉降。因而，采用潜水推进器既降低了动力消耗，又使泥水得到了充分的混合。从水力特性来看，微孔曝气型 Carrousel 2000

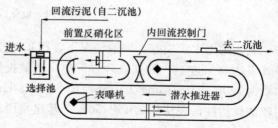

图 3-27　Carrousel 2000 型氧化沟工作原理图

系统为环状折流池型，兼有推流式和完全混合式的流态。就整个氧化沟来看，可认为氧化沟是一个完全混合曝气池，其浓度变化系数极小甚至可以忽略不计，进水将迅速得到稀释，因此它具有很强的抗冲击负荷能力。但对于氧化沟中的某一段则具有某些推流式的特征，即在曝气器下游附近地段 DO 浓度较高，但随着与曝气器距离的不断增加则 DO 浓度不断降低（出现缺氧区）。这种构造方式使缺氧区和好氧区存在于一个构筑物内，充分利用了其水力特性，达到了高效生物脱氮的目的。

Carrousel 3000 系统是在 Carrousel 2000 系统前再加上一个生物选择区。该生物选择区是利用高有机负荷筛选菌种，抑制丝状菌的增长，提高各污染物的去除率，其后的工艺原理同 Carrousel 2000 系统。

3. 三沟式氧化沟

三沟式氧化沟属于交替工作式氧化沟，由丹麦 Kruger 公司创建，如图 3-28 所示。由三条同容积的沟槽串联组成，两侧的池交替作为曝气池和沉淀池，中间的池一直为曝气池。原污水交替地进入两边的侧池，处理出水则相应地从作为沉淀池的侧池流出，这样提高了曝气转刷的利用率（达 59% 左右），另外也有利于生物脱氮。

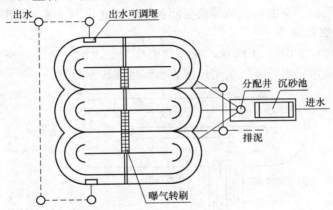

图 3-28　三沟式氧化沟

三沟式氧化沟的水深为 3.5m 左右。一般采用水平轴转刷曝气，两侧沟的转刷是间歇曝气，以使污水处于缺氧状态，中间沟的转刷是连续曝气。

4. Orbal 型氧化沟

Orbal 型氧化沟是由多个同心的椭圆形或圆形沟渠组成，污水与回流污泥均进入最外一条沟渠，在不断循环的同时，依次进入下一个沟渠，它相当于一系列完全混合反应池串联而成，最后混合液从内沟渠排出。Orbal 型氧化沟常分为三条沟渠，外沟渠的容积约为总容积的 60%～70%，中沟渠容积约为总容积的 20%～30%，内沟渠容积仅占总容积的 10%，如图 3-29 所示。Orbal 型氧化沟曝气设备一般采用曝气转盘，水深可采用

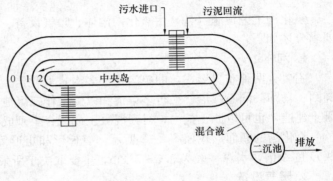

图 3-29　Orbal 型氧化沟

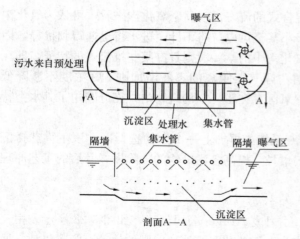

图 3-30　曝气—沉淀—体化氧化沟

2～3.6m，并应保持沟底流速为 0.3～0.9m/s，在运行时，外、中、内沟渠的溶解氧分别为厌氧、缺氧、好氧状态，使溶解氧保持较大的梯度，有利于提高充氧效率，同时有利于有机物的去除和脱氮除磷。

5. 曝气—沉淀—体化氧化沟

一体化氧化沟就是将二沉池建在氧化沟中，从而完成曝气—沉淀两个功能，如图 3-30 所示。

在氧化沟的一个沟渠内设沉淀区，在沉淀区的两侧设隔墙，并在其底部设一排三角形导流板，同时在水面设穿孔集水管，以收集澄清水。氧化沟内的混合液从沉淀区的底部流过，部分混合液则从导流板间隙上升进入沉淀区，而沉淀下来的污泥从导流板间隙下滑回氧化沟。曝气采用机械表面曝气。

6. 侧渠形一体氧化沟

侧渠形一体氧化沟如图 3-31 所示，两座侧渠作为二次沉淀池，并交替运行和交替回流污泥，澄清水通过堰口排出，曝气采用机械表面曝气或转刷曝气。

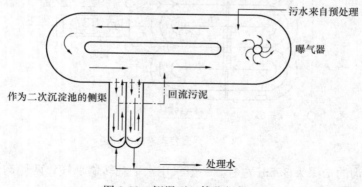

图 3-31　侧渠型—体化氧化沟

3.5.3　氧化沟工艺设施（备）及构造

氧化沟工艺设施（备）由氧化沟沟体、曝气设备、进出口设施、系统设施等组成，各部要求分述如下。

1. 沟体

主要分两种布置形式，即单沟式和多沟式氧化沟。一般呈环状沟渠形，也可呈长方形、椭圆、马蹄、同心圆形、平行多渠道和以侧渠作二沉池的合建形等。其四周池壁可以钢筋混凝土建造，也可以原土挖沟，衬素混凝土或三合土砌成。

氧化沟的断面形式如图 3-32 所示，有梯形和矩形等。氧化沟的单廊道宽度 C 一般为水深 D 的 2 倍，水深一般为 3.5～5.2m，主要取决于所采用的曝气设备。

2. 曝气设备

它具有供氧、充分混合、推动混合液不停地循环流动和防止活性污泥沉淀的功能，常用

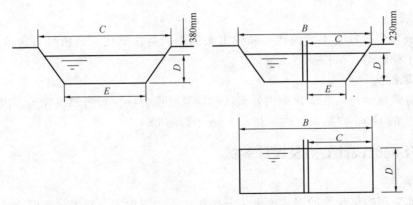

图 3-32 氧化沟的断面形式
C—单廊道宽度；D—水深

的有水平轴曝气转刷（或转盘）和垂直表面曝气器，均有定型产品。

（1）水平轴曝气设备

水平轴曝气设备旋转方向与沟中水流方向同向，并安装在直道上。在其下游一定距离内，在水面下应设置导流板，有的还设置淹没式搅拌器，增加水下流速强度，防止沟底积泥。水平轴曝气设备在基本型、Orbal 型、一体化氧化沟中被普遍采用。

（2）曝气转刷

曝气转刷充氧能力约为 $1.8 \sim 2.0 kg/(kW \cdot h)$，调节转速和淹没深度，可改变其充氧量。因转刷的提升能力小，所以氧化沟水深应不超过 $2.5 \sim 3.0m$。

（3）曝气转盘

曝气转盘充氧能力约为 $1.8 \sim 2.0 kg/(kW \cdot h)$，氧化沟内水深可为 $3.5m$ 左右。

（4）垂直轴表面曝气器

垂直轴表面曝气器具有较大的提升能力，故一般氧化沟水深为 $4 \sim 4.5m$，垂直轴表面曝气叶轮一般安装在弯道上，它在卡鲁塞尔型氧化沟得到普遍采用。

（5）进出水位置

如图 3-33 所示，污水和回流污泥流入氧化沟的位置应与沟内混合液流出位置分开，其中污水流入位置应设在缺氧区的始端附近，以使硝化反应利用其污水中的碳源。回流污泥流入位置应设置在曝气设

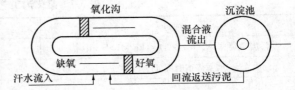

图 3-33 氧化沟进出水位置

备后面的好氧部位，以防止沉淀池污泥厌氧，确保处理水中的溶解氧。

3. 配水井

两个以上氧化沟并行工作时，应设配水井以保证均匀配水。三沟式氧化沟则应在进水配水井内设自动控制阀门，按原设计好的程序用定时器自动启闭各自的进水孔，以变换氧化沟内的水流方向。

4. 出水堰

氧化沟的出水处应设出水堰，该溢流堰应设计成可升降的，从而起到调节沟内水深的作用。

5. 导流墙

为保持氧化沟内具有不淤流速，减少水头损失，需在氧化沟转折处设置薄壁结构导流墙，使水流平稳转弯，维持一定流速。

6. 溶解氧探头

为经济有效地运行，在氧化沟内好氧区和缺氧区应分别设置溶解氧探头，以在好氧区内维持>2mg/L 的 DO，在缺氧区内维持<0.5mg/L 的 DO。

3.5.4　氧化沟的设计要点及设计参数

1. 设计要点

（1）目前采用的氧化沟的形式通常为卡鲁塞尔式和三沟式，并按普通推流式活性污泥法计算。

（2）污泥龄根据去除对象不同而不同：

① 只要求去除 BOD_5 时 SRT 采用 5～8d；污泥产率系数 Y 为 0.6；

② 要求有机碳氧化和氨的硝化时 SRT 取 10～20d，污泥产率系数 $Y=0.5～0.55$；

③ 要求去除 BOD_5 加脱氮时，$SRT=30d$，$Y=0.48$。

（3）采用转刷曝气器时，氧化沟水深为 2.5～3m；采用曝气转盘曝气时，氧化沟水深为 3.5m；采用垂直轴表面曝气器时，氧化沟水深为 4～4.5m；垂直轴表面曝气器一般安装在弯道上。

（4）需氧量计算与 A_1/O 法相同。式中 a、b、c 分别为 1.47、4.6、1.42，把需氧量 O_2 转换在标准状态下的曝气转刷的供氧量 R_0。然后根据曝气转刷的充氧能力（$kg\ O_2/h$）来确定其台数，最后进行布置，并校核在具体设计的运行方式时，其供氧且是否大于需氧量 O_2 的要求。

2. 设计参数

氧化沟设计参数见表 3-7。

表 3-7　氧化沟工艺设计参数

项目	数值
污泥负荷率 N_s[kg BOD_5/(kg MLSS·d)]	0.05～0.08
水力停留时间 HRT(h)	≮16
污泥龄 SRT(d)	去除 BOD_5 时，5～8；去除 BOD_5 并硝化时，10～20；去除 BOD_5 并反硝化时，30
污泥回流比 R(%)	50～100
污泥浓度 X（mg/L）	2000～5000

3. 计算公式

氧化沟工艺计算公式见表 3-8。

表 3-8　氧化沟工艺计算公式

项目	公式	符号说明
氧化沟容积 V(m²)	$V=YQ'(L_0-L_e)SRT/X$	L_0，L_e——进出水 BOD_5 浓度(mg/L)
		Y——净污泥产率系数(kg MLSS/kg BOD_5)

项目	公式	符号说明
需氧量 O_2(kg/h)	$O_2 = a'QL_r + b'N_r - b'N_D - c'X_w$	$a' = 1.47$；$b' = 4.6$；$c' = 1.42$
剩余污泥量 W_x(kg/d)	$W_x = Y'QL_r/(1 + K_d \cdot SRT)$	Q——污水平均日流量(m^3/d)
		$L_r = L_0 - L_e$，去除的 BOD_5 浓度(mg/L)
		K_d——污泥自身氧化率(d^{-1})，对于城市污水，一般为 0.05~0.1
曝气时间 t(h)	$T = 24V/Q'$	Q'——污水设计流量(m^3/d)
污泥回流比 R(%)	$R = X/(X_R - X)$	X——氧化沟中混合液污泥浓度(mg/L)
		X_R——二沉池底流污泥浓度，即剩余污泥浓度(mg/L)
污泥负荷率 N_s [kg BOD_5/(kg MLSS·d)]	$N_s = Q'(L_0 - L_e)/VX_v$	X_v——MLVSS(mg/L)

3.6　SBR 工艺及改进技术

3.6.1　SBR 的基本原理及运行操作

SBR(Sequencing Batch Reactor)间歇曝气式活性污泥法又称序批式活性污泥法，是现行的活性污泥法的一个变型，它的反应机制以及污染物质的去除机制和传统活性污泥基本相同，仅运行操作不一样。图 3-34 为 SBR 的基本操作运行模式。

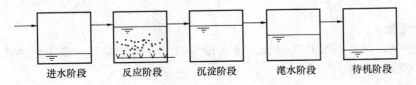

进水阶段　　反应阶段　　沉淀阶段　　滗水阶段　　待机阶段

图 3-34　SBR 基本工作流程

SBR 的操作模式由进水、反应、沉淀、出水(滗水)和待机等 5 个基本过程组成。从污水流入开始到待机时间结束算做一个周期。在一个周期内，一切过程都在一个设有曝气或搅拌装置的反应池内依次进行，这种操作周期周而复始反复进行，以达到不断进行污水处理的目的。因此不需要传统活性污泥法中必需设置的沉淀池、回流污泥泵等装置。传统活性污泥法是在空间上设置不同设施进行固定地连续操作；而 SBR 是在单一的反应池内，在时间上进行各种目的不同的操作。

3.6.2　SBR 的类型

1. SBR 的类型按进水方式分

(1) 连续进水式，如 ICEAS、IDEA、DAT-IAT 等，它们的区别在于是否设预反应区和污泥回流；

（2）间歇进水式，如 CASS、CAST、常规 SBR 等，它们的区别在于进水时机和曝气时机上，曝气时机分为限制性曝气（进水完后曝气）、非限制性曝气（边进水边曝气）、半限制性曝气（进水中期曝气）。前者有厌氧区存在，利于脱氮除磷；对于难降解废水，形成厌氧区的进水时间可延长至 3～4h，可当做水解酸化池进行反应。CAST、CASS 还设置选择区和污泥回流（20%）。

2. 按 BOD 污泥负荷（N_s）分

（1）标准负荷，$N_s = 0.2～0.4$ kg BOD$_5$/（kg MLSS·d），用于去除 BOD$_5$；

（2）延时负荷，$N_s = 0.05～0.1$ kg BOD$_5$/（kg MLSS·d），用于去除 BOD$_5$、TN、TP 和污泥稳定。

3.6.3 SBR 工艺的特点

（1）SBR 虽然在空间上是完全混合式，但在时间上却是理想的推流式，为非稳态反应，其降解速率明显具有零级反应和一级反应以及两者之间的混合级数反应动力学，因此降解速率与传统活性污泥法比要快很多，降解时间也要短很多，而实际设计未考虑这一特点，因此安全性较大。

（2）SBR 为静置沉淀，污泥沉淀和浓缩效果都远高于传统二沉池，沉淀浓缩的污泥浓度可达 20000mg/L，MLSS 也可达 5000 mg/L，由于 X_R 浓度高，可减少泵抽量和浓缩池体积；由于 MLSS 浓度高，可降低污泥负荷 N_s，提高处理效果；或在处理效果一定时可减少曝气池容积（同传统活性污泥法比）。

（3）能耗低。同传统活性污泥法比，无污泥回流和混合液回流能耗，厌氧、缺氧、好氧相间运行也减少能耗；同氧化沟比，无推动水流循环流动的能耗及回流能耗。

3.6.4 SBR 工艺设计参数

1. 设计流量

水处理设施以设计最大日流量计；输水设施以最大时流量计。需考虑进水逐时变化情况，原则上不设调节池。

2. 进水方式

（1）连续进水，应设导流墙，防止水流短路；

（2）间歇进水，如逐时流量变化大，可能在沉淀、排水时进水，也要设导流墙防短路。

3. 反应池数和排出比

（1）一般池数 $N \geqslant 2$ 个，但当 $Q_0 \leqslant 500 m^3/d$ 时，可设一个，即单池运行，这时应采用低负荷连续进水方式运行。

（2）排出比 $\lambda = 1/m = 1/2～1/5$（0.2～0.5）。

4. 设计负荷（N_s）与 MLSS（X）

（1）标准负荷 $N_s = 0.2～0.4$ kg BOD$_5$/（kg MLSS·d）。延时负荷 $N_s = 0.05～0.1$ kg BOD$_5$/（kg MLSS·d）。

（2）MLSS（X）$= 2000～5000$mg/L，X 的选定与负荷成反比。

5. 反应池水深、安全高

水深 $H = 4～6$m，安全高 $\varepsilon = 0.5$m（泥界面上最小水深）。

3.6.5　SBR 改进工艺

1. 间歇式循环延时曝气活性污泥法（ICEAS）

ICEAS 与传统的 SBR 相比，最大的特点是：在反应器的进水端增加了一个预反应区，运行方式为连续进水（沉淀期和排水期仍保持进水），间歇排水，没有明显的反应阶段和闲置阶段。这种系统在处理市政污水和工业废水方面比传统的 SBR 系统费用更省、管理更方便。但是由于进水贯穿于整个运行周期的每个阶段，沉淀期进水在主反应区底部造成水力紊动而影响泥水分离时间，因此，进水量受到了一定限制，通常水力停留时间较长。其基本的工艺流程如图 3-35 所示。

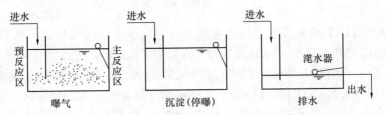

图 3-35　ICEAS 工艺流程

2. 循环式活性污泥系统（CAST、CASS、CASP）

循环式活性污泥法（CAST）是 SBR 工艺的一种新的型式。与 ICEAS 相比，预反应区容积较小，是设计更加优化合理的生物选择器。该工艺将主反应区中部分剩余污泥回流至选择器中，在运作方式上沉淀阶段不进水，使排水的稳定性得到保障。通行的 CAST 一般分为三个反应区：一区为生物选择器，二区为缺氧区，三区为好氧区。各区容积之比一般为 1：5：30，图 3-36 为 CAST 的运行工序示意图。

3. 间歇排水延时曝气工艺（IDEA）

间歇排水延时曝气工艺（IDEA）如图 3-37 所示，基本保持了 CAST 工艺的优点，运行方式采用连续进水、间歇曝气、周期排水的型式。与 CAST 相比，预反应区（生物选择器）改为与 SBR 主体构筑物分立的预混合池，部分剩余污泥回流入预混合池，且采用反应器中部进水。预混合池的设立可以使污水在高絮体负荷下有较长的停留时间，保证高絮凝性细菌的选择。

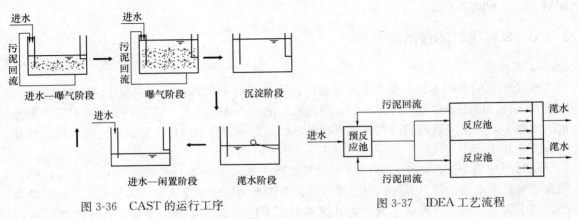

图 3-36　CAST 的运行工序　　　　　图 3-37　IDEA 工艺流程

4. DAT-IAT 工艺

DAT-IAT 工艺主体构筑物由需氧池（DAT）和间歇曝气池（IAT）组成，一般情况下，DAT 连续进水，连续曝气，其出水进入 IAT，在此可完成曝气、沉淀、滗水和排泥工序，是 SBR 的又一种变型，工艺流程如图 3-38 所示。

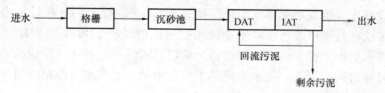

图 3-38　DAT-IAT 工艺

处理水首先经 DAT 的初步生化后再进入 IAT，由于连续曝气起到了水力均衡作用，提高了整个工艺的稳定性；进水工序只发生在 DAT，排水工序只发生在 IAT，使整个生化系统的可调节性进一步增强，有利于去除难降解有机物。一部分剩余污泥由 IAT 回流到 DAT。与 CAST 和 ICEAS 相比，DAT 是一种更加灵活、完备的预反应区，从而使 DAT 与 IAT 能够保持较长的污泥龄和很高的 MLSS 浓度，对有机负荷及毒物有较强的抗冲击能力。

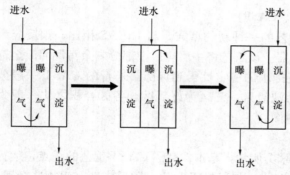

图 3-39　UNITANK 系统流程

5. UNITANK 系统

典型的 UNITANK 系统，其主体为三格池结构，三池之间为连通形式，每池设有曝气系统，既可采用鼓风曝气也可采用机械表面曝气，并配有搅拌，外侧两池设出水堰（或滗水器）以及污泥排放装置，两池交替作为曝气和沉淀池，污水可进入三池中的任意一个。UNITANK 的工作原理如图 3-39 所示，在一个周期内，污水连续不断进入反应器，通过时间和空间的控制，形成好氧、厌氧或缺氧的状态。UNITANK 系统除保持原有 SBR 的自控以外，还具有进水简单、池子构造简化、出水稳定、不需回流等特点，而通过进水点的变化可达到回流、脱氮和除磷的效果。

3.6.6　SBR 工艺的设备和装置

1. 滗水器

SBR 工艺的最根本特点是单个反应器的排水形式均采用静止沉淀、集中滗水（或排水）的方式运行，由于集中滗水时间较短，因此每次滗水的流量较大，这就需要在短时间大量排水的状态下，对反应器内的污泥不造成扰动，因而需安装特别的排水装置——滗水器，其外形如图 3-40 所示。

SBR 反应器中使用的滗水器可分为五种类型：第一类为电动机械摇臂式滗水器；第二类为套筒式滗水器；第三类为虹吸式滗水器；第四类为旋转型滗水器；第五种为浮筒式滗水器。其中第一、四、五种属于有动力式滗水器。有动力式滗水器由于带有转动件需机械传动，因此在使用中易出现故障，且造价较高；但该滗水器易于实现自动控制，并且滗水能力

大，适合大型污水处理厂使用。无动力式滗水器的能力小，不适于大型工程使用，其中套筒
式滗水器容易出现套管卡死不能正常工作的现象。

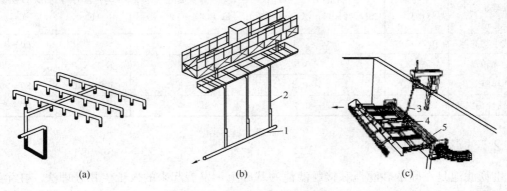

图 3-40 常用滗水器示意图
（a）虹吸式滗水器原理图；（b）套筒式滗水器；（c）旋转式滗水器
1—底板下管道；2—直管及套铜管；3—电动推杆；4—排水支管；5—出水主管

2. 曝气装置

由于 SBR 也属于活性污泥法，其曝气装置也与活性污泥法基本相同。但由于 SBR 间歇
运行的特殊性，其曝气设施也有其特殊的要求，如要求曝气器应具备防堵塞、抗瞬间的强度
冲击等。SBR 工艺的曝气也分为机械曝气和鼓风曝气两大类。

3. 阀门、排泥系统

SBR 运行中其曝气、滗水及排泥等过程均采用计算机自动控制系统完成，因此需要配
备相应的电动、气动阀门，以便控制气、水的自动进出及关闭。剩余污泥的排放目前均采用
潜水泵的自动排放方式实现。

4. 自动控制系统

SBR 采用自动控制技术来达到 SBR 工艺的控制要求，把用人工操作难以实现的控制通
过计算机、软件、仪器设备的有机结合自动完成，并创造满足微生物生存的最佳环境。

3.7 曝气生物滤池和生物膜法处理技术

3.7.1 生物膜法

好氧生物膜法又称固定膜法，是土壤自净过程的人工化。生物膜法和活性污泥法是污水
处理行业应用最为广泛的两种好氧生物处理技术，其基本特征是在污水处理构筑物内设置微
生物生长聚集的载体（即一般所称的填料），在充氧的条件下，微生物在填料表面积聚附着
形成生物膜。经过充气的活水以一定的流速流过填料时，生物膜中的微生物吸收分解水中的
有机物，使污水得到净化，同时微生物也得到增殖，生物膜随之增厚。当生物膜增长到一定
厚度，向生物膜内部扩散的氧受到限制，其表面仍是好氧状态，而内层则会呈缺氧甚至厌氧
状态，并最终导致生物膜的脱落。随后，填料表面还会继续生长新的生物膜，周而复始，使
污水得到净化。生物膜法与普通活性污泥法主要运行参数的比较见表 3-9。

表 3-9　生物膜法与普通活性污泥法主要运行参数比较

处理工艺	生物量 (g/L)	剩余污泥产量 (kg 干污泥/kg BOD_5 去除量)	容积负荷 [kg BOD_5/($m^3 \cdot d$)]	水力停留时间 (h)	BOD_5 去除率 (%)
塔式生物滤池	0.7～7.0	0.05～0.1	1.0～3.0	—	60～85
生物转盘	10～20	0.3～0.5	1.5～2.5	1.0～2.0	85～90
生物接触氧化	10～20	0.25～0.3	1.5～3.0	1.5～3.0	80～90
普通活性污泥法	1.5～3.0	0.4～0.6	0.4～0.9	4～12	85～95

3.7.2　生物滤池工艺

生物滤池是在间歇砂滤池和接触滤池的基础上，发展起来的人工生物处理法。在生物滤池中，废水通过布水器均匀地分布在滤池表面，滤池中装满了石子等填料（一般称之为滤料），废水沿着填料的空隙从上向下流动到池底，通过集水沟、排水渠，流出池外。

废水通过滤池时，滤料截留了废水中的悬浮物，同时把废水中的胶体和溶解性物质吸附在自己的表面，其中的有机物使微生物很快地繁殖起来。这些微生物又进一步吸附了废水中呈悬浮、胶体和溶解状态的物质，逐渐形成了生物膜。生物膜成熟后，栖息在生物原上的微生物即摄取污水中的有机污染物作为营养，对废水中的有机物进行吸附氧化作用，因而废水在通过生物滤池时能得到净化。

生物滤池可以是卵石填料高负荷生物滤池，也可以是塑料填料的塔式滤池。设计生物滤池时，其主要功能是去除溶解性 BOD_5 和将大分子等难降解的物质降解为易降解物质。在我国采用卵石填料比较经济，因塑料滤料的价格要高 20 倍以上。

3.7.3　生物转盘工艺

生物转盘又称浸没式生物滤池，是生物膜法废水处理技术的一种。生物转盘是由一系列平行的旋转圆盘、转动横轴、动力及减速装置、氧化槽等部分组成：在氧化槽中充满了待处理的废水，约一半的盘片浸没在废水水面之下。当废水在槽内缓慢流动时，盘片在转动横轴的带动下缓慢地转动。

3.7.4　接触氧化工艺

生物接触氧化法也称掩没式生物滤池，其工艺过程是在反应器内设置填料，经过冲氧的废水与长满生物膜的填料相接触，在生物膜生物的作用下废水得到净化。

3.7.5　曝气生物滤池

曝气生物滤池是将接触氧化工艺和悬浮物过滤工艺结合在一起的污水处理工艺，可用于去除污水中的有机物，也可通过硝化和反硝化除氮。

在生物滤池的滤料上可以发生有机物的代谢过程，还可将生物转化过程产生的剩余污泥和进水带入的悬浮物进一步截流在滤池内，起到生物过滤的作用。所以在生物滤池工艺中不需要再设后沉池，节省了用地。

1. 生物滤池的特点

和活性污泥工艺相比，生物滤池有几点不同。另外，为了保证生物滤池经济地运行，必须对污水进行合适的预处理。生物滤池的特点如下：

（1）为了使生物滤池的运行时间达到最佳化，要求生物滤池进水悬浮物（SS）浓度在 60mg/L 以下。曝气生物滤池一般通过化学絮凝的有效沉淀，才可使进水悬浮物浓度达到要求。在设计初沉池时，要考虑由冲洗污泥水的回流引起的初沉池的水力负荷的增加。间歇冲洗可以导致水量在短时间内很高，特别是对于小型污水处理厂，冲击负荷影响很大，所以需建一个反冲洗水的缓冲池。

（2）生物滤池后不需再经后处理，可节省占地面积。生物滤池的去除负荷高，并可通过提高曝气和过滤速率明显提高生物滤池去除率。和活性污泥工艺相比，生物滤池的抗冲击负荷能力差，系统需建净水池用来储存冲洗用水。

（3）生物滤池不能用于大量除磷，一般再通过化学沉淀进一步除磷。

曝气生物滤池的常规能耗比常规的活性污泥工艺高。进水需提升的扬程高度取决于生物滤池内的压力损失和生物滤池的设计结构，一般生物滤池内的水头损失是 1～2m；另外，大部分生物滤池建于地面以上（生物滤池的高度一般在 6～8m 之间），污水的总输送扬程高度在 7～10m。但是由于曝气的能耗比传统活性污泥要低 50% 以上，所以从总体上曝气生物滤池的能耗要低于传统活性污泥工艺。

2. 曝气生物滤池的组成

曝气生物滤池由滤池池体、滤料、承托层、布水系统、布气系统、反冲洗系统、出水系统、管道和自控系统组成。

（1）滤池池体

滤池池体的作用是容纳被处理水量和围挡滤料，并承托滤料和曝气装置的重量。在设计中，池体的厚度和结构必须按土建结构强度要求进行计算，池体高度由计算出的滤料体积、承托层、布水布气系统、配水区、清水区的高度来确定，同时也要考虑到鼓风机的风压和污水泵的扬程。一般滤料层高度为 2.5～4.5m，承托层高度为 0.2～0.3m，配水区高度 1.2～1.5m，清水区高度 0.8～1.0m，超高 0.3～0.5m，所以池体总高度一般为 5～7m。

（2）滤料

从生物滤池处理污水的发展状况来看，虽然曾经采用过如蜂窝管状、束状、波纹状、圆形辐射状、盾状、网状、筒状等玻璃钢、聚氯乙烯、聚丙烯、维尼纶合成材料作为生物膜的载体，但由于制作加工和价格原因，以及考虑到曝气生物滤池的特殊要求和上述滤料的缺点，目前国内曝气生物滤池工艺中采用的滤料主要以轻质圆形陶粒为主。

（3）承托层

承托层主要是为了支撑滤料，防止滤料流失和堵塞滤头。承托层粒径比所选滤头孔径要大 4 倍以上，并根据滤料直径的不同来选取承托层的颗粒大小和承托层高度，滤料直接填装在承托层上，承托层下面是滤头和承托板。承托层的填装必须有一定的级配，一般从上到下粒径逐渐增大。承托层高度一般为 0.3～0.4m，承托层的级配可参照《给水排水设计手册》有关给水滤池章节。

（4）布水系统

曝气生物滤池的布水系统主要包括滤池最下部的配水室、滤板以及滤板上的配水滤头。

（5）布气系统

曝气生物滤池一般采用鼓风曝气形式，空气扩散系统包括伴有穿孔管空气扩散系统和采用专用空气扩散器的空气扩散系统两种，而最有效的办法还是采用专用空气扩散器的空气扩散系统。

（6）反冲洗系统

曝气生物滤池反冲洗系统与给水处理中的 v 形滤池类似，采用气-水联合反冲洗，其设计计算可参照给水滤池的有关设计资料进行，反冲洗气、水强度可根据所选用滤料通过试验得出或根据有关经验公式计算得出。

（7）出水系统

曝气生物滤池出水系统有采用周边出水和采用单侧堰出水等。在大、中型污水处理工程中，为了工艺初置方便，一般采用单侧堰出水较多，并将出水堰口处设计为 60°斜坡，以降低出水口处的水流流速。

3. 曝气生物滤池工艺流程

污水先经过预处理，然后进入生物滤池。污水预处理的方式和程度依赖于生物滤池在整个污水处理厂所处的位置。如果把生物滤池作为主要生物处理段，预处理段只需包括机械处理或机械与化学沉淀联合处理；如果将其用于污水的深度处理，污水先经过机械处理和生物处理段的处理，再流经生物滤池。

在采用曝气生物滤池处理工艺时，根据处理对象的不同和要求的排放水质指标的不同，通常有以下三种工艺流程：一段曝气生物滤池法、二段曝气生物滤池法和三段曝气生物滤池法。

（1）一段曝气生物滤池法

一段曝气生物滤池法主要用于处理可生化性较好同时对氨氮等营养物质没有特殊要求的生活污水，其主要去除对象为污水中的碳化有机物和截留污水中的悬浮物，也即去除 BOD、COD、SS。但纯以去除污（废）水中碳化有机物为主的曝气生物滤池称为 DC 曝气生物滤池。

当进水有机物浓度较高，有机负荷较大时，DC 滤池中生物反应的速度很快，微生物的增殖也很快，同时老化脱落的微生物膜也较多，使滤池的反冲洗周期缩短。所以对于采用 DC 曝气生物滤池处理污水时，建议进水 COD<1500mg/L，BOD/COD>0.3。

一段 DC 曝气生物滤池处理污水的流程如图 3-41 所示。

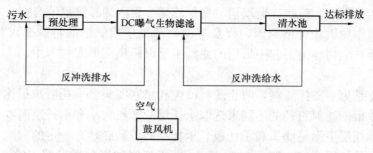

图 3-41　一段 DC 曝气生物滤池处理污水的流程

（2）两段曝气生物滤池法

两段曝气生物滤池法主要用于对污水中有机物的降解和氨氮的硝化。两段法可以在两座滤池中驯化出不同功能的优势菌种，各负其责，缩短生物氧化时间，提高处理效率，更适应水质的变化，使处理水水质稳定达标。

第一段 DC 曝气生物滤池以去除污水中碳化有机物为主，在该段滤池中，优势生长的微生物为异养菌。沿滤池高度方向从进水端到出水端有机物浓度梯度递减，降解速率也呈递减趋势。

第二段曝气生物滤池主要对污水中的氨氮进行硝化，称为 N 曝气生物滤池。在该段滤池中，优势生长的微生物为自养硝化菌，将污水中的氨氮氧化成硝酸氮或亚硝酸氮。同样在该段滤池中，由于微生物的不断增加，老化脱落的微生物膜也较多，所以间隔一定时间也需对该滤池进行反冲洗。

两段曝气生物滤池工艺流程如图 3-42 所示。

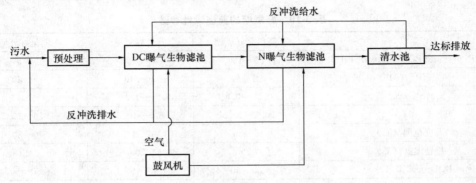

图 3-42　两段曝气生物滤池工艺流程图

（3）三段曝气生物滤池法

三段曝气生物滤池是在两段曝气生物滤池的基础上增加第三段反硝化滤池，同时可以在第二段滤池的出水中投加铁盐或铝盐进行化学除磷，所以第三段滤池称为 DN-P 曝气生物滤池。

在工程设计中，根据需要 DN-P 曝气生物滤池也可前置。

三段曝气生物滤池工艺流程如图 3-43 所示。

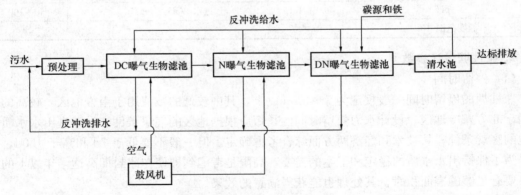

图 3-43　三段曝气生物滤池工艺流程

3.8　稳定塘和土地处理系统

3.8.1　稳定塘

稳定塘是一种构造简单、易于管理、处理效果稳定可靠的污水自然生物处理设施。污水在塘内通过长时间的停留，其有机物通过不同细菌的分解代谢作用后被生物降解。稳定塘按照功能可分为好氧塘、兼性稳定塘、厌氧稳定塘、曝气稳定塘、高效稳定塘。

稳定塘内发生的反应比较复杂，影响有机物去除的因素也比较多，目前还没建立起以严密理论为基础的设计方法，因此，仍按经验数据和经验公式进行稳定塘的设计。

1. 好氧塘的设计参数

好氧塘的设计参数见表 3-10 和表 3-11。

表 3-10　好氧塘的典型设计参数

参数	高负荷好氧塘	普通好氧塘	熟化好氧塘
BOD_5 负荷[kg BOD_5/($10^4 m^2 \cdot d$)]	80~160	40~120	<5
HRT (d)	4~6	10~40	5~20
水深（m）	0.30~0.45	1~1.5	1~1.5
pH	6.5~10.5	6.5~10.5	6.5~10.5
温度范围（℃）	5~30	0~30	0~30
最佳温度（℃）	20	20	20
BOD_5 去除率（%）	80~90	80~95	60~80
藻类浓度（mg/L）	100~260	40~100	5~10
水中悬浮固体（mg/L）	150~300	80~140	10~30

表 3-11　串联在兼性塘后的好氧塘的设计参数

参数	范围	参数	范围
BOD_5负荷[kg BOD_5/($10^4 m^2 \cdot d$)]	40~230	BOD_5去除率（%）	30~50
HRT (d)	4~12	出水 BOD_5（mg/L）	15~30
水深（m）	0.6~0.9	出水 SS（mg/L）	40~60
pH	6.5~10.5	进水 BOD_5（mg/L）	50~100
温度范围（℃）	0~40		

2. 兼性塘设计参数

（1）停留时间

兼性塘的停留时间一般规定为 7~180d 以上，其中较低的数值用于南方地区，较高的数值用于北方寒冷地区。设计水力停留时间的长短应根据地区的气象条件、设计进出水水质和当地的客观条件，从技术和经济两方面综合考虑确定。但一般不要低于 7d 和高于 180d，低限是为了保持出水水质的稳定和卫生的需要，高限是考虑到即使在冰封期高达半年以上的地区只要有足够的表面积时，其处理也能获得满意的效果。

需要说明的是，以上所定的数值均是平均理论停留时间（即仅由几何尺寸计算而得的），实际上的水力停留时间在时间、空间上都是不均匀的。这一点在设计时应充分估计到。

（2）BOD_5 负荷

兼性塘的塘表面面积负荷一般为 10~100kg BOD_5/($10^4 m^2 \cdot d$)，其中低值用于北方寒冷地区，高值用于南方炎热地区。为了保证全年正常运行，一般根据最冷月份的平均温度作为控制条件来选择负荷进行设计。

（3）塘数

除很小规模的处理系统可以采用单一塘外，一般均应采用几个塘。多塘系统既可以按串联形式，也可以按并联形式布置，一般多用串联塘。串联塘系统最少为 3 个塘。

（4）塘的长宽比

处理塘常采用方形或矩形，矩形塘的长宽比一般为 3：1，塘的四周应做成圆形以避免死角。不规则的塘形不应采用，因其容易短路形成死水区。

（5）塘深

兼性塘有效水深一般采用 1.2～2.5m，最小运行深度是考虑防止对塘堤、塘底等的损害以及淤泥层的补偿等而定的。北方寒冷地区应适当增加塘深以利过冬。但塘深过大，塘表面积将不足以满足光合作用之需要，故应在满足表面负荷的前提下来考虑塘深才能获得经济有效的处理塘系统。

3. 厌氧塘设计参数与方法

（1）修建厌氧塘时应注意的环境事项

① 厌氧塘内污水的有毒有害物质的浓度高，塘的深度大，容易污染地下水，对该塘必须作防渗设计；

② 厌氧塘一般都有臭气散发出来，该塘应离居住区在 500m 以上；

③ 肉类加工污水等的厌氧塘水面上有浮渣，浮法虽有利于污水处理，但有碍观瞻；

④ 浮渣面上有时滋生小虫，运行中应有除虫措施。

（2）预处理

厌氧塘之前应设置格栅。含砂量大的污水，塘前应设沉砂池。肉类加工污水以及油脂含量高的污水，塘前应设除油池。

（3）厌氧塘主要尺寸

① 长度和宽度：厌氧塘一般为长方形，长宽比为（2～2.5）：1。

② 深度：厌氧塘的有效深度（包括水深和泥深）为 3～5m，当土壤和地下水的条件许可时，可以采用 6m。厌氧塘的深度虽比其他类型的稳定塘大，但过分加大塘深也没有好处。因为在水温分层期间，每增加 30cm 水深，水温将递减 1℃。塘的底泥和水的温度过低，将会降低泥和水的厌氧降解速率。

城市污水厌氧塘底部储泥深度，设计值不应小于 0.5m。污泥清除周期的长短取决于污水性质。

③ 塘底应采用平底，略具坡度，以利排泥。

④ 塘堤的坡度按垂直：水平计，内坡为 1：1～1：3，外坡不应大于 1：3，以便割草。

⑤ 塘的超高为 0.6～1.0m，大塘应取上限值。

（4）厌氧塘进口和出口

厌氧塘进口位于接近塘底的深度处，高于塘底 0.6～1.0m。这样的进口布置，可以使进水与塘底厌氧污泥混合，从而提高 BOD 去除率，并且可以避免泥砂堵塞进口。塘底宽度小于 9m 时，可只用一个进口；大塘应采用多个进口。厌氧塘的出口为淹没式，淹没深度不应小于 0.6m，并不得小于冰覆盖层或浮渣层厚度。为减少出水带走污泥，可采用多个出口。

（5）厌氧塘的面积和塘数

厌氧塘位于稳定塘系统首端，截留污泥量大，因此，厌氧塘宜并联，以便在清除污泥时，可以使其中一组停止运行。

厌氧塘一般为单级。在二级厌氧塘中，第二级塘浮渣厚度较薄，有时不能盖满全塘，因而不能保温，不能提高 BOD_5 去除率。但多级厌氧塘的出水 SS 较低。

3.8.2 湿地处理系统

人工湿地系以人工建造和监督控制的、与沼泽地相类似的地面，通过自然生态系统中的物理化学和生物三者协同作用以达到对污水的净化。此种湿地系统是在一定长宽比及底面坡度的洼地中，由土壤和填料混合组成填料床，废水在床体的填料缝隙或在床体表面流动，并在床体表面种植具有处理性能好、成活率高、抗水性强、生长周期长、美观及具有经济价值的水生植物，形成一个独特的动、植物生态系统，对废水进行处理。实际设计中，往往是将湿地进行多级串联或附加必要的预处理、后处理设施构成。

人工湿地按污水在其中的流动方式可分为两种类型：① 水面式人工湿地（简称 FWS），② 潜流型人工湿地（简称 SFS）。FWS 系统中，废水在湿地的土壤表层流动，水深较浅（一般在 0.1～0.6m）。与 SFS 系统相比，其优点是投资省，缺点是负荷低。北方地区冬季表面会结冰，夏季会滋生蚊蝇、散发臭味，目前已较少采用。而 SFS 系统，污水在湿地床的表面下流动，一方面可以充分利用填料表面生长的生物膜、丰富的植物根系及表层土和填料截留等作用，提高处理效果和处理能力；另一方面由于水流在地表下流动，保温性好，处理效果受气候影响较小，且卫生条件较好，是目前国际上较多研究和应用的一种湿地处理系统，但此系统的投资比 FWS 系统略高。

人工湿地的工艺流程有多种，目前采用的主要有：推流式、阶梯进水式、回流式和综合式 4 种，如图 3-44 所示。阶梯进水可避免处理床前部堵塞，使植物长势均匀，有利于后部的硝化脱氮作用；回流式可对进水进行一定的稀释，增加水中的溶解氧并减少出水中可能出现的臭味。出水回流还可促进填料床中的硝化和反硝化作用，采用低扬程水泵，通过水力喷射或跌水等方式进行充氧。综合式则一方面设置出水回流，另一方面还将进水分布至填料床的中部，以减轻填料床前端的负荷。

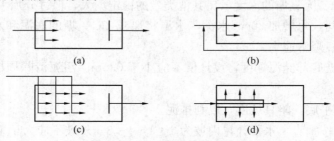

图 3-44　人工湿地的基本流程
（a）推流式；（b）回流式；（c）阶梯进水式；（d）综合式

人工湿地的运行可根据处理规模的大小进行多种方式的组合，一般有单一式、并联式、串联式和综合式等（图 3-45）。在日常使用中，人工湿地还常与氧化塘等进行串联组合。

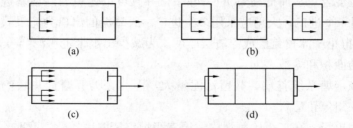

图 3-45　人工湿地的不同组合方式
（a）单一式；（b）串联式；（c）并联式；（d）综合式

第 4 章　污水的脱氮除磷

传统的活性污泥法只是用于 COD 和 SS 的去除，无法有效地去除废水中的氮和磷。氮和磷是微生物生长的必需物质，但是过量的氮和磷造成湖泊等水体的富营养化，处理水作为灌溉水时可使作物贪青。

4.1　生物脱氮技术

4.1.1　活性污泥法脱氮传统工艺

1. 三级生物脱氮工艺

活性污泥法脱氮的传统工艺是由巴茨（Barth）开创的所谓三级活性污泥法流程，它是以氨化、硝化和反硝化三项反应过程为基础建立的。其工艺流程如图 4-1 所示。

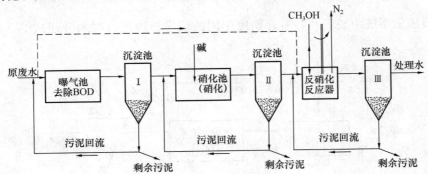

图 4-1　活性污泥法脱氮的传统工艺

第一级曝气池为一般的二级处理曝气池，其主要功能是去除 BOD、COD，使有机氮转化，形成 NH_3、NH_4^+，完成氨化过程。经沉淀后，BOD_5 降至 $15\sim20mg/L$ 的水平。

第二级硝化曝气池，在这里进行硝化反应，因硝化反应消耗碱度，因此需要投碱。

第三级为反硝化反应器，在这里还原硝酸根产生氮气，这一级应采取厌氧缺氧交替的运行方式。投加甲醇（CH_3OH）为外加碳源，也可引入原污水作为碳源。

甲醇的用量按下式计算：
$$C_m = 2.47 [NO_3^- \text{-} N] + 1.53 [NO_2^- \text{-} N] + 0.87DO$$

式中　　　　　　　　　C_m——甲醇的投加量，mg/L；

$[NO_3^- \text{-} N]$、$[NO_2^- \text{-} N]$——硝酸氮、亚硝酸氮的浓度，mg/L；

DO——水中溶解氧的浓度，mg/L。

这种系统的优点是有机物降解菌、硝化菌、反硝化菌，分别在各自的反应器内生长，环境条件适宜，而且各自回流在沉淀池分离的污泥，反应速度快而且比较彻底。但处理设备多，造价高，管理不方便。

2. 两级生物脱氮工艺

将 BOD 去除和消化两道反应过程放在同一的反应器内进行便形成了两级生物脱氮工艺，如图 4-2 所示。

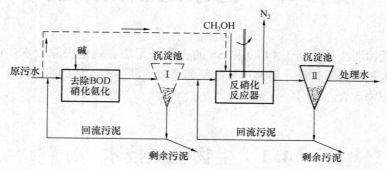

图 4-2　两级生物脱氮工艺

4.1.2　A/O 工艺及其改进工艺

1. A/O 工艺及其特点

A/O 工艺为缺氧-好氧工艺，又称前置反硝化生物脱氮工艺，是目前采用比较广泛的工艺。

当 A/O 脱氮系统中缺氧和好氧在两座不同的反应器内进行时为分建式 A/O 脱氮系统（图 4-3）。

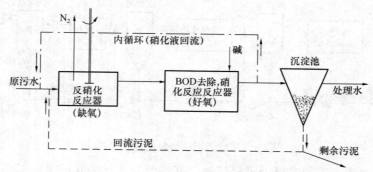

图 4-3　分建式 A/O 脱氮系统

当 A/O 脱氮系统中缺氧和好氧在同一构筑物内，用隔板隔开两池时为合建式 A/O 脱氮系统（图 4-4）。

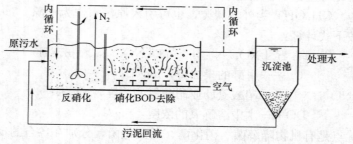

图 4-4　合建式 A/O 脱氮系统

A/O 工艺的特点有：① 流程简单，构筑物少，运行费用低，占地少；② 好氧池在缺氧池之后，可进一步去除残余有机物，确保出水水质达标；③ 硝化液回流，为缺氧池带去一定量的易生物降解有机物，保证了脱氮的生化条件；④ 无需加入甲醇和平衡碱度。

2. 影响因素和主要参数

A/O 工艺的影响因素和主要参数见表 4-1。

表 4-1　影响因素和主要参数 $[g N/(g MLSS \cdot d)]$

参数	水力停留时间（h）	循环比（R）	MLSS（mg/L）	污泥龄（d）	N/MLSS 负荷率 $[g N/(g MLSS \cdot d)]$	进水总氮浓度（mg/L）
数值	≮6（消化）2h（反硝化）	≮200%	≮3000	>30	<0.03	>30

3. A/O 工艺的改进工艺

Bardenpho 工艺和 Phoredox 工艺为 A/O 工艺的改进工艺。其中 Bardenpho 工艺包含了两个 A/O 工艺，其脱氮效率可达 90%～95%。Phoredox 工艺是在 Bardenpho 工艺前加一个厌氧池，如无除磷要求时该厌氧池可作为生物选择器，抑制丝状菌的生长。

4.2　化学法除磷

4.2.1　除磷原理

1. 石灰沉淀法

正磷酸在氢氧根离子存在的条件下与钙离子反应生成羟基磷酸钙沉淀。

$$3HPO_4^{2-} + 5Ca^{2+} + 4OH^- \longrightarrow Ca_5(OH)(PO_4)_3 \downarrow + 3H_2O$$

在此反应中，pH 值越高，磷的去除率越高。

这种方法主要是投加石灰使污水的 pH 值升高，随 pH 值的上升，处理水的总磷量减少，当 pH 值为 11 左右时，总磷浓度可以小于 0.5mg/L。为了使 pH 值达到所要求的数值，必须投加石灰消除碱度所带来的污水缓冲能力。投加石灰量主要取决于污水的碱度。

2. 金属盐沉淀法

采用的混凝剂有铝盐（硫酸铝、聚合氯化铝）、铁盐（氯化亚铁、氯化铁、硫酸亚铁、硫酸铁）等。

金属和磷的物质的量比为理论值的两倍以上。从沉淀物的溶解度来看，最适的 pH 值范围是：铝盐 pH 值为 6，亚铁盐及铁盐 pH 值分别为 8 和 4.5。

4.2.2　化学除磷法的影响因素

1. 石灰混凝时的影响因素

石灰混凝时的影响因素见表 4-2。

表 4-2　石灰混凝时的影响因素

Ca(OH)$_2$的投加量	pH 值	残磷量
100mg/L	>9	<2mg/L
>300mg/L	>11.5	<0.5mg/L

2. 金属盐混凝的影响因素

影响到金属混凝除磷效果的因素有 pH 值和物质的量比。对于 Al（Ⅲ）和 Fe（Ⅲ）它们的最适 pH 值分别为 5～6 和 4 左右；当 pH＝4 时，金属盐与正磷酸正离子的物质的量比上升到 1.2，正磷酸盐的去除率呈直线增加，当物质的量比大于 1.4 时，磷基本被 100% 去除。

4.2.3　化学沉淀法除磷工艺

1. 化学沉淀法除磷的药剂

常用的化学除磷药剂分为两大类：金属药剂和碱性药剂。

金属药剂包括二价及三价铁盐和铝盐（氯化铝、硫酸铝等），高分子聚合物，如聚合铝盐（PAC）、聚合铁（PFS）等。实践中常用的为三价铁盐和铝盐，二价铁盐只有在水中的溶解氧含量相对较高的条件下使用。污水中投加金属盐药剂除磷的同时，可以改良污泥特性、沼气预脱硫等，但同时也增加了处理水的盐含量。

碱性药剂包括：20%～40%石灰乳；40%铝酸钠。对于高浓度含磷工业废水，金属盐的除磷效果远不如石灰法，石灰法除磷的同时需同时去除碱度，产生的 CaCO$_3$ 和 Ca$_5$（OH）(PO$_4$)$_3$ 形成共沉淀，通常 pH>10 即可使出水磷<2mg/L，当 pH>11.5 时，出水磷可小于 0.5mg/L。

2. 化学沉淀法除磷工艺

根据加药点的不同，化学沉淀工艺分为预沉淀、同步沉淀和后沉淀等，这几种工艺可以相互结合。

（1）预沉淀

预沉淀工艺是在预沉池前加化学药剂。加药点一般设在沉砂池前的混合池，将初次沉淀池、二沉池底泥均回流部分至混合池，以利用其残余吸附性能。

预沉淀的优点：

① 可部分去除有机物，减轻后续处理的负荷；② 产生较少污泥；③ 旧污水厂改造起来容易。

缺点为：① 增加总污泥量；② 给反硝化带来困难；③ 沉淀污泥需单独处理。

（2）同步沉淀

同步沉淀化学药剂直接投加到曝气池或二沉池进水，产生的可沉淀物在二沉池随活性污泥一同排出。

同步沉淀法的优点：① 投加的药剂会随回流污泥回流，会使沉淀药剂得到充分利用；② 投加到曝气池中时，可选用较便宜的二价铁盐；③ 金属盐类可使污泥更容易沉淀。其缺点为：① 金属盐的投加量受到限制；② 污泥中的聚磷菌在厌氧条件下重新释放磷受到影响。

（3）后沉淀

后沉淀是将沉淀与絮凝过程及絮凝物的分离，在生物处理后单独设置的构筑物内完成，因而也称为"二步法"工艺。这种工艺的化学药剂投加点位于二沉池之后的混合池，其后是絮凝池，最后是附加的沉淀池或气浮池。这种工艺因其附加的后沉淀设施造价增加，在实践中的使用受到限制。

后沉淀的主要优点：① 单独去除磷，对后续处理没有影响；② 加药的量可以根据磷的负荷随时调控；③ 处理效率高，可达 93%～99%。

（4）两点加药工艺

两点加药工艺在实践中也有应用。所谓两点加药就是将化学药剂分为两点加注到处理流程中，实际上是上述任意两沉淀方法的结合。这种投药方式的优点为除磷效果好，节省投药量。

4.3　生物法除磷

4.3.1　生物除磷的原理

污水生物除磷技术的发展起源于生物超量除磷现象的发现。生物超量除磷现象就是利用活性污泥微生物的磷吸收超过微生物正常生长所需要的磷量。在所有的污水生物除磷工艺流程中都包含厌氧操作段和好氧操作段，完成有机磷→无机磷→含磷微生物的转化，使剩余污泥的含磷量达到 3%～7%。由于进入剩余污泥的总磷量增大，处理出水的磷浓度明显降低。

4.3.2　生物除磷的影响因素

1. BOD 负荷和有机物的性质

污水生物除磷工艺中，厌氧段有机基质的种类、含量及其微生物营养物质的比值（BOD_5/TP）是影响除磷效果的重要因素。不同的有机物为基质时，磷的厌氧释放和好氧摄取是不同的。小分子易降解的有机物诱导磷释放的能力较强；而高分子难降解的有机物诱导磷降解的能力较弱。一般认为，进水中 BOD_5/TP 要大于 15，才能保证良好的除磷效果。为此，有时可以采用部分进水和省去初沉池的方法来获得除磷所需的 BOD 负荷。

2. 溶解氧

溶解氧（DO）的影响包括两方面。一是必须在厌氧区中控制严格的厌氧条件，保证磷的充分释放；二是在好氧区中要供给充分的溶解氧，保证磷的充分吸收。一般厌氧段的溶解氧应严格控制在 0.2mg/L 以下，而好氧段的溶解氧控制在 2.0mg/L 以上。

3. 厌氧区硝态氮

硝态氮包括硝酸盐氮和亚硝酸盐氮，其存在通过消耗基质来影响聚磷菌在厌氧段对于磷的吸收。另一方面硝态氮的存在会引起微生物发生反硝化同样影响到磷的吸收。

4. 温度

温度对除磷效果的影响不是很明显，因为在高温、中温、低温条件下，有不同的菌都具有生物脱磷能力，但低温运行时厌氧区的停留时间要更长一些，以保证发酵作用的完成和基质的吸收。实验表明在 5～30℃ 的范围内，都可以得到很好的除磷效果。

5. pH 值

实验证明 pH 值在 6.5～8.0 范围内时，磷的厌氧释放比较稳定。pH 值低于 6.5 时生物除磷的效果会大大降低。

6. 泥龄

由于生物除磷系统主要是通过排除剩余污泥去除磷的，因此剩余污泥的多少将决定系统的除磷效果。而泥龄的长短对污泥的摄磷作用及剩余污泥的排放量有着直接的影响。一般说来，泥龄越短，污泥含磷量越高，排放的剩余污泥量也越多，除磷效果越好。短的泥龄还有利于好氧段控制硝化作用的发生而有利于厌氧段的充分释磷，因此，一般仅以除磷为目的污水处理系统中，一般宜采用较短的泥龄。但过短的泥龄会影响出水的 BOD_5 和 COD，若泥龄过短可能会使出水的 BOD_5 和 COD 达不到要求。资料表明，以除磷为目的的生物处理工艺污泥龄一般控制在 3.5～7d。

一般来说厌氧区的停留时间越长，除磷效果越好。但过长的停留时间并不会太多地提高除磷效果，且会有利于丝状菌的生长，使污泥的沉淀性能恶化，因此厌氧段的停留时间不宜过长。

4.3.3 污水生物除磷工艺

1. A/O 工艺

A/O 工艺流程如图 4-5 所示。A/O 工艺系统由厌氧池、好氧池和二沉池构成，污水和污泥顺次经厌氧和好氧交替循环流动。回流污泥进入厌氧池可吸收去除一部分有机物，并释放出大量磷，部分富磷污泥以剩余污泥的形式排出，实现磷的去除。

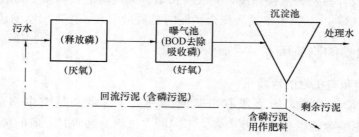

图 4-5 A/O 工艺流程

A/O 工艺流程简单，不需加化学药剂，基建和运行费用低。厌氧池在好氧池前，不仅有利于抑制丝状菌的生长，防止污泥膨胀，而且厌氧状态有利于聚磷菌的选择性增殖，污泥的含磷量可达到干重的 6%。A/O 工艺运行负荷高，泥龄和停留时间短，A/O 工艺的典型停留时间为厌氧区 0.5～1.0h，好氧区 1.5～2.5h，MLSS 为 2000～4000mg/L，由于污泥龄短，系统往往得不到硝化，回流污泥也就不会携带硝酸盐回到厌氧区。

A/O 工艺的问题是除磷效率低，处理城市污水时除磷效率在 75% 左右，出水含磷量约 1mg/L，很难进一步提高。原因是 A/O 系统中磷的去除主要依靠剩余污泥的排泥来实现，受运行条件和环境条件的影响较大，且在二沉池中还难免有磷的释放。如果进水中易降解的有机物含量低，聚磷菌较难直接利用也会导致在好氧段对磷的摄取能力降低。

2. Phostrip 工艺

Phostrip 工艺是由 Levin 在 1965 年首次提出的。该工艺是在回流污泥的分流管线上增设一个脱磷池和化学沉淀池而构成。工艺流程如图 4-6 所示。废水经曝气池去除 BOD_5 和 COD，同时在好氧状态下过量地摄取磷。在二沉池中，含磷污泥与水分离，回流污泥一部分回流至曝气池，而另一部分分流至厌氧除磷池。由除磷池流出的富磷上清液进入化学沉淀池，投加石灰形成 $Ca_3(PO_4)_2$ 不溶沉淀物，通过排放含磷污泥去除磷。

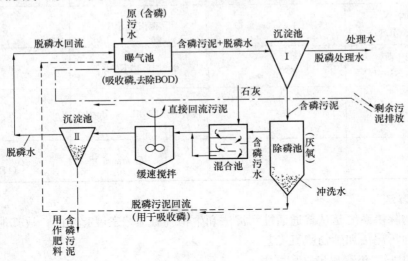

图 4-6　Phostrip 工艺

　　Phostrip 工艺把生物除磷和化学除磷结合到一起，与 A/O 工艺系统相比具有以下优点：① 出水总磷浓度低，小于 1mg/L；② 回流污泥中磷含量较低，对进水 P/BOD 没有特殊限制，即对进水水质波动的适应性较强；③ 大部分磷以石灰污泥的形式沉淀去除，因而污泥的处置不像高磷剩余污泥那样复杂；④ Phostrip 工艺还比较适合于对现有工艺的改造。

4.3.4　污水生物除磷工艺设计

1. 设计要点

　　(1) 在厌氧池中必须严格控制厌氧条件，使其既无分子态氧，也无 NO_x 等化合态氧。原则上 DO<0.2mg/L、NO_x<2mg/L，以保证聚磷菌吸收有机物并释放磷。厌氧条件控制条件以氧化还原电位（ORP）为准，ORP 为正值表明未释放磷，通常 ORP 为 $-200\sim300mV$ 可保证释磷效果。

　　好氧池中，要保证 DO 不低于 2mg/L，以保证微生物对有机物充分降解和对磷的充分吸收。

　　(2) 污水中的 BOD_5/TP 应大于 15，BOD_5/TP 失调，除磷的效果下降。

　　(3) 污水中的 COD/TKN≥10，否则 NO_3^--N 浓度必须≤2mg/L，才不会影响除磷效果。

　　(4) 泥龄短对除磷有利，一般 $\theta_c=3.5\sim7d$。生物除磷系统的除磷效果与排放的剩余污泥量直接相关，剩余污泥量又取决于系统的泥龄，一般生物除磷系统的泥龄取 5～10d。

　　(5) 水温以 5～30℃为宜。

　　(6) pH 值 6.5～8.5。

　　(7) BOD 污泥负荷 N_s 大于 0.1kg/(kg MLSS·d)。

　　(8) 在保证进水 BOD_5 与总磷的比值 $BOD_5/TP>15$ 的前提下，厌氧水力停留时间一般可取 1h 左右，且厌氧池与好氧池的容积比采用 (1∶3) ～ (1∶2.5) 为宜。

2. 设计参数

A/O 法设计参数见表 4-3。

表4-3 A/O工艺运行参数

项目	数值	项目	数值
污泥负荷率 N_s [kg BOD$_5$/（kg MLSS·d）]	≥0.1（0.5～0.7）	污泥指数 SVI	≤100
TN 污泥负荷 [TN/（kg MLSS·d）]	0.05	污泥回流比 R（%）	40～100
水力停留时间（h）	3～6 [A 段 1～2；O 段 2～4；A：O=1：（2～3）]	混合液浓度 MLSS（mg/L）	2000～4000
污泥龄（d）	3.5～7（5～10）	溶解氧 DO（mg/L）	A 段≈0 O 段=2

3. 计算方法

由于生物除磷系统是从普通活性污泥法和生物脱氮工艺发展起来的，故其他设计计算可参见普通活性污泥法和生物脱氮工艺。

A/O 法中好氧过程摄磷△P 可用下式计算：

$$\Delta P = YP_X \Delta BOD$$

式中 P_X——污泥中含磷量，mg P/mg MLSS；

Y——污泥产率系数，0.5～0.6；

△BOD——去除的 BOD 量，mg。

Phostrip 法摄磷量 △P 可用下式计算：

$$\Delta P = P_X \alpha \beta \times MLSS$$

式中 α——污泥在厌氧池中释放的磷占总磷的比例；

β——回流到厌氧池中污泥量与污泥总量的比例；

MLSS——污泥产生总量，mg；

P_X——污泥含磷量，mg P/mg MLSS。

4.4　生物脱氮除磷

4.4.1 传统活性污泥法

1. A-A-O 工艺

A-A-O 工艺，即 A^2-O 工艺，按实质意义来说，本工艺为厌氧-缺氧-好氧工艺。其工艺流程图如图 4-7 所示。

各个反应器单元功能与工艺特征：

（1）厌氧反应器，原污水进入，同步进入的还有从沉淀池排出的含磷回流污泥，本反应器的主要功能是释放磷，同时部分有机物进行氨化。

（2）污水经过第一厌氧反应器进入缺氧反应器，本反应器的首要功能是脱氮，硝态氮是通过内循环由好氧反应器送来的，循环的混合液量较大，一般为 2Q（Q 为原污水流量）。

（3）混合液从缺氧反应器进入到好氧反应器——曝气池，这一反应器单元是多功能的，

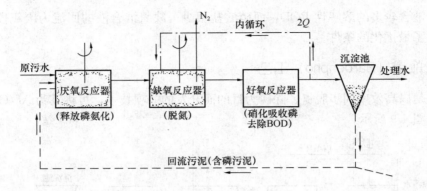

图 4-7　A²-O 工艺

去除 BOD、硝化和吸收磷等项反应都是在本反应器内进行的。流量为 2Q 的混合液从这里回流到缺氧反应器中。

（4）沉淀池的功能是泥水分离，污泥的一部分回流到厌氧反应器中。

本工艺的特点：

（1）本工艺较简单，水力停留时间较短；

（2）在厌氧（缺氧）、好氧交替运行条件下，抑制丝状真菌的生长，无污泥膨胀，SVI 值一般均小于 100；

（3）污泥中含磷浓度较高，具有很高的肥效；

（4）运行中不需投药，运行成本低。

本工艺的缺点：

（1）除磷的效果难于再提高，污泥增长有一定的限制，不易提高，特别是当 P/BOD 值高时更是如此；

（2）脱氮的效果也难于进一步提高；

（3）进入沉淀池的处理水要保持一定浓度的溶解氧，减少停留时间，防止产生厌氧状态和污泥释放磷，但溶解氧浓度又不宜过高，以防循环混合液对缺氧反应器的干扰。

2. Phoredox（五段）工艺

该五段工艺系统有厌氧、缺氧、好氧三个池子用于除磷、脱氮和碳氧化，第二个缺氧段主要用于进一步反硝化。利用好氧段所产生的硝酸盐作为电子受体，有机碳作为电子供体。混合液两次从好氧区回流到缺氧区。该工艺的泥龄长（约 30～40d），增加了碳氧化能力。

3. UTC 工艺

工艺流程如图 4-8 所示。

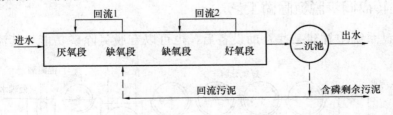

图 4-8　UTC 工艺

　　与 A²/O 工艺相比不同点在于：污泥回流到缺氧池而不是厌氧池，再将缺氧池的混合液回流到厌氧池。将活性污泥回流到缺氧池，消除了硝酸盐对厌氧池的影响；缺氧池向厌氧池回流的混合液含较多的溶解性 BOD，而硝酸盐很少。缺氧混合液的回流为厌氧段内进行的发酵等提供了最优化的条件。

4.4.2 巴颠甫（Bardenpho）工艺

本工艺是以高效率同步脱氮、除磷为目的而开发的一项技术，可称其为 A^2/O^2 工艺。其工艺流程如图 4-9 所示。

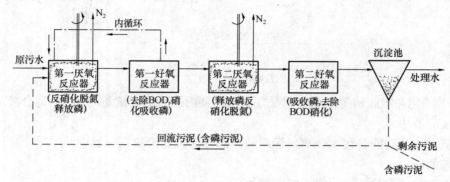

图 4-9 巴颠甫（Bardenpho）工艺

本工艺组成单元的功能为：

（1）污水进入第一厌氧反应器，本单元的首要功能是脱氮，含硝态氮的污水通过内循环来自第一好氧反应器，本单元的第二功能是污泥释放磷，而含磷污泥是从沉淀池排出回流来的。

（2）经第一厌氧反应器处理后的混合液进入第一好氧反应器，在好氧反应器中去除 BOD，部分硝化和小部分吸收磷后，混合液进入第二厌氧反应器。

（3）混合液进入第二厌氧反应器后，再次进行脱氮和释放磷，并以脱氮为主。

（4）第二好氧反应器中，首要功能为吸收磷，其次是进一步硝化，并去除一部分 BOD。

（5）在沉淀池中进行泥水分离，上清液作为处理水排放，含磷污泥的一部分作为回流污泥回到第一厌氧反应器，另一部分作为剩余污泥排出系统。

从此工艺可以看出：各种反应在系统中都进行了两次或两次以上；各反应单元都有其主要功能，并兼有其他功能，因此本工艺脱氮、除磷效果好，脱氮率达 90％～95％，除磷率97％以上。

本工艺的缺点是：工艺复杂，反应器单元多，运行繁琐，成本高。

4.4.3 生物转盘同步脱氮除磷工艺

在生物转盘系统中补建某些补助设备后，也可以有脱氮除磷功能，其流程如图 4-10 所示。

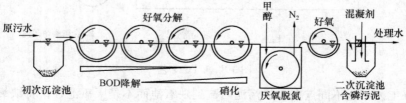

图 4-10 生物转盘同步脱氮除磷工艺

经预处理后的污水，在经两级生物转盘处理后，BOD 已得到部分降解，在后二级的转盘中，硝化反应逐渐强化，并形成亚硝酸氮和硝酸氮。其后增设淹没式转盘，使其形成厌氧状态，在这里产生反硝化反应，使氮以气体形式逸出，以达到脱氮的目的。为了补充厌氧所需碳源，向淹没式转盘设备中投加甲醇，过剩的甲醇使 BOD 值有所上升，为了去除这部分 BOD 值，在其后补设一座生物转盘。为了截住处理水中的脱落的生物膜，其后设二沉池。在二沉池的中央部位设混合反应室，投加的混凝剂在其中进行反应，产生除磷效果，从二沉池中排放含磷污泥。

第5章 污水深度处理

污水的深度处理是进一步去除常规二级处理所不能完全去除的污水中杂质的净化过程，其目的是为了实现污水的回收和再利用。

深度处理通常由以下单元技术优化组合而成：混凝沉淀（澄清、气浮）、过滤、活性炭吸附、脱氨、脱二氧化碳、离子交换、微滤、超滤、纳滤、反渗透、电渗析、臭氧氧化、消毒等。

5.1　混凝沉淀

5.1.1　混凝

混凝是向水中投加药剂，通过快速混合，使药剂均匀分散在污水中，然后慢速混合形成大的可沉絮体。胶体颗粒脱稳碰撞形成微粒的过程称为凝聚，微粒在外力扰动下相互碰撞，聚集而形成较大絮体的过程称为絮凝，絮凝过程过去称为"反应"。混合、凝聚、絮凝合起来称为混凝，它是污水深度处理的重要环节。混凝产生的较大絮体通过后续的沉淀或澄清、气浮等从水中分离出去。

5.1.2　混凝剂的投加

1. 混凝剂的投加方法

混凝剂的投加分干投法和湿投法两种。

干投法是将经过破碎易于溶解的固体药剂直接投放到被处理的水中。其优点是占地面积少，但对药剂的粒度要求较高，投配量控制较难，机械设备要求较高，而且劳动条件也较差，故这种方法现在使用较少。

干投法的流程是：药剂输送→粉碎→提升→计量→混合池。

目前用得较多的是湿投法，即先把药剂溶解并配成一定浓度的溶液后，再投入被处理的水中。

湿投法的流程是：溶解池→溶液池→定量控制→投加设备→混合池（混合器）。

2. 混凝工艺流程

混凝剂投加的工艺过程包括混凝剂配制及投加、混合和絮凝三个步骤，以湿投法为例，混凝处理的工艺流程如图5-1所示。

3. 药液配制设备

（1）溶解池设计要点

① 溶解池数量一般不少于两个，以便交替使用，容积为溶液池的20%～30%。

② 溶解池设有搅拌装置，目的是加速药剂溶解速度及保持均匀的浓度。搅拌可采用水

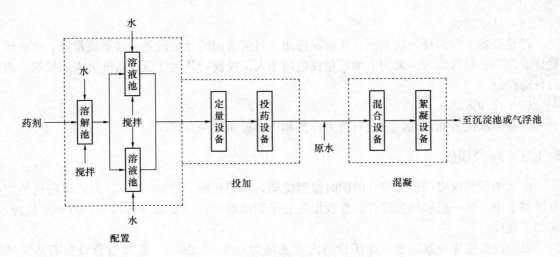

图 5-1　湿投法混凝处理工艺流程示意

力、机械或压缩空气等方式，具体由用药量大小及药剂性质决定，一般用药量大时用机械搅拌，用药量小时用水力搅拌。

③ 为便于投加药剂，溶解池一般为地下式，通常设置在加药间的底层，池顶高出地面 0.2m，投药量少采用水力淋溶时，池顶宜高出地面 1m 左右，以减轻劳动强度，改善操作条件。

④ 溶解池的底坡不小于 0.02，池底应有直径不小于 100mm 的排渣管，池壁必须设超高，防止搅拌溶液时溢出。

⑤ 溶解池一般采用钢筋混凝土池体，若其容量较小，可用耐酸陶土缸做溶解池。当投药量较小时，也可在溶液池上部设置淋溶斗以代替溶解池。

⑥ 凡与混凝剂溶液接触的池壁、设备、管道等，应根据药剂的腐蚀性采取相应的防腐措施或采用防腐材料，使用三氯化铁时尤需注意。

(2) 溶液池设计要点

① 溶液池一般为高架式或放在加药间的楼层，以便能重力投加药剂。池周围应有宽度为 1.0～1.5m 的工作台，池底坡度不小于 0.02，底部应设置放空管。必要时设溢流装置，将多余溶液回流到溶解池。

② 混凝剂溶液浓度低时易于水解，造成加药管管壁结垢和堵塞；溶液浓度高时则投加量较难准确，一般以 10%～15%（按商品固体质量计）较合适。

③ 溶液池的数量一般不少于两个，以便交替使用，其容积可按下式计算：

$$W_1 = \frac{24 \times 100aQ}{1000 \times 1000cn} = \frac{aQ}{417cn}$$

式中　W_1——溶液池容积，m^3；

Q——处理的水量，m^3/h；

a——混凝剂量大投加量，mg/L；

c——溶液浓度（按固体质量计），%；

n——每日调制次数，一般为 2～6 次，手工一般不多于 3 次。

4. 投药设备

投药设备包括投加和计量两个部分。

（1）计量设备

计量设备多种多样，应根据具体情况选用。目前常用的计量设备有转子流量计、电磁流量计、苗嘴、计量泵等。采用苗嘴计量仅适用于人工控制，其他计量设备既可人工控制，也可自动控制。

（2）投加方式

根据溶液池液面高低，一般有重力投加和压力投加两种方式。

5.1.3　混合设施

原水中投加混凝剂后，应立即瞬时强烈搅动，在很短时间（10～20s）内，将药剂均匀分散到水中，这一过程称为混合。在投加高分子絮凝剂时，只要求混合均匀，不要求快速、强烈的搅拌。

混合设备应靠近絮凝池，连接管道内的流速为 0.8～1.0m/s，主要混合设备有水泵叶轮、压力水管、静态混合器或混合池等。

利用水力的混合设备，如压力水管、静态混合器等，虽然比较简单，但混合强度随着流量的增减而变化，因而不能经常达到预期的效果。利用机械进行混合，效果较好，但必须有相应设备，并增加维修工作量。

5.1.4　絮凝设施

絮凝设施主要设计参数为搅拌强度和絮凝时间。搅拌强度用絮凝池内水流的速度梯度 G 表示，絮凝时间以 T 表示。GT 值间接表示整个絮凝时间内颗粒碰撞的总次数，可用来控制絮凝效果，根据生产运行经验，其值一般应控制在 $10^4 \sim 10^5$ 为宜（T 的单位是 s）。在设计计算完成后，应校核 GT 值，若不符合要求，应调整水头损失或絮凝时间进行重新设计。

絮凝池（室）应和沉淀池连接起来建造，这样布置紧凑，可节省造价。如果采用管渠连接不仅增加造价，由于管道流速大而易使已结大的絮凝体破碎。

絮凝设备也可分为水力和机械两大类。前者简单，但不能适应流量的变化；后者能进行调节，适应流量变化，但机械维修工作量较大。絮凝池形式的选择，应根据水质、水量、处理工艺高程布置、沉淀池型式及维修条件等因素确定。

5.1.5　混凝剂

絮凝产品的分类及我国市场上常见的无机絮凝剂品种见表 5-1 和表 5-2。

表 5-1　絮凝产品序列号

类别	系列代号	化学成分
XN	XN10	天然高分子化合物
	XN21	无机铝盐
	XN22	无机铁盐
	XN31	阳离子高分子化合物
	XN32	阴离子高分子化合物
	XN33	非离子高分子化合物
	XN34	两性高分子化合物
	XN41	其他

表 5-2 常见无机絮凝剂的分类及主要品种

铝系	低分子	硫酸-铝钾（明矾）	$Al_2(SO_4)_3 \cdot K_2SO_4 \cdot 24H_2O$	KA	pH 6.0~8.5
		硫酸铝	$Al_2(SO_4)_3$	AS	
		结晶氯化铝	$AlCl_3 \cdot nH_2O$	AC	
		铝酸钠	$NaAl_2O_4$	SA	
	高分子	聚合氯化铝	$[Al_2(OH)_nCl_{6-n}]_M$	PAC	
		聚合硫酸铝	$[Al_2(OH)_n(SO_4)_{3-n/2}]_M$	PAS	
铁系	低分子	硫酸亚铁（绿矾）	$FeSO_4 \cdot 7H_2O$	FSS	pH 8.0~11
		硫酸铁	$Fe_2(SO_4)_3 \cdot 3H_2O$	FS	
		三氯化铁	$FeCl_3 \cdot 6H_2O$	FC	
	高分子	聚合硫酸铁	$[Fe_2(OH)_n(SO_4)_{3-n/2}]_M$	PFS	pH 4.0~11
		聚合氯化铁	$[Fe_2(OH)_nCl_{6-n}]_M$	PFC	
其他	低分子	钙盐	$Ca(OH)_2$	CC	pH 9.5~14
		镁盐	$MgO\ MgCO_3$	MC	
		硫酸铝铵	$(NH_4)_2SO_4 \cdot Al_2(SO_4)_3 \cdot 24H_2O$	AAS	pH 8.0~11
	高分子	聚硅氯化铝	—	PASC	pH 4.0~11
		聚硅硫酸铝	$Al_A(OH)_B(SO_4)_C(SiO_X)_D(H_2O)_E$	PASS	
		聚硅硫酸铁		PAFS	

5.1.6 沉淀池

用于沉淀的构筑物称为沉淀池。按照水在池中的流动方向和线路，常用的沉淀池类型有4种，即平流式（卧式）、竖流式（立式）、辐流式（辐射式或择流式）、斜流式（如斜板、斜管沉淀池）。大型沉淀池附带机械刮泥、排泥设备。

沉淀池池体由进口区、沉淀区、出口区及泥渣区 4 个部分组成。沉淀池的设计计算，主要应确定沉淀区和泥渣区的容积及几何尺寸，计算和布置进、出口及排泥设施等。

5.1.7 平流式沉淀池

平流式沉淀池的设计应使进出水流平稳，池内水流均匀分布，提高容积利用率，改善沉降效果和便于排泥。

在二级处理出水再混凝沉淀时，平流式沉淀池的主要设计要点如下：

① 混凝沉淀时，出水悬浮物含量一般不超过 10mg/L。

② 池数或分格数一般不少于 2 个。

③ 沉淀时间应根据原水水质和沉淀后的水质要求，通过试验确定，在污水深度处理中宜为 2.0~4.0h。

④ 池内平均水平流速宜为 4~10mm/s。

⑤ 表面水力负荷在采用铁盐或铝盐混凝时，按平均日流量计不大于 $1.25m^3/(m^3 \cdot h)$，按最大时流量计不大于 $1.6m^3/(m^3 \cdot h)$。

⑥ 有效水深一般为 3.0~4.0m，超高一般为 0.3~0.5m。

⑦ 池的长宽比应不小于 4:1，每格宽度或导流墙间距一般采用 3~8m，最大为 15m，

采用机械排泥时，宽度根据排泥设备确定。

⑧ 池子的长深比一般采用 8～12。

⑨ 入口的整流措施（图 5-2），可采用溢流式入流装置，并设置有孔整流墙（穿孔墙）[图 5-2（a）]；底孔式入流装置，底部设有挡流板 [图 5-2（b）]；淹没孔与挡流板的组合 [图 5-2（c）]；淹没孔与有孔整流墙的组合 [图 5-2（d）]。有孔整流墙的开孔面积为过水断面的 6%～20%。

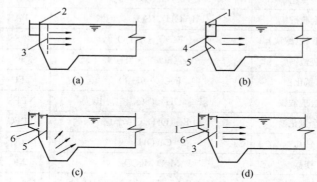

图 5-2　平流沉淀池入口的整流措施

1—进水槽；2—溢流堰；3—有孔整流墙；4—底孔；5—挡流板；6—潜孔

⑩ 出口的整流措施可采用溢流式集水槽，集水槽的形式如图 5-3 所示，溢流式出水堰的形式如图 5-4 所示，其中锯齿形三角堰应用最普遍，水面宜位于齿高的 1/2 处。为适应水流的变化或构筑物的不同沉降，在堰口处设置使堰板能上下移动的调整装置。

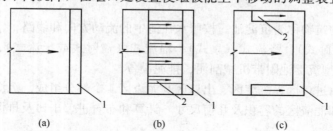

图 5-3　平流沉淀池的集水槽形式

（a）沿沉淀池宽度设置的集水槽；（b）设置有平行集水支槽的集水槽；（c）沿沉淀池长度设置的集水槽

1—集水槽；2—集水支渠

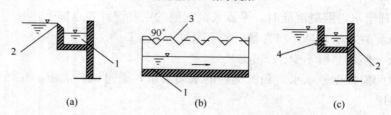

图 5-4　平流沉淀池的出水堰形式

（a）溢流堰式；（b）三角堰式；（c）淹没孔口式

1—集水槽；2—自由堰；3—锯齿三角堰；4—淹没堰口

⑪ 进、出口处应设置挡板，挡板高出水面 0.1～0.5m。挡板淹没深度为进口处视沉淀池深度而定，不小于 0.25m，一般为 0.5～1.0m，挡板前后位置为距进口 0.5～1.0m，距出

水口 0.25～0.5m。

⑫ 机械排泥时可采用平池底，采用人工排泥时，纵坡一般为 0.02，横坡一般为 0.05。

⑬ 排泥管直径应大于 150mm。

⑭ 泄空时间一般不超过 6h。

5.2 过 滤

过滤是使污水通过颗粒滤料或其他多孔介质（如布、网、纤维束等），利用机械筛滤作用、沉淀作用和接触絮凝作用截留水中的悬浮杂质，从而改善水质的方法。根据过滤材料不同，过滤可分为颗粒材料过滤和多孔材料过滤两类。本节主要简单介绍以颗粒材料为介质的滤池过滤，在城市排水处理中常用的多孔材料过滤主要以膜过滤为主，将在本章 5.6 小节中介绍。

5.2.1 常用滤池

滤池种类很多，但其过滤过程均基于砂床过滤原理而进行，所不同的仅是滤料设置方法、进水方式、操作手段和冲洗设施等。

滤池的池型，可根据具体条件，通过比较确定。几种常用滤池的特点及适用条件，列于表 5-3 中。

表 5-3 常用滤池的特点及适用条件

名称		性能特点	使用条件	
			进水浑浊度（度）	规模
普通快滤池	单层滤料	优点： 1. 运行管理可靠，有成熟的运行经验； 2. 池深较浅 缺点： 1. 阀件较多； 2. 一般为大阻力冲洗，必须设冲洗设备	一 般 不 超 过 10	1. 大、中、小型水厂均可适用； 2. 单池面积一般不大于 100m²
	双层滤料	优点： 1. 滤速比其他滤池高； 2. 除污能力较大（为单层滤料的 1.5～2.0 倍），工作周期较长； 3. 无烟煤做滤料易取得 缺点： 1. 滤料粒径选择较严格； 2. 冲洗时操作要求较高，常因煤粒不符合规格，发生跑煤现象； 3. 煤砂之间易积泥	一般不超过 20，个别时间不超过 50	1. 大、中、小型水厂均适用； 2. 单池面积一般不大于 100m²； 3. 用于改建旧普通快滤池（单层滤料）以提高出水量

续表

名称		性能特点	使用条件	
			进水浑浊度（度）	规模
接触双层滤料滤池		优点： 1. 可一次净化原水，处理构筑物少，占地较少； 2. 基建投资低 缺点： 1. 加药管理复杂； 2. 工作周期较短； 3. 其他缺点同双层滤料普通快滤池	一般不超过150	据目前运行经验，用于5000m³/d以下水厂较合适
虹吸滤池		优点： 1. 不需大型闸阀，可节省阀井； 2. 不需冲洗水泵或水箱； 3. 易于实现自动化控制 缺点： 1. 一般需设置抽真空的设备； 2. 池深较大，结构较复杂	一般不超过20	1. 适用于大、中型水厂； 2. 一般采用小阻力排水，每格池面积不宜大于25m²
无阀滤池	重力式	优点： 1. 一般不设闸阀； 2. 管理维护较简单，能自动冲洗 缺点： 清砂较为不便	一般不超过20，个别时间不超过50	1. 适用于中、小型水厂； 2. 单池面积一般不大于25m²
	压力式	优点： 1. 可一次净化，单独成一小水厂； 2. 可省去二级泵站； 3. 可作为小型、分散、临时性供水 缺点： 清砂较为不便，其他缺点同接触双层滤料滤池	一般不超过150	1. 适用于小型水厂； 2. 单池面积一般不大于5m²
压力滤池		优点： 1. 滤池多为钢罐，可预制； 2. 移动方便，可用做临时性给水； 3. 用做接触过滤时，可一次净化原水，省去二级泵站。 缺点： 1. 需耗用钢材； 2. 清砂不够方便； 3. 用做接触过滤时，缺点同接触双层滤池	一般不超过20	1. 适用于小型水厂及工业给水； 2. 可与除盐、软化交换床串联使用

5.2.2　滤池设计要求

在污水深度处理工艺中，滤池的设计宜符合9项要求。

① 滤池的进水浊度宜小于 10 度。

② 滤池应采用双层滤料滤池、单层滤料滤池、均质滤料滤池。

③ 双层滤池滤料可采用无烟煤和石英砂。滤料厚度为无烟煤 300～400mm、石英砂 400～500mm，滤速宜为 5～10m/h。

④ 单层石英砂滤料滤池，滤料厚度可采用 700～1000mm，滤速宜为 4～6m/h。

⑤ 均质滤料滤池的厚度可采用 1.0～1.2m，粒径 0.9～1.2mm，滤速宜为 4～5m/h。

⑥ 滤池宜设气水冲洗或表面冲洗辅助系统。

⑦ 滤池的工作周期宜采用 12～24h。

⑧ 滤池的构造形式，可根据具体条件通过比较确定。

⑨ 滤池应备有冲洗水管，以备冲洗滤池表面污垢和泡沫。滤池设在室内时，应安装通风装置。

5.3　消　毒

消毒方法大体上可分为物理法和化学法两大类。物理法主要有加热、冷冻、辐射、紫外线和微波消毒等方法，化学法是利用各种化学药剂进行消毒。常用消毒方法见表 5-4。

表 5-4　常用消毒方法

项目　　消毒方法	液氯	臭氧	二氧化氯	紫外线
投加量（mg/L）	10	10	2～5	
接触时间（min）	10～30	5～10	10～20	1
杀灭细菌效果	有效	有效	有效	有效
杀灭病毒效果	部分有效	有效	部分有效	部分有效
杀灭芽孢效果	无效	有效	无效	无效
优点	便宜，工艺成熟，有后续消毒作用	除色、臭味效果好，现场发生，无毒	杀菌效果好，气味小，可现场发生	快速，无须化学药剂
缺点	对某些病毒、芽孢无效，有残毒和臭味	比氯昂贵，无后续作用	维修管理要求较高	无后续作用，对浊度要求高
用途	各种场合	小规模水厂	污水回用及小规模水厂	污水回用，快速给水设备

5.3.1　液氯消毒

液氯消毒的工艺流程如图 5-5 所示。液氯消毒的效果与水温、pH 值、接触时间、混合程度、污水浊度及所含干扰物质、有效氯含量有关。加氯量应根据试验确定，对于生活污水，可参用下列数值：一级处理水排放时，加氯量为 20～30mg/L；不完全二级处理水排放时，加氯量为 10～15mg/L；二级处理水排放时，加氯量为 5～10mg/L。混合反应时间为 5～15s。当采用鼓风混合，鼓风强度为 0.2m³/(m³·min)。用隔板式混合池时，池内平均流速不应小于 0.6m/s。加氯消毒的接触时间应不小于 30min，处理水中游离性余氯量不低于 0.5mg/L，液氯的固定储备量一般按最大用量的 30d 计算。

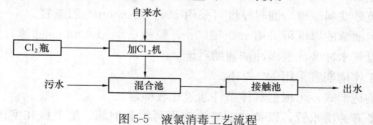

图 5-5　液氯消毒工艺流程

5.3.2　二氧化氯消毒

二氧化氯消毒也是氯消毒法中的一种，但它又与通常的氯消毒法有不同之处：二氧化氯一般只起氧化作用，不起氯化作用，因此它与水中杂质形成的三氯甲烷等要比氯消毒少得多（图 5-6）。与氯不同，二氧化氯的一个重要特点是在碱性条件下仍具有很好的杀菌能力。实践证明，在 pH＝6～10 范围内二氧化氯的杀菌效率几乎不受 pH 值影响。二氧化氯与氨也不起作用，因此在高 pH 值的含氨系统中可发挥极好的杀菌作用。二氧化氯的消毒能力次于臭氧而高于氯。

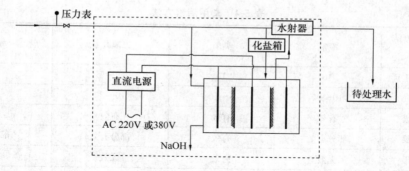

图 5-6　二氧化氯消毒设备原理及投加示意图
（虚线框内为设备部分）

与臭氧相比，其优越之处在于它有剩余消毒效果，但无氯臭味。通常情况下二氧化氯也不能储存，一般只能现场制作使用。近年来二氧化氯用于水处理工程有所发展，国内也有了一些定型设备产品可供工程设计选用。

在城市污水深度处理工艺中，二氧化氯投加量与原水水质有关，为 2～8mg/L，实际投加量应由试验确定，必须保证管网末端有 0.05mg/L 的剩余氯。

二氧化氯的制备方法主要分两大类：化学法和电解法。化学法主要以氯酸盐、亚氯酸盐、盐酸等为原料；电解法常以工业食盐和水为原料。

5.3.3　臭氧消毒

臭氧消毒的工艺流程如图 5-7 所示。臭氧在水中的溶解度为 10mg/L 左右，因此通入污水中的臭氧往往不可能全部被利用，为了提高臭氧的利用率，接触反应池最好建成水深为

5～6m 的深水池，或建成封闭的几格串联的接触池，设管式或板式微孔扩散器散布臭氧。扩散器用陶瓷或聚氯乙烯微孔塑料或不锈钢制成。臭氧消毒迅速，接触时间可采用 15min，能够维持的剩余臭氧量为 0.4mg/L。接触池排出的剩余臭氧，具有腐蚀性，因此需作消除处理。臭氧不能贮存，需现场边发生边使用。

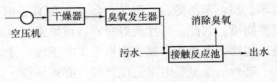

图 5-7　臭氧消毒流程

5.3.4　UV 消毒

紫外（UV）消毒技术是利用特殊设计制造的高强度、高效率和长寿命的 C 波段 254nm 紫外光发生装置产生的强紫外光照射水流，使水中的各种病原体细胞组织中的 DNA 结构受到破坏而失去活性，从而达到消毒杀菌的目的。

紫外线的最有效范围是 UV-C 波段，波长为 200～280nm 的紫外线正好与微生物失活的频谱曲线相重合，尤其是波长为 254nm 的紫外线，是微生物失活的频谱曲线的峰值。

紫外灯与其镇流器（功率因数能大于 0.98），再加上监测控制（校验调整 UV 强度）系统是 UV 消毒的核心。紫外灯的结构与日光灯相似，灯管内装有固体汞源，目前市场上较好的低压高强紫外灯，满负荷使用寿命可以达到 12000h 以上，而且可以通过监测控制系统将灯光强度在 50%～100% 之间无级调整，根据水量的变化随时调整灯光强度，以便达到既节约能源又保证消毒效果。紫外线剂量的大小是决定做生物失活的关键。紫外线剂量不够只能对致病微生物的 DNA 造成伤害，而不是致命的破坏，这些受伤的致病微生物在见到可见光后会逐渐自愈复活。

$$紫外线剂量＝紫外线强度×曝光时间$$

在接触池形状和尺寸已定即曝光时间已定的情况下，进入水中的紫外线剂量与紫外灯的功率、紫外灯石英套管的洁净程度和污水的透光率等三个因素有关。

由于紫外灯直接与水接触，当水的硬度较大时，随着时间的延长，灯管表面必然会结垢，影响紫外光进入水中的强度，导致效率降低和能耗增加。化学清洗除了要消耗药剂外，还要将消毒装置停运，因此实现自动清洗防止灯管表面结垢是 UV 消毒技术运行中的最实际问题。

接触水槽的水流状态必须处于紊流状态，一般要求水流速度不小于 0.2m/s，如果水流处于层流状态，因为紫外灯在水中的分布不可能绝对均匀，所以水流平稳地流过紫外灯区，部分微生物就有可能在紫外线强度较弱的部位穿过，而紊流状态可以使水流充分接近紫外灯，达到较好的消毒效果。

5.4　活性炭吸附技术

活性炭吸附工艺是水和废水处理中能去除大部分有机物和某些无机物的最有效的工艺之一，因此，它被广泛地应用在污水回用深度处理工艺中。但是研究发现，在二级出水中有些有机物是活性炭吸附所去除不了的。能被活性炭吸附去除的有机物，主要有苯基醚、正硝基氯苯、萘、苯乙烯、二甲苯、酚类、DDT、醛类、烷基苯磺酸以及多种脂肪族和芳香族的烃类物质。因此，活性炭对吸附有机物来说也不是万能的，仍然需要组合其他工艺，如反渗透、超滤、电渗析、离子交换等工艺手段，才能使污水回用深度处理达到预定目的。

进行活性炭吸附工艺设计时，必须注意：应当确定采用何种吸附剂，选择何种吸附操作方式和再生模式，对进入活性炭吸附前的水进行预处理和后处理措施等。这些一般均需要通过静态吸附试验和动态吸附试验来确定吸附剂、吸附容量、吸附装置、设计参数、处理效果和技术经济指标等。

5.4.1　活性炭的种类

污水深度处理中常用的活性炭材料有两种，即粒状活性炭（GAC）和粉状活性炭（PAC）。当进行吸附剂的选择设计时，产品的型号是首先要考虑的。

有些活性炭商品尽管型号相同，由于品牌不同、生产厂家不同，甚至批号不同，其性能指标也相差较大。因此，进行工艺设计，对活性炭吸附剂进行选择设计时，非常有必要对拟选活性炭吸附剂商品做性能指标试验，对活性炭吸附剂的选择进行评价。

活性炭吸附性能的简单试验常用 4 种方法：碘值法，ABS 法，亚甲基蓝吸附值法和比表面积 BET 法。（具体实验操作方法请参阅相关资料）

5.4.2　影响吸附的因素

了解影响吸附因素的目的，是为了选择合适的活性炭和控制合适的操作条件。影响活性炭吸附的主要因素如下。

（1）活性炭本身的性质

活性炭本身孔径的大小及排列结构会显著影响活性炭的吸附特性。活性炭的比表面积越大，其吸附量将越大。常用的活性炭比表面积一般在 $500 \sim 1000 m^2/g$，可近似地以其碘值（对碘的吸附量，mg/g）来表示。

（2）废水的 pH 值

活性炭一般在酸性溶液中比在碱性溶液中有较高的吸附率。

（3）温度

在其他条件不变的情况下，温度升高吸附量将会减少，反之吸附量增加。

（4）接触时间

在进行吸附操作时，应保证吸附质与活性炭有一定的接触时间，使吸附接近平衡，以充分利用活性炭的吸附能力。吸附平衡所需的时间取决于吸附速度。一般应通过试验确定最佳接触时间，通常采用的接触时间在 0.5～1h 范围内。

（5）生物协同作用

5.4.3　类型

在废水处理中，活性炭吸附操作分为静态、动态两种。在废水不流动的条件下进行的吸附操作称为静态吸附操作。静态吸附操作的工艺过程是，把一定数量的活性炭投入要处理的废水中，不断地进行搅拌，达到吸附平衡后，再用沉淀或过滤的方法使废水和活性炭分开。如一次吸附后出水的水质达不到要求时，可以采取多次静态吸附操作。多次吸附由于操作麻烦，所以在废水处理中采用较少。静态吸附常用的处理设备有水池和反应槽等。

动态吸附是在废水流动条件下进行的吸附操作。废水处理中采用的动态吸附设备有固定床、移动床和流化床三种方式。

此外，从处理设备装置类型上考虑，活性炭吸附方式又可以分为四类，即接触吸附方式、固定床方式、移动床方式和流化床方式。

5.4.4 设备和装置

1. 固定床

固定床是水处理工艺中最常用的一种方式，如图5-8所示。固定床根据水流方向又分为升流式和降流式两种形式。降流式固定床的出水水质较好，但经过吸附层的水头损失较大。特别是处理含悬浮物较高的废水时，为了防止悬浮物堵塞吸附层，需定期进行反冲洗。有时需要在吸附层上部设反冲洗设备。

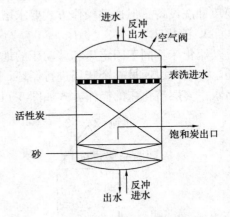

图 5-8 固定床吸附塔构造示意图

在升流式固定床中，当发现水头损失增大时，可适当提高水流流速，使填充层稍有膨胀（上下层不能互相混合）就可以达到自清的目的。这种方式由于层内水头损失增加较慢，所以运行时间较长，但对废水入口处（底层）吸附层的冲洗难于降流式。另外由于流量变动或操作一时失误就会使吸附剂流失。

固定床可分为单床式、多床串联式和多床并联式三种，如图5-9所示。

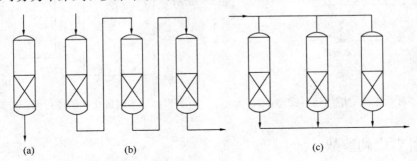

图 5-9 固定床吸附操作示意图
(a) 单床式；(b) 多床串联式；(c) 多床并联式

废水处理采用的固定床吸附设备的大小和操作条件，根据实际设备的运行资料建议采用下列数据，见表5-5。

表 5-5 固定床吸附设备建议采用的设计资料

塔径	1~3.5m	容积速度	$2m^3/(h \cdot m^3)$ 以下（固定床）
填充层高度	3~10m		$5m^3/(h \cdot m^3)$ 以下（移动床）
填充层与塔高比	1:1~4:1	线速度	2~10m/h（固定床）
活性炭粒径	0.5~2mm		10~30m/h（移动床）
接触时间	10~50min		

注：容积速度即单位容积吸附剂在单位时间内通过处理水的容积数；线速度即单位时间内水通过吸附层的线速度，又称空塔速度。

2. 移动床

移动床的运行操作方式如图 5-10 所示。原水从吸附塔底部流入和活性炭进行逆流接触，处理后的水从塔顶流出。再生后的活性炭从塔顶加入，接近吸附饱和的炭从塔底间歇地排出。

这种方式较固定床式能够充分利用吸附剂的吸附容量，水头损失小。由于采用升流式废水从塔底流入，从塔顶流出，被截留的悬浮物随饱和的吸附剂间歇地从塔底排出，所以不需要反冲洗设备。但这种操作方式要求塔内吸附剂上下层不能互相混合，操作管理要求严格。

3. 流化床

流化床不同于固定床和移动床的地方，是由下往上的水使吸附剂颗粒相互之间有相对运动，一般可以通过整个床层进行循环，起不到过滤作用，因此适用于处理悬浮物含量较高的污水。多层流化床的操作方式如图 5-11 所示。

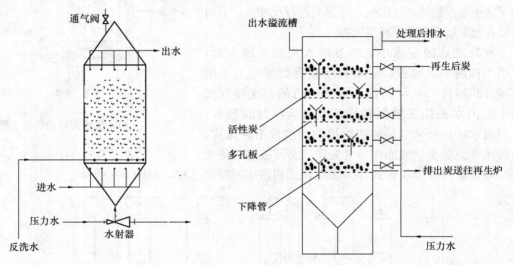

图 5-10　移动床吸附塔的运行操作方式　　图 5-11　多层流化床的运行操作方式

5.4.5　设计要点和参数

① 活性炭处理属于深度处理工艺，通常只在废水经过其他常规的工艺处理之后，出水的个别水质指标仍不能满足排放要求时才考虑采用。

② 确定选用活性炭工艺之前，应取前段处理工艺的出水或水质接近的水样进行炭柱试验，并对不同品牌规格的活性炭进行筛选，然后通过试验得出主要的设计参数，例如水的滤速、出水水质、饱和周期、反冲洗最短周期等。

③ 活性炭工艺进水一般应先经过过滤处理，以防止由于悬浮物较多造成炭层表面堵塞。同时进水有机物浓度不应过高，避免造成活性炭过快饱和，这样才能保证合理的再生周期和运行成本。当进水 COD 浓度超过 $50\sim80mg/L$ 时，一般应该考虑采用生物活性炭工艺进行处理。

④ 对于中水处理或某些超标污染物浓度经常变化的处理工艺，对活性炭处理单元应设跨越或旁通管路，当前段工艺来水在一段时间内不超标时，则可以及时停用活性炭单元，这样可以节省活性炭床的吸附容量，有效地延长再生或更换周期。

⑤ 采用固定床应根据活性炭再生或更换周期情况，考虑设计备用的池子或炭塔。移动床在必要时也应考虑备用。

⑥ 由于活性炭与普通钢材接触将产生严重的电化学腐蚀，所以设计活性炭处理装置及设备时应首先考虑钢筋混凝土结构或不锈钢、塑料等材料。如选用普通碳钢制作时，则装置内面必须采用环氧树脂衬里，且衬里厚度应大于 1.5mm。

⑦ 使用粉末炭时，必须考虑防火防爆，所配用的所有电器设备也必须符合防爆要求。

⑧ 主要设计参数见表 5-6。

表 5-6　活性炭吸附设计参数

固定床炭层厚度	1.5~6m	反冲洗周期	8~72h
过滤线速度（升流式）	9~25m/h	反冲洗膨胀率	30%~50%
过滤线速度（降流式）	7~12m/h	水在炭层停留时间	10~30min
反冲洗水线速度	28~32m/h	粉末炭处理炭水接触时间	20~30min
反冲洗时间	3~8min		

5.4.6　活性炭的再生

活性炭的再生主要有以下几种方法：

1. 高温加热再生法

水处理粒状的高温加热再生过程分五步进行：

① 脱水使活性炭和输送液体进行分离；

② 干燥加温到 100~150℃，将吸附在活性炭细孔中的水分蒸发出来，同时部分低沸点的有机物也能够挥发出来；

③ 炭化加热到 300~700℃，高沸点的有机物由于热分解，一部分成为低沸点的有机物进行挥发，另一部分被炭化留在活性炭的细孔中；

④ 活化将炭化阶段留在活性炭细孔中的残留炭，用活化气体（如水蒸气、二氧化碳及氧）进行气化，达到重新造孔的目的，活化温度一般为 700~1000℃；

⑤ 冷却活化后的活性炭用水急剧冷却，防止氧化。

上述干燥、炭化和活化三步在一个直接燃烧立式多段再生炉中进行。如图 5-12 所示的是目前采用最广泛的一种。再生炉体为钢壳内衬耐火材料，内部分隔成 4~9 段炉床，中心轴转动时带动把柄使活性炭自上段向下段移动。该再生炉为六段，第一、二段用于干燥，第三、四段用于炭化，第五、六段为活化。

从再生炉排出的废气中含有甲烷、乙烷、乙烯、焦油蒸气、二氧化硫、二氧化碳、一氧化碳、氢以及过剩的氧等。为了防止废气污染大气，可将排出的废气先送入燃烧器燃烧后，再进入水洗塔除去粉尘和有臭味物质。

2. 化学氧化再生法

活性炭的化学氧化法再生法又分为下列 3 种方法。

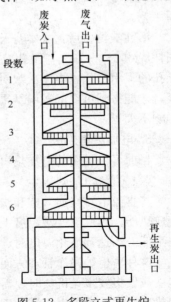

图 5-12　多段立式再生炉

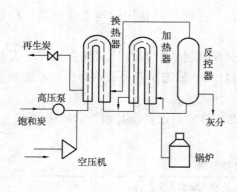

图 5-13 湿式氧化再生流程

（1）湿式氧化法

在某些处理工程中，为了提高曝气池的处理能力，向曝气池内投加粉状炭，吸附饱和后的粉状炭可采用湿式氧化法进行再生，其工艺流程如图 5-13 所示。饱和炭用高压泵经换热器和水蒸气加热后送入氧化反应塔。在塔内被活性炭吸附的有机物与空气中的氧反应，进行氧化分解，使活性炭得到再生。再生后的炭经热交换器冷却后，送入再生炭储槽。在反应器底积集的无机物（灰分）定期排出。

（2）电解氧化法

将碳作为阳极进行水的电解，在活性炭表面产生的氧气把吸附质氧化分解。

（3）臭氧氧化法

利用强氧化剂臭氧，将吸附在活性炭上的有机物加以分解。

3. 溶剂再生法

用溶剂将被活性炭吸附的物质解吸下来。常用的溶剂有酸、碱及苯、丙酮、甲醇等。此方法在制药等行业常有应用，有时还可以进一步由再生液中回收有用物质。

4. 生物再生活性炭法

利用微生物的作用，将被活性炭吸附的有机物加以氧化分解。在再生周期较长、处理水量不大的情况下，可以将炭粒内的活性炭一次性卸出，然后放置在固定的容器内进行生物再生，待一段时间后活性炭内吸附的有机物基本上被氧化分解，炭的吸附性能基本恢复时即可重新使用。另外也可以在活性炭吸附处理过程中，同时向炭床鼓入空气，以供炭粒上生长的微生物生长繁殖和分解有机物的需要。这样整个炭床就处在不断地由水中吸附有机物，同时又在不断氧化分解这些有机物的动态平衡中。因此炭的饱和周期将成倍地延长，甚至在有的工程实例中一批炭可以连续使用五年以上。这也就是近年来使用越来越多的生物活性炭处理新工艺。

活性炭再生后，炭本身及炭的吸附量都不可避免地会有损失。对加热再生法，再生一次损耗炭约 5%～10%，微孔减少，过渡孔增加，比表面积和碘值均有所降低。对于主要利用微孔的吸附操作，再生次数对吸附有较重要的影响，因而做吸附试验时应采用再生后的活性炭，才能得到可靠的试验结果。对于主要利用过渡孔的吸附操作，则再生次数对吸附性能的影响不大。

5. 电加热再生法

目前可供使用的电加热再生方法主要有直流电加热再生及微波再生。

（1）直流电加热再生

将直流电直接通入饱和炭中，由于活性炭本身的电阻和炭粒之间的接触电阻，将使电能变成热能，造成活性炭温度上升。随着活性炭的温度升高，其电阻值会逐渐变小，电耗也随之降低。当达到活化温度时，通入蒸汽完成活化。

这种再生炉操作管理方便，炭的再生损耗量小，再生质量好。但当炭粒被油等不良导体包住或聚集较多无机盐时，需要先用水或酸洗净才能再生。国内某有色金属公司采用直流电加热再生炉处理再生生活饮用水处理中饱和的活性炭，多年来运转效果良好，炭再生损耗率

为 $2\% \sim 3.6\%$，再生耗电 $0.22kW \cdot h/kg$，干燥耗电 $1.55kW \cdot h/kg$。

（2）微波再生炉

微波再生是利用活性炭能够很好地吸收微波，达到自身快速升温，来实现活性炭加热和再生的一种方法。这种方法具有操作使用方便、设备体积小、再生效率高、炭损耗量小等优点，特别适合于中、小型活性炭处理装置的再生使用。

5.5　化学氧化技术

5.5.1　废水处理中常用的氧化剂

（1）在接受电子后还原或带负电荷离子的中性原子，如气态的 O_2、Cl_2、O_3 等；

（2）带正电荷的离子，接受电子后还原成带负电荷离子，例如漂白粉 $Ca(ClO)_2 + CaCl_2$、$NaClO$；

（3）带正电荷的离子，接受电子后还原成带较低正电荷的离子，例如高锰酸盐 $KMnO_4$。

5.5.2　氧化法

向污水中投加氧化剂，氧化污水中的有害物质，使其转变为无毒无害的或毒性小的新物质的方法称为氧化法。氧化法又可分为氯氧化法、空气氧化法、臭氧氧化法、光氧化法等。

（1）氯氧化法

在污水处理中氯氧化法主要用于氰化物、硫化物、酚、醇、醛、油类的氧化去除，及脱色、脱臭、杀菌、防腐等。氯氧化法处理常用的药剂有液氯、漂白粉、次氯酸钠、二氧化氯等。

（2）空气氧化法

所谓空气氧化法，就是利用空气中的氧作为氧化剂来氧化分解污水中有毒有害物质的一种方法。

城市污水中在含有溶解性的 Fe^{2+} 时，可以通过曝气的方法，利用空气中的氧将 Fe^{2+} 氧化成 Fe^{3+}，而 Fe^{3+} 很容易与水中的 OH^- 作用形成 $Fe(OH)_3$ 沉淀，于是可以得到去除。

在采用空气氧化法除铁工艺时，除了必须供给充足的氧气外，适当提高 pH 值对加快反应速度是非常重要的。根据经验，空气氧化法除铁中 pH 值至少应保证高于 6.5 才有利。

（3）臭氧氧化法

臭氧是一种强氧化剂，它的氧化能力在天然元素中仅次于氟。臭氧在水处理中可用于除臭、脱色、杀菌、除铁、除氰化物、除有机物等。很多有机物都易于与臭氧发生反应，例如蛋白质、氨基酸、有机胺、链式不饱和化合物、芳香族和杂环化合物、木质素、腐殖质等。

（4）光氧化法

光氧化法是一种化学氧化法，它是同时使用光和氧化剂产生很强的综合氧化作用来氧化分解废水的有机物和无机物。氧化剂有臭氧、氯、次氯酸盐、过氧化氢及空气加催化剂等，其中常用的为氯气；在一般情况下，光源多用紫外光，但它对不同的污染物有一定的差异，有时某些特定波长的光对某些物质最有效。光对氧化剂的分解和污染物的氧化分解起着催化剂的作用。

5.6 膜分离技术

城市污水深度处理中常用的膜分离技术有微滤（microfiltration，MF）、超滤（ultrafiltration，UF）、纳滤（nanofiltration，NF）、反渗透（reverseosmosis，RO）等。

5.6.1 膜的分类

膜作为两相分离和选择性传递的物质屏障，可以是固态的，也可以是液态的；膜的结构可能是均质的，也可能是非均质的；膜可以是中性的，也可以是带电的；膜传递过程可以是主动传递过程，也可以是被动传递过程。主动传递过程的推动力可以是压力差、浓度差或电位差。因此，对于膜的分类，会有不同的标准。

(1) 按膜结构分类，见表 5-7。

(2) 按膜材料分类，见表 5-8。

(3) 按分离机理分类，见表 5-9。

(4) 按外形分类。

表 5-7　膜按结构分类

固膜	对称膜	柱状孔膜	厚度 $10 \sim 200 \mu m$，传质阻力由膜的总厚度决定，降低膜厚可提高渗透速率
		多孔膜	
		均质膜	
	不对称膜	致密皮层	$0.1 \sim 0.5 \mu m$，起主要分离作用
		多孔支撑	$50 \sim 150 \mu m$
液膜	存在于固体多孔支撑层		
	以乳液形式存在的液膜		

表 5-8　膜按材料分类

有机材料	纤维素类	二醋酸纤维素，三醋酸纤维素，醋酸丙酸纤维素，硝酸纤维素等
	聚酰胺类	尼龙－66，芳香聚酰胺，芳香聚酰胺酰肼等
	芳香杂环类	聚哌嗪酰胺，聚酰亚胺，聚苯并咪唑，聚苯并咪唑酮等
	聚砜类	聚砜，聚醚砜，磺化聚砜，磺化聚醚砜等
	聚烯烃类	聚乙烯，聚丙烯，聚丙烯氰，聚乙烯醇，聚丙烯酸等
	硅橡胶类	聚二甲基硅氧烷，聚三甲基硅烷丙炔，聚乙烯基三甲基硅烷
	含氟聚合物	聚全氟磺酸，聚偏氟乙烯，聚四氟乙烯
	其他	聚碳酸酯，聚电解质
无机材料	陶瓷	氧化铝，氧化硅，氧化锆
	玻璃	硼酸盐玻璃
	金属	铝，钯，银等

表 5-9　膜按分离机理分类

膜工艺	膜的驱动力	分离机理	孔尺寸	透过物	截留物	膜结构
微滤	水静压差 0.01～0.2MPa	筛分	大孔，>50nm	水，溶质	TSS，浊度，原生动物卵囊虫及包囊，细菌，病毒	对称和不对称多孔膜
超滤	水静压差 0.1～0.5MPa	筛分	中孔，2～50nm	水，离子，小分子	大分子，胶体，大多数细菌，病毒，蛋白质	具有皮层的多孔膜
纳滤	水静压差 0.5～2.5MPa	筛分+溶解/扩散+排斥	微孔，<2nm	水，极小分子，离子化溶质	溶质，二价盐，糖，染料，病毒，无机盐等小分子物质	致密不对称膜和复合膜
反渗透	水静压差 1.0～10.0MPa	溶解/扩散+排斥	致密孔，<2nm	水，极小分子，离子化溶质	全部悬浮物，色度，硬度，盐	致密不对称膜和复合膜
电渗析	电位差	选择性膜的离子交换	微孔，<2nm	水，离子化溶质	离子化盐	离子交换膜

　　在实验室或大规模的生产应用中，膜都被制成一定形式的组件作为膜分离装置的分离单元。在工业上应用并实现商品化的膜组件主要有平板型、管型、螺旋卷型和中空纤维型等类型，如图 5-14～图 5-20 所示。

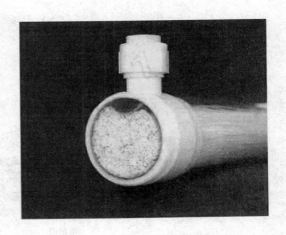

图 5-14　中空纤维膜（膜天公司，MF，UF 型）　　　　图 5-15　中空纤维膜组件

图 5-16　螺圈式膜组件

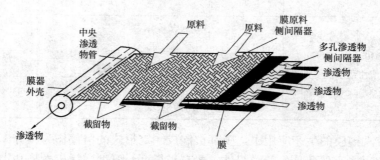

图 5-17　螺圈式膜组件构造示意

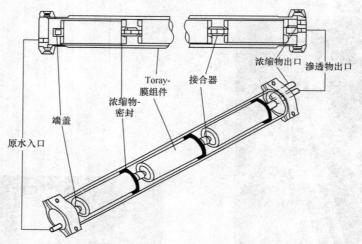

图 5-18　多个螺圈式膜的串联使用

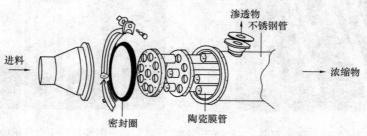

图 5-19　管式膜结构示意

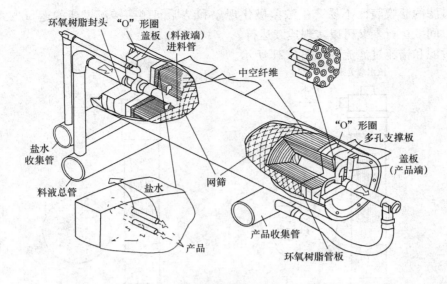

图 5-20　DoPont 公司中空纤维反渗透膜组件

5.6.2　相关术语

1. 膜通量

膜通量又称膜的透水量，指在正常工作条件下，通过单位膜面积的产水量，单位是 $m^3/(m^2 \cdot h)$ 或 $m^3/(m^2 \cdot d)$。

2. 回收率

膜分离法的回收率是供水通过膜分离后的转化率，即透过水量占供水量的百分率。

膜通量及回收率与膜的厚度、孔隙度等物理特性有关，还与膜的工作环境如水温、膜两侧的压力差（或电位差）、原水的浓度等有关。选定某一种膜后，膜的物理特性不变时，膜通量和回收率只与膜的工作环境有关。在一定范围内，提高水温和加大压力差可以提高膜通量和回收率，而进水浓度的升高会使膜通量和回收率下降。随着使用时间的延长，膜的孔隙就会逐渐被杂物堵塞，在同样压力及同样水质条件下的膜通量和回收率就会下降。此时需要对膜进行清洗，以恢复其原有的膜通量值和回收率，如果即使经过清洗，膜通量和回收率仍旧和理想值存在较大差距，就必须更换膜件了。

3. 死端（dead-end）过滤

死端过滤（又称全流过滤）是将进水置于膜的上游，在压力差的推动下，水和小于膜孔的颗粒透过膜、大于膜孔的颗粒则被膜截留。形成压差的方式可以是在水侧加压，也可以是在滤出液侧抽真空。死端过滤随着过滤时间的延长，被截留颗粒将在膜表面形成污染层，使过滤阻力增加，在操作压力不变的情况下，膜的过滤透过率将下降。因此，死端过滤只能间歇进行，必须周期性地清除膜表面的污染物层或更换膜。

4. 错流（cross-flow）过滤

运行时水流在膜表面产生两个分力，一个是垂直于膜面的法向力，使水分子透过膜面，另一个是平行于膜面的切向力，把膜面的截留物冲刷掉。错流过滤透过率下降时，只要设法降低膜面的法向力、提高膜面的切向力，就可以对膜进行高效清洗，使膜恢复原有性能。因此，错流过滤的滤膜表面不易产生浓差极化现象和结垢问题。错流过滤的运行方式比较灵活，既可以间歇运行，又可以实现连续运行。

死端过滤和错流过滤流程如图 5-21 所示。

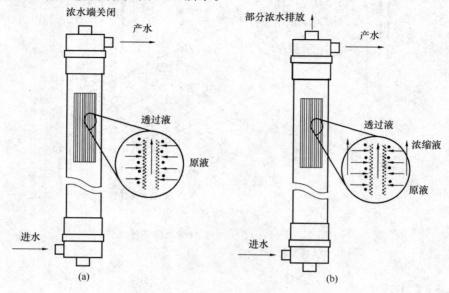

图 5-21　死端过滤和错流过滤流程
（a）全流过滤；（b）错流过滤

5. 浓差极化

在膜法过滤工艺中，由于大分子的低扩散性和水分子的高渗透性，水中的溶质会在膜表面积聚并形成从膜面到主体溶液之间的浓度梯度，这种现象被称为膜的浓差极化。水中溶质在膜表面的积聚最终将导致形成凝胶极化层，通常把与此相对应的压力称为临界压力。在达到临界压力后，膜的水通量将不再随过滤压力的增加而增长。因此，在实际运行中，应当控制过滤压力低于临界压力，或通过提高膜表面的切向流速来提高膜过滤体系的临界压力。

5.6.3　膜过滤的影响因素

1. 过滤温度

高温可以降低水的黏度，提高传质效率，增加水的透过通量。

2. 过滤压力

过滤压力除了克服通过膜的阻力外，还要克服水流的沿程和局部水头损失。在达到临界压力之前，膜的通量与过滤压力成正比，为了实现最大的总产水量，应控制过滤压力接近临界压力。

3. 流速

加快平行于膜面的水流速度，可以减缓浓差极化提高膜通量，但会增加能耗，一般将平行流速控制在 $1\sim3m/s$。

4. 运行周期和膜的清洗

随着过滤的不断进行，膜的通量逐步下降，当通量达到某一最低数值时，必须进行清洗以恢复通量，这段时间称为一个运行周期，适当缩短运行周期，可以增加总的产水量，但会缩短膜的使用寿命，而且运行周期的长短与清洗的效果有关。

5. 进水浓度和预处理

进水浓度越大，越容易形成浓差极化。为了保证膜过滤的正常进行，必须限制进水浓度，即在必要的情况下对进水进行充分的预处理，有时在进膜过滤装置之前还要根据不同的膜设置 $5\sim200\mu m$ 不等的保安筛网。

5.6.4　膜清洗

膜分离过程中，最常见而且最为严重的问题是由于膜被污染或堵塞而使得透水量下降的问题，因此膜的清洗及其清洗工艺是膜分离法的重要环节，清洗对延长膜的使用寿命和恢复膜的水通量等分离性能有直接关系。当膜的透过水量或出水水质明显下降或膜装置进出口压力差超过 0.05MPa 时，必须对膜进行清洗。

膜的清洗方法主要有物理法和化学法两大类。具体操作应当根据组件的构型、膜材质、污染物的类型及污染的程度选择清洗方法。

1. 物理清洗法

物理清洗法是利用机械力刮除膜表面的污染物，在清洗过程中不会发生任何化学反应。具体方法主要有水力冲洗、气水混合冲洗、逆流冲洗、热水冲洗等。

2. 化学清洗法

化学清洗法是利用某种化学药剂与膜面的有害杂质产生化学反应而达到清洗膜的目的。应当根据不同的污染物采用不同的化学药剂，化学药剂的选择必须考虑到清洗剂对污染物的溶解和分解能力；清洗剂不能污染和损伤膜面；膜所允许使用的 pH 值范围；工作温度；膜对清洗剂本身的化学稳定性。并且要根据不同的污染物确定清洗工艺，主要的化学清洗方法有：

（1）酸洗法

酸洗法对去除钙类沉积物、金属氢氧化物及无机胶质沉积物等无机杂质效果最好。具体做法是利用酸液循环清洗或浸泡 $0.5\sim1h$，常用的酸有盐酸、草酸、柠檬酸等，酸溶液的 pH 值根据膜材质而定。比如清洗醋酸纤维素膜，酸液的 pH 值在 $3\sim4$，而清洗其他膜时，酸液的 pH 值可以在 $1\sim2$。

（2）碱洗法

碱洗法对去除油脂及其他有机杂质效果较好，具体做法是利用碱液循环清洗或浸泡 $0.5\sim2h$，常用的碱有氢氧化钠和氢氧化钾，碱溶液的 pH 值也要根据膜材质而定。比如清洗醋酸纤维素膜，碱液的 pH 值在 8 左右，而清洗其他耐腐蚀膜时，碱液的 pH 值可以在 12 左右。

（3）氧化法

氧化法对去除油脂及其他有机杂质效果较好，而且可以同时起到杀灭细菌的作用。具体做法是利用氧化剂溶液循环清洗或浸泡 $0.5\sim1h$，常用的氧化剂是 $1\%\sim2\%$ 的过氧化氢溶液或者 $500\sim1000mg/L$ 的次氯酸钠水溶液或二氧化氯溶液。

（4）洗涤剂法

洗涤剂法对去除油脂、蛋白质、多糖及其他有机杂质效果较好，具体做法是利用 $0.5\%\sim1.5\%$ 的含蛋白酶或阴离子表面活性剂的洗涤剂循环清洗或浸泡 $0.5\sim1h$。

5.6.5 膜分离组件系统的设计

膜分离系统按其基本操作方式可分为两类：① 单程系统；② 循环系统。在单程系统中污水仅通过单一或多种膜组件一次；而在循环系统中，污水通过泵加压多次流过每一级。

膜组件的连接方式分为并联连接法和串联连接法，如图 5-22 所示。在串联的情况下所有的污水依次流经全部膜组件，而在并联的情况下，膜组件则要对进水进行分配。进行串联和并联的膜组件的数目决定于进水的流入通量。如果进水流入通量超过了膜组件的上限，会导致推动力损失和组件的损坏，如果进水流入通量低于膜组件的下限，即膜组件在过流通量很少的情况下操作，会引起分离效果的恶化。在实际连接中根据进水通量将一定数目的膜组件并联成一个组块。在一般的多级组块串联操作中，前一级的出水是后一级的进水，所以后继组块的进水量总是依次递减的（减去渗透物的通量）。因此在大多数情况下为了使流过组件的通量保持稳定，后继组块中要并联连接的组件数目相应减少，如图 5-23 所示。

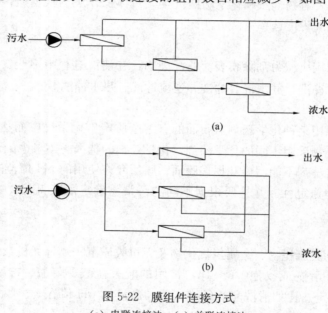

图 5-22　膜组件连接方式

（a）串联连接法；（a）并联连接法

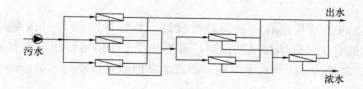

图 5-23　并联组件依次递减的膜滤组块

5.6.6　膜生物反应器（Membrane Biological Reactor）

膜生物反应器（MBR）又称膜分离活性污泥法，是把膜分离技术与传统的废水生物处理方法（活性污泥法）相结合，用膜分离设备（膜组件）取代传统活性污泥法中的二沉池，从而可以强化活性污泥与处理水的分离效果。

膜生物反应器工艺流程如图 5-24 所示，废水经预处理后进入曝气池，在曝气池中曝气处理后，活性污泥混合液由增压泵送入膜组件（也有将膜组件直接浸没在曝气池中，依靠真空泵的抽吸使混合液进入膜组件的），一部分水透过膜面成为处理出水进入后一级处理工序，剩余的污泥浓缩液则由回流泵（或直接）返回曝气池。曝气池中的活性污泥在膜组件的分离作用下，去除了有机污染物而增殖，当超过一定的浓度时，需定期将池内的污泥排出一部分。

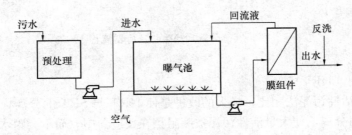

图 5-24　膜生物反应器示意图

根据膜分离的形式可分为微滤膜生物反应器、超滤膜生物反应器、纳滤膜生物反应器和反渗透膜生物反应器，它们在膜的孔径上存在很大的差别。目前使用最多的是超滤膜，主要是因为超滤膜具有较高的液体通量和抗污染能力。

1. 膜生物反应器的分类

虽然膜生物反应器根据分类方法不同，会有很多种不同的形式，但总体上可以根据生物反应器与膜组件的结合方式分为一体式和分置式两大类。

（1）一体式 MBR

一体式污水膜生物反应器，如图 5-25 所示，是将无外壳的膜组件浸没在生物反应器中，微生物在曝气池中好氧降解有机污染物，水通过负压抽吸由膜表面进入中空纤维，在泵的抽吸作用下流出反应器。

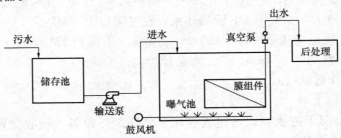

图 5-25　一体式膜生物反应器流程

（2）分置式 MBR

分置式污水膜生物反应器，如图 5-26 所示，是由相对独立的生物反应器与膜组件通过外加的输送泵及相应管线相连而构成。

2. MBR 的设计运行参数

（1）负荷率

好氧 MBR 用于城市污水处理时，体积负荷率一般为 $1.2 \sim 3.2$ kg COD/（m³·d）和 $0.05 \sim 0.66$ kg BOD$_5$/（m³·d），相应脱除率为大于 90% 和大于 97%，当进水 COD 变化较大（$100 \sim 250$ mg/L），出水浓度通常小于 10mg/L，因此对城市污水来说，进水 COD 含量对出水 COD

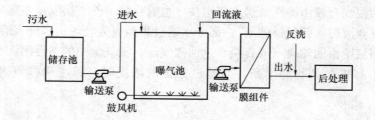

图 5-26 分置式膜生物反应器流程

影响不大。

（2）停留时间（HRT）

MBR 与传统活性污泥法相比，最大的改进是使 HRT 与 SRT 的分离，即由于以膜分离替代了过去的重力分离，使大量活性污泥被膜阻挡在反应器中，而不会因水力停留时间的长短影响反应器中的活性污泥数量。同时通过定期排泥控制反应器内污泥浓度，使反应器内保持高的污泥浓度和较长的污泥龄，加强了降解效率和降解范围。在城市污水处理中，HRT 在 2～24h 之间都可以得到高脱除率，HRT 对脱除率影响不大。SRT 在 5～35d 范围内，污泥龄对排水水质的影响不大。

（3）污泥浓度和产泥率

MBR 中的污泥浓度一般在 10～20g/L，在相对较长的污泥龄和较低的污泥负荷下操作，污泥产率较低，在 0～0.34kg MLSS/（m³·d）之间变化。

（4）通量及流体力学条件

膜通量与许多操作参数有关，如透膜压力、膜面错流速度、膜孔大小、活性污泥的特性等。MBR 的通量范围可达 5～300L/（m²·h）、比通量约为 20～200L/（m²·h·bar），对膜孔径为 0.4μm 的平板一体式 MBR 提出的设计通量为 0.5m³/（m²·d）[20.8L/（m²·h）]，根据透膜压力，相应比通量为 70～100L/（m²·h·bar）。分置式 MBR 的通量常比一体式大，但其通量衰减也比较大，如使用 UF 膜的体系，在过膜压力 TMP 为 1～2bar，错流速度为 1.5m/s 下经 80d，比通量从原来的 90L/（m²·h·bar）下降到 15L/（m²·h·bar）。分体式的操作压力较高，常为 1～5bar，膜面错流速度为 1～3m/s；一体式 MBR 操作压力为 0.03～0.3bar，操作通量较低。

（5）能耗

MBR 能耗主要用于进水泵或透过液吸出泵、曝气等设备，一般分置式能耗约为 2～10kW·h/m³，一体式能耗 0.2～0.4kW·h/m³。其中曝气能耗占总能耗，分置式为 20%～50%，而一体式为 90%以上。

第6章 污泥的处理与处置

6.1 污泥的类型与特性

6.1.1 污泥的类型

污泥是城市污水和工业废水处理过程中产生的，有的是从废水中直接分离出来的，如初次沉淀池中产生的污泥；有的是处理过程中产生的，如废水混凝处理产生的沉淀物。通常，污泥的分类方法如下：

（1）按照污泥中所含有的主要成分不同可将其分为有机污泥和无机污泥两种。

有机污泥以有机物为主要成分，例如活性污泥、脱落的生物膜等。有机污泥的有机物含量较高，易于腐化发臭，颗粒较细，密度小（约为1.02～1.006），含水率高而不易脱水。但是有机污泥的流动性好，便于管道运输。

无机污泥以无机物为主要成分，又称沉渣。无机污泥颗粒粗，密度大（2左右），含水率低脱水容易，但流动性差。

（2）按照污泥产生的来源不同将其分为以下几种：

① 初次沉淀污泥：来自于初次沉淀池。

② 剩余活性污泥：来自于活性污泥法之后的二沉池。

③ 腐质污泥：来自于生物膜法的二沉池。

①、②、③可统称为生物泥或新鲜污泥。

④ 消化污泥：生物泥经过厌氧消化或好氧消化处理后的污泥。

⑤ 化学污泥：应用化学方法处理污水后产生的沉淀物。

6.1.2 污泥的性质指标

（1）污泥含水率

污泥中所含水分的重量与污泥总重量之比的百分数称为污泥含水率。由于一般情况下污泥的含水率较高，污泥的密度接近1。污泥的体积、重量及所含固体物质浓度之间的关系可表示为：

$$V_1/V_2 = W_1/W_2 = (100 - P_2)/(100 - P_1) = C_2/C_1$$

式中　P_1，V_1，W_1，C_1——污泥含水率，污泥含水率为 P_1 时污泥的体积、重量和固体物质浓度；

　　　　P_2，V_2，W_2，C_2——污泥含水率，污泥含水率为 P_2 时污泥的体积、重量和固体物质浓度。

（2）挥发性固体和灰分

挥发性固体近似地等于有机物的含量；灰分表示无机物含量。

（3）可消化程度

污泥中的有机物，是消化处理的对象。一部分是可被消化降解的（可被气化、无机化）；另一部分是不易或不能被消化降解的，如脂肪、合成有机物等。用消化程度表示可被消化降解的有机物数量。可消化程度用下式表示：

$$Rd = (1 - P_{v2}P_{s1}/P_{v1}P_{s2}) \times 100$$

式中　Rd——可消化程度，%；

　P_{s1}，P_{s2}——分别表示生污泥及消化污泥的无机物含量，%；

　P_{v1}，P_{v2}——分别表示生污泥及消化污泥的有机物含量，%。

（4）湿污泥比重与干污泥比重

湿污泥重量等于污泥所含水分重量与干固体重量之和。湿污泥比重等于湿污泥重量与同体积水重量的比值。由于水的比重为1，所以湿污泥比重 γ 可用下式表示：

$$\gamma = 100\gamma_s / [p\gamma_s + (100 - p)]$$

式中　γ——湿污泥比重；

　p——湿污泥含水率，%；

　γ_s——污泥中干固体物质平均比重，即干污泥比重。

亦可用下式计算

$$\gamma = 25000 / [250p + (100 - p)(100 + 1.5p_v)]$$

式中　p_v——有机物（挥发性固体）所占百分比。

（5）污泥肥分

污泥中含有大量植物生长所必需的肥分（氮、磷、钾），微量元素及土壤改良剂（有机腐殖质）。

（6）污泥重金属离子含量

污泥中重金属离子含量，决定于城市污水中工业废水所占比例及工业性质。污水经二次处理后，污水中重金属离子约有50%以上转移到污泥中。因此，污泥中的重金属离子含量一般都较高。当污泥作为肥料使用时，要注意重金属离子含量是否超过我国农林部规定的《中华人民共和国农业行业标准》（NY 525—2012）。

6.1.3　污泥水分存在形式和脱去方法

初次沉淀污泥含水率介于95%～97%，剩余活性污泥达99%以上。因此污泥的体积非常大，对污泥的后续处理造成困难。污泥浓缩的目的在于减容。

污泥中所含水分大致分为4类：颗粒间的空隙水，约占总水分的70%；毛细水，即颗粒间毛细管内的水，约占20%；污泥颗粒吸附水和颗粒内部水，约占10%。污泥中的水分如图6-1所示。

降低含水率的方法有：① 浓缩法，用于降低污泥中的空隙水，因空隙水占含水量的比重较大，因此浓缩是减容的主要方法；② 自然干化法和机械脱水法，主要脱去毛细水；③ 干燥法和焚烧法，主要脱去吸附水和内部水。不同的脱水方法的脱

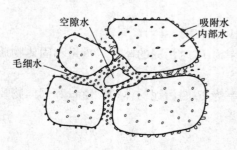

图6-1　污泥中水分示意图

空隙水
吸附水
内部水
毛细水

水效果见表 6-1。

表 6-1 不同脱水方法的效果

脱水方法		脱水装置	脱水后含水率（%）	脱水后的状态
浓缩法		重力浓缩、气浮浓缩、离心浓缩	95～97	近似糊状
机械脱水	真空吸滤法	真空转鼓、真空转盘等	60～80	泥饼状
	压滤法	板框压滤机	45～80	泥饼状
	滚压带法	滚压带式压滤机	78～86	泥饼状
	离心法	离心机	80～85	泥饼状
自然干化法		自然干化场，晒砂场	70～80	泥饼状
干燥法		各种干燥设备	10～40	粉状，粒状
焚烧法		各种焚烧设备	0～10	灰状

6.2 污泥的预处理

6.2.1 污泥的浓缩

由于剩余污泥的含水率一般较高，因此在处理前要进行浓缩来减小其体积，从而减小后续处理的压力，减小后续处理设备的容积。污泥浓缩的方法有重力浓缩法、气浮浓缩法和离心浓缩法等。各种浓缩方法的优缺点见表 6-2。

表 6-2 各种浓缩方法优缺点

浓缩方法	优　点	缺　点
重力浓缩	贮存污泥能力强、操作要求不高、运行费用低	浓缩效果差，浓缩后的污泥非常稀薄；所用土地面积大，且会产生臭气问题；对于某些污泥工作不稳定
气浮浓缩	比重力浓缩的泥水分离效果好，浓缩后的污泥含水率较低；比重力浓缩所需土地面积小，臭气问题小；可使泥砾不混于污泥浓缩池中，能去除油脂	运行费用比重力浓缩大；土地需要量比离心法多；污泥贮存能力小
离心浓缩	只需少量土地，即可取得很高的处理能力；没有或几乎没有臭气问题	要求专用的离心机，耗电大，必须进行隔声处理，对工作人员要求高

1. 重力浓缩法

重力浓缩法是应用最多的污泥浓缩法，是利用污泥中的固体颗粒与水之间的密度差来实现泥水分离。用于重力浓缩的构筑物称为重力浓缩池。重力浓缩池的特征是区域沉降，在浓缩池中形成四个区域，分别为澄清区、阻滞沉淀区、过渡区和压缩区。

重力浓缩池的主要设计参数为浓缩池固体通量［单位时间内单位表面积所通过的固体质量，$kg/(m^2 \cdot h)$］、水力负荷［单位时间内单位表面积的上清液流量，$m^3/(m^2 \cdot h)$］和浓缩时间。对重力浓缩池，固体通量是主要的控制因素，浓缩池的面积依据固体通量进行计算。设计参数一般通过实验来获得，在无实验数据时，也可以根据浓缩池的运行经验参数来选取。浓缩池的运行经验参数见表 6-3。

表 6-3　重力浓缩池运行经验参数

污泥种类	进泥浓度 (%)	出泥浓度 (%)	水力负荷 [m³/(m²·h)]	固体通量 [kg/(m²·h)]	固体回收率 (%)	溢流 TSS (mg/L)
初次沉淀污泥	1.0~7.0	5.0~10.0	24~33	90~144	85~98	300~1000
腐殖污泥	1.0~4.0	2.0~6.0	2.0~6.0	35~50	80~92	200~1000
活性污泥	0.2~1.5	2.0~4.0	2.0~6.0	10~35	60~85	200~1000
初沉污泥和活性污泥混合	0.5~2.0	4.0~6.0	4.0~10.0	25~80	85~96	300~800

重力浓缩池的设计：

（1）重力浓缩池所需面积计算

① 迪克（Dick）理论

$$A \geqslant Q_0 C_0 / G_L$$

式中　A——浓缩池的设计表面积，m^2；

Q_0——入流污泥流量，m^3/h；

C_0——入流污泥固体浓度，kg/m^3；

G_L——极限固体通量，$kg/(m^2 \cdot h)$，其物理意义为在浓缩池深度方向上存在的最小固体通量。

② 柯伊-克里维什（Coe-Clevenger）理论

其表述为：浓缩时间为 t_i，污泥浓度为 C_i，界面沉速为 v_i 时的固体通量 G_i 与所需的断面面积 A_i 为：

$$G_i = v_i / (1/C_i - 1/C_u)$$
$$A_i = Q_0 C_0 / G_i$$

式中　G_i——自重压密固体通量，$kg/(m^2 \cdot h)$；

C_u——排泥的固体浓度，kg/m^3；

Q_0，C_0——已知数；

C_u——要求达到的浓缩浓度；

v_i——可根据实验得到。

故根据上式可计算得 v_i-A_i 关系曲线。在直角坐标上，以 A_i 为纵坐标，v_i 为横坐标，作 v_i-A_i 关系图，查找出图中最大 A 值就是设计表面积。

（2）重力式连续流浓缩池深度设计

重力式连续流浓缩池总深度由压缩区高度 H_S、阻滞区与上清液区高度 H_w、池坡度和超高 4 部分组成。

压缩区高度的计算可以采用柯伊-克里维什法。

$$H_S = Q_0 C_0 t_u (\rho_s - \rho_w) / [\rho_s (\rho_m - \rho_w) A]$$

式中　H_S——压缩区高度，m；

t_u——浓缩时间，d；

ρ_s——污泥中固体物密度，kg/m^3；

ρ_w——清液的密度，kg/m^3；

ρ_m——污泥的平均密度，kg/m^3。

（3）连续流重力浓缩池的基本构造和形式

带刮泥机和搅动栅的连续流重力浓缩池的基本构造如图 6-2 所示。

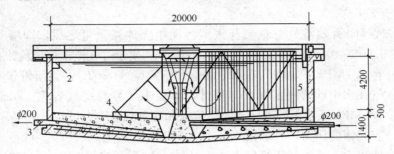

图 6-2　带刮泥机和搅动栅的连续流重力浓缩池（单位：mm）
1—中心进泥管；2—上清液溢流堰；3—排泥管；4—刮泥机；5—搅动机

此池为圆锥形浓缩池，水深约 3m，池底坡度很小，一般为 1/100～1/12，污泥在水下的自然坡度为 1/12。为了提高污泥的浓缩效果和缩短浓缩时间，可在刮泥机上安装搅动栅，刮泥机与搅动栅的转速很慢，不致使污泥受到搅动，其旋转周速度一般为 2～20cm/s。搅动作用可使浓缩时间缩短 4～5h。

2. 气浮浓缩法

气浮浓缩法就是使大量的微小气泡附着在污泥颗粒的表面，从而使污泥颗粒的密度降低而上浮，实现泥水分离。因而气浮法适用于活性污泥和生物滤池污泥等颗粒污泥密度较小的污泥。气浮法所得到的出流污泥含水率低于采用重力法所达到的含水率，可达到较高的固体通量，但运行费用比重力浓缩高，适用于人口密集的缺乏土地的城市应用。

气浮浓缩池有圆形和矩形两种结构，如图 6-3 所示。圆形池的刮浮泥板和刮沉泥板都安装在中心转轴上一起旋转。矩形池的刮浮泥板和刮沉泥板由电动机及链带连动刮泥。

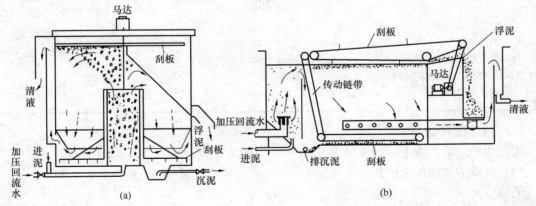

图 6-3　气浮池的基本结构
（a）圆形气浮池；（b）矩形气浮池

气浮浓缩池的设计：

（1）溶气比的确定

气浮时有效空气重量与污泥中固体重量之比称为溶气比或气固比，用 A_a/S 表示。

无回流时，用全部污泥加压：$A_a/S = S_a(fP-1)/C_0$

有回流时，用回流水加压：$A_a/S = S_a R(fP-1)/C_0$

上面两式中等号右侧分子是空气的重量 mg/L，分母是固体物重量 mg/L，"—1"是由于气浮在大气压下工作。

式中　A_a——气浮时有效空气总重量与入流污泥中固体总重量之比，即溶气比。一般在
　　　　　　0.005～0.060 之间，常用 0.03～0.04，或通过气浮浓缩试验来确定；

　　　　S_a——在 0.1MPa 下，空气在水中的饱和溶解度（mg/L），其值等于 0.1MPa 下空
　　　　　　气在水中的溶解度（以容积计，单位 L/L）与空气容重（mg/L）的乘积。
　　　　　　0.1MPa 下在不同温度下的溶解度和容重见表 6-4；

　　　　P——容气罐的压力，一般用 0.2～0.4MPa，应用上式时以 2～4kg/cm² 代入；

　　　　R——回流比，等于加压溶气水的流量与入流污泥流量 Q_0 之比，一般用 1.0～3.0；

　　　　f——回流加压水的空气饱和度，%，一般为 50%～80%；

　　　　C_0——入流污泥的固体浓度，mg/L。

表 6-4　空气溶解度及容重表

气温（℃）	溶解度（L/L）	空气容重 （mg/L）	气温（℃）	溶解度（L/L）	空气容重 （mg/L）
0	0.0292	1252	30	0.0157	1127
10	0.0228	1206	40	0.0142	1092
20	0.0187	1164			

（2）气浮浓缩池表面水力负荷（表 6-5）

表 6-5　气浮浓缩池水力负荷、固体负荷

污泥种类	入流污泥固体 浓度（%）	表面水力负荷[m³/(m²·h)]		表面固体负荷 [kg/(m²·h)]	气浮污泥固 体浓度（%）
		有回流	无回流		
活性污泥混合液	<0.5			1.04～3.12	
剩余活性污泥	<0.5			2.08～4.17	
纯氧曝气剩余活性污泥	<0.5	1.0～3.6	0.5～1.8	2.50～6.25	3～6
初沉污泥与剩余活性污泥混合污泥	1～3			4.17～8.34	
初次沉淀污泥	2～4			<10.8	

（3）回流比 R 的确定

溶气比确定后，由上式计算出 R。

（4）气浮浓缩池的表面积

无回流时　　　　　　　　　　　$A = Q_0/g$

有回流时　　　　　　　　　　　$A = Q_0(R+1)/q$

式中　A——气浮浓缩池表面积，m²；

　　　q——气浮浓缩池的表面水力负荷，m³/h。

表面积 A 求出后，需用固体负荷校核，如不满足，则应采用固体负荷求得的面积。

3. 离心浓缩法

离心分离法是利用污泥中的固体颗粒与液体所存在的密度差，在离心力的作用下实现泥水分离的。离心浓缩法可以连续工作，占地面积小，工作场所卫生条件好，造价低，但运行费用与机械维修费用较高，且存在噪声问题。

用于离心浓缩的离心机主要有三种：无孔转鼓式离心机、倒锥分离板型离心机和螺旋卸料离心机。下文中有关于离心机的详细介绍。

6.2.2　调理

为了改善污泥的脱水性能，提高脱水效果，需要采用不同的方法改变污泥的理化性质，进行调理处理减小胶体颗粒与水之间的亲和力。污泥调理的方法有：淘洗调理、温差调理、化学调理及生物絮凝调理、超声波调理等。

1. 淘洗调理

淘洗调理主要用于消化污泥的调质，目的是降低污泥的碱度，节省药剂用量，降低机械脱水的费用。淘洗调理为：用洗涤水稀释污泥、搅拌、沉淀分离、撇除上清液。淘洗水可使用初沉池和二沉池的出水或自来水、河水，用量为污泥量的 2～3 倍。洗涤后的上清液 BOD 与悬浮物浓度可高达 2000mg/L 以上，必须回流到污水处理厂处理。经验认为，由于洗涤而节省的混凝剂费用与洗涤水的处理费几乎相等。

一般初沉污泥的碱度（以 $CaCO_3$ 计）约为 600mg/L，二沉污泥为 580～1100mg/L，而消化污泥达到 2000～3000mg/L，因此，在污泥加药处理前必须除去重碳酸盐，否则会消耗大量的药剂 $FeCl_3$ 或 $Al_2(SO_4)_3$，对消化污泥直接投加混凝剂处理是很不经济的。通过淘洗，将碱度降低到 400～500mg/L。

淘洗可以采用单级、多级串联或逆流洗涤等多种形式。通过吹入空气或机械搅拌，使污泥处于悬浮状态，与水充分接触。在注意使污泥与水均匀混合的同时，还必须注意保护污泥絮体，搅拌不能过于剧烈，污泥与水接触次数不宜过多。两级串联逆流洗涤效果最好，淘洗池容积以最大表面负荷 40～50kg SS/(m²·d) 为宜，水力负荷不超过 28m³/(m²·d)。

污泥淘洗时可利用固体颗粒大小、相对密度和沉降速度不同的性质，将细颗粒和部分有机微粒除去，降低污泥的黏度，提高污泥的浓缩和脱水效果。

当污泥用作土壤改良剂或肥料时，不宜淘洗处理。经浓缩的生污泥淘洗效果较差，此时可采用直接加药的方式进行调质。

2. 温差调理

温差调理是利用热力学方法改变污泥的温度，进行污泥处理的一种方法，有热调理和冷冻融化调理。

（1）热调理

污泥热调理是钝化微生物最有效的方法之一。热调理分高温高压调质法和低温调质法两种工艺。污泥经热调理后，可溶性 COD 显著增加，有利于消化过程的进行，脱水性能和沉降性能大为改善，污泥中的致病微生物与寄生虫卵可以完全被杀灭。热调理后的污泥经机械脱水后，泥饼含水率可降到 30%～45%，污泥体积减小至浓缩—机械脱水法泥饼的 1/4。在污泥的焚烧与堆肥处置中，热调理工艺比药调理更为适合。该法适用于初沉池污泥、消化污泥、活性污泥、腐殖污泥及它们的混合污泥。

污泥热调理时污泥分离液 COD、BOD 浓度很高，回流处理将大大增加污水处理构筑物的负荷，有臭气，设备易腐蚀，需要增加高温高压设备、热交换设备及气味控制设备等，费用很高，应引起注意。

① 高温高压热调理

高温高压热调理是把污泥加温至 170～200℃，压力为 9.81×10^4～1.47×10^6Pa，反应

时间为 $1\sim2h$。在升高压力下污泥热调理可以裂解生物固体内微生物的细胞壁，释放结合水。高压热调理改变了污泥的物理性质，与化学调理相比，生产的泥饼更加干燥。调理后的污泥经重力浓缩即可使含水率降低到 $80\%\sim90\%$，比阻降到 $1.0\times10^8 s^2/kg$，再经机械脱水，泥饼含水率可降低到 $25\%\sim65\%$。经高温高压调理后的污泥一般适于采用真空过滤脱水方式。

② 低温热处理

低温热处理是把污泥加温并控制在 $135\sim165℃$ 之间，通常控制在 $150℃$ 以下。当利用污泥焚烧和其他资源的余热时，这个工艺是经济有效的。该方法分离得到的 BOD 浓度比高温热调理法低 $40\%\sim50\%$，锅炉容量可减少 $30\%\sim40\%$，色度和臭味也大为降低。研究表明，低温调理产生的臭气浓度低，分离液中 BOD 浓度也低，符合改善污泥浓缩脱水性能的根本要求，分离液的脱色和脱臭有待进一步完善。

（2）冷冻融化调理

污泥的冷冻融化调理是将污泥冷冻到凝固点以下，使污泥冻结，然后再行融解以提高污泥沉淀性和脱水性能的一种处理方式。其原理是随着冷冻层的发展，颗粒被向上压缩浓集，水分被挤向冷冻界面，浓集污泥颗粒中的水分被挤出。该法能不可逆地改变污泥结构，即使再用机械或水泵搅拌也不会重新成为胶体。

冷冻融化调理使污泥颗粒的絮状结构被充分破坏，脱水性能大大提高，颗粒沉降与过滤速度可提高几十倍，可直接进行重力脱水。此外，冷冻融化调理还可杀灭污泥中的寄生虫卵、致病菌与病毒等。冷冻融化调理后的污泥再经真空过滤脱水，可得含水率为 $50\%\sim70\%$ 的泥饼，而用化学调理一真空过滤脱水，泥饼含水率为 $70\%\sim85\%$。

冷冻融化调理法目前主要用于给水污泥的调理。对于污水污泥，冷冻融化调理的有效性还存在不少问题，如仍需加少量的凝聚剂后再脱水。

3. 化学调理

化学调理又称化学调节，是指加入一定量调节剂，它在污泥胶体颗粒表面起化学反应，中和污泥颗粒电荷，增大凝聚力、粒径，从而促使水从污泥颗粒表面分离出来的一种方法。调节效果的好坏与调节剂种类、投加量以及环境因素有关。化学调节效果可靠，设备简单，操作方便，被长期广泛采用。化学调节通常通过投加化学絮凝剂实现，然而传统的化学絮凝剂存在投加量多、产泥量大，并且产生的化学污泥不易被生物降解，排放至水体中对人体健康和水环境生态都具有潜在的危害作用等不足，应开发适合污泥处理的有效药剂。

常用的调节剂分为无机和有机调节剂两大类。一般认为，絮凝剂对胶体粒子的作用包括静电中和、吸附架桥和卷扫凝聚三种，化学调节是这三种作用综合的结果，只是不同絮凝剂起不同作用。无机絮凝剂是以电中和及卷扫作用为主，非离子和阴离子有机高分子絮凝剂以架桥作用为主，阳离子有机絮凝剂中低分子絮凝剂以静电中和为主，高分子絮凝剂同时有中和和吸附架桥作用。由于污泥胶体颗粒带有负电荷，而阳离子型絮凝剂的絮凝作用是由吸附架桥作用和电荷中和作用两种机理产生的，可以中和污泥中更多的胶体，使得出水上清液的浊度更低。

无机调理剂主要是起电性中和的作用，所以这类调理剂被称为混凝剂，常用的有石灰、铝盐、铁盐、聚铁、聚铝等无机高分子化合物；有机高分子调理剂是起吸附架桥作用，故此类调理剂被称为絮凝剂，其形成的污泥絮体抗剪切性能强，不宜被打碎，故适合于后续脱水采用带式压滤脱水和离心方法时使用，有机高分子调理剂有聚合电解质、有机高分子和阳离子型有机高分子，目前应用较多的是聚丙烯酰胺类阳离子絮凝剂。

在化学调理过程中还需要投加起助凝作用的助凝剂，像珠光体、酸性白土、硅藻土、电厂粉煤灰、贝壳粉和石灰等。它们的主要作用是调节污泥中的 pH 值；改变污泥颗粒的结构，破坏胶体的稳定性；供给污泥多孔网状的骨架；提高混凝剂的混凝效果；增加絮体强度等。

影响化学调节絮凝效果的因素主要有：污泥组成、絮凝剂的种类、投加量、pH 值及温度、投加顺序等。

① 污泥组成

污泥组成主要指有机物和无机物的比例。随着污泥中有机物含量的增加，高分子絮凝剂投加量按比例增加。另外，温度变化对无机絮凝剂的絮凝效果影响较大，对有机絮凝剂的絮凝效果影响较小。

② 絮凝剂种类

不同的絮凝剂性能不同。无机絮凝剂所形成的絮体密度较大，需要药剂量少，适合活性污泥的调质，但是会增加污泥脱水的设备容量和污泥数量；有机高分子絮凝剂投加量少，形成絮体大，强度高，不易破碎，不会增加泥饼量，但价格昂贵，有些单体有毒性。

③ 投加量

无机絮凝剂和有机絮凝剂都存在最佳投加量，小于或大于最佳投加量絮凝效果都不好。

④ pH 值

悬浮液的 pH 值对无机絮凝剂和阳离子高分子絮凝剂的水解动力学和水解组分形态有很大的影响，因此，投加絮凝剂的时候要考虑调节时 pH 值的影响。

⑤ 投加顺序

投加几种絮凝剂时，不同的投加顺序对絮凝效果也有影响。

4. 微生物絮凝调理

微生物絮凝剂具有易于分解、可生物降解、无毒、无二次污染、对环境和人类无害、适用范围广、用量少、污泥絮体密实、高效、价格较低等优点。20 世纪 70 年代人们开始研制微生物絮凝剂，根据微生物絮凝剂物质组成的不同，微生物絮凝剂可分为三类：直接利用微生物细胞的絮凝剂，如某些细菌、霉菌、放线菌和酵母，它们大量存在于土壤活性污泥和沉积物中；利用微生物细胞提取物的絮凝剂，如酵母细胞壁的葡萄糖、甘露聚糖、蛋白质和 N-乙酰葡萄糖胺等成分均可作为絮凝剂；利用微生物细胞代谢产物的絮凝剂，微生物细胞少量的多肽、蛋白质、脂类及其复合物，其中多糖在某种程度上可作为絮凝剂。

微生物絮凝的机理主要有三种：桥连作用、中和作用和卷扫作用。微生物絮凝剂是带有电荷的生物大分子，这三种机理都可能存在，但主要是前两种，这只是与无机盐絮凝剂相比较而言所得的结论。对于微生物絮凝剂絮凝机理方面的研究，提出了不少假说：如 Butterfield 的黏质假说，Grab tree 的酯合学说，Friedman 的菌体外纤维素纤丝学说等。但这些假说使用范围窄，只能解释部分菌引起的絮凝，因此不为人们所接受。目前，比较流行的学说是离子键、氢键的结合学说。该学说可解释大多数微生物絮凝剂引起的絮凝现象以及一些因素对絮凝的影响，并为一些试验所证实。该学说认为，尽管微生物絮凝剂性质不同，但对固体悬浮颗粒的絮凝有相似之处，它们通过离子键、氢键的作用与悬浮物结合，由于絮凝剂的分子量大，一个絮凝剂分子可同时与几个悬浮颗粒结合。在适宜条件下，迅速形成网状结构而沉积，从而表现出很强的絮凝能力。

5. 超声波调理

超声波调理是物理调理技术之一，是近年开发的新技术。国外研究表明，大功率超声波可以降解污泥，降低其含水率。超声波对污泥能够产生一种海绵效应，使水分更易从波面传播产生的通道通过，从而使污泥颗粒团聚、粒径增大，当其粒径大到一定程度，就会做热运动相互碰撞、黏结，最终沉淀。超声波可使污泥局部发热、界面破稳、扰动和空化，能够使污泥中的生物细胞破壁，并且加速固液分离过程，改善污泥的脱水性能。另外，超声波对混凝有促进作用。当超声波通过有微小絮体颗粒的流体介质时，其中的颗粒开始与介质一起振动，但由于大小不同的粒子具有不同的振动速度，颗粒将相互碰撞、结合，体积和质量均增大。当粒子变大到不能随超声振动时，只能做无规则运动，继续碰撞、结合、变大，最终沉淀。

污泥菌胶团内部包含水约占污泥总水量的 27%，而菌胶团结构稳定，难以为机械作用（压滤、离心等）破坏，造成污泥脱水困难。采用 $0.11 \sim 0.22 W/cm^3$ 的超声波处理可以破坏菌胶团的结构，使其中的内部水排出，同时保持污泥较大的颗粒，从而提高污泥的沉降性能。超声波和其他方法结合也可使污泥凝聚，改善生物质活性，降低超过 10% 的污泥水含量。此外，超声波还使细胞壁破裂，细胞内含物溶出，可以加速污泥的水解过程，从而达到缩短消化时间、减少消化池容积、提高甲烷产量的目的。超声波能有效地破坏菌胶团结构，将其内部包含水被释放成为可以比较容易去除的自由水，还能加快微生物生长，提高其对有机物的分解吸收能力，而且促进效应在超声波停止后数小时内依然存在。超声波法处理污泥是一种高效干净的方法。

6.2.3 污泥的脱水

污水污泥是污水处理厂产生的液态或泥浆状副产物，初沉污泥的固体浓度一般介于 3%～5%，剩余活性污泥的固体浓度小于 1%。通过浓缩和脱水，污泥浓度将会进一步增加。多数污泥浓缩装置能达到 5%～10% 的固体浓度，脱水装置能达到 20%～50% 的固体浓度。影响脱水污泥固体浓度的因素有：污泥性质；调质类型；脱水装置类型。

污泥脱水工艺主要包括机械脱水和自然脱水。对于机械脱水而言，主要有加压过滤、离心脱水、真空过滤、旋转挤压和电渗透脱水等。

1. 机械脱水

（1）污泥机械脱水的原理和指标

污泥机械脱水以过滤介质两面的压力差为推动力，使污泥水分被强制地通过过滤介质，形成滤液，而固体颗粒被截留在介质上，形成滤饼，从而达到脱水的目的。根据造成压力差推动力不同，可将污泥机械脱水分为三类：① 在过滤介质的一面形成负压进行脱水，即真空吸滤脱水；② 在过滤介质的一面加压进行脱水，即压滤脱水；③ 造成离心力实现泥水分离，即离心脱水。

用于衡量污泥脱水性能的指标包括污泥比阻和毛细吸水时间。污泥比阻是指在过滤开始时，过滤仅需克服过滤介质的阻力，当滤饼逐渐形成以后，还必须克服滤饼所形成的阻力。活性污泥的比阻为 $(2.8 \sim 2.9) \times 10^{13} m/kg$；消化污泥的比阻为 $(1.3 \sim 1.4) \times 10^{13} m/kg$；初沉污泥的比阻为 $(3.9 \sim 5.8) \times 10^{13} m/kg$，皆属于难处理污泥。毛细吸水时间（CST）也可以用于表征污泥脱水的难易程度。污泥的毛细吸水时间是指污泥中的毛细水在滤纸上渗透 1cm 距离所需要的时间。由于比阻的测定过程较复杂，而 CST 测定简便快速，因此实际上普遍应用 CST 表示污泥的脱水性能。

衡量污泥机械脱水效果和效率的主要指标为脱水泥饼的含水率、脱水过程的固体回收率（滤饼中的固体量与原污泥中的固体量之比）；衡量污泥机械脱水效率的指标为脱水泥饼产率［单位时间内在单位过滤面积上产生滤饼的干重量，$kg/(m^2 \cdot s)$］。脱水泥饼的含水率、脱水过程的固体回收率和脱水泥饼产率越高，机械脱水的效果和效率就越好。

（2）机械脱水设备

① 真空过滤脱水机

真空过滤脱水机是以用抽真空的方法造成过滤介质两侧的压力差，从而造成脱水推动力进行脱水，可用于初次沉淀污泥和消化污泥的脱水（表 6-6）。经厌氧消化处理的污泥，在真空过滤之前，应进行预处理，一般先对污泥进行淘洗。真空过滤所使用的机械称为真空过滤机，俗称真空转鼓。真空过滤机脱水的特点是能够连续生产，运行平稳，可自动控制。主要缺点是附属设备较多，工序较复杂，运行费用较高。真空过滤脱水目前应用较少。

表 6-6　真空过滤脱水不同污泥的泥饼产率

污　泥　种　类		泥饼产率［$kg/(m^2 \cdot h)$］
原污泥	初沉污泥	30～40
	初沉污泥和生物滤池污泥的混合污泥	30～40
	初沉污泥和活性污泥的混合污泥	15～25
	活性污泥	7～12
消化污泥（中温消化）	初沉污泥	25～35
	初沉污泥和生物滤池污泥的混合污泥	20～35
	初沉污泥和活性污泥的混合污泥	15～25

② 压滤机

压滤是在外加一定压力的条件下，使含水污泥过滤脱水的操作，可分为间歇型和连续型两种。间歇型的典型压滤机为板框压滤机，连续型的为带式压滤机。

带式压滤机种类很多，但基本结构相同，都由滚压轴和滤布组成。主要区别在于挤压方式与装置不同。该类设备的主要特点是把压力加在滤布上，用滤布的压力和张力使污泥脱水，而不需要真空加压设备，动力消耗少，可连续生产。目前，这种脱水方式已得到广泛应用。

a. 滚压带式脱水机

滚压带式脱水机主要由滚压轴和滤布组成。先将污泥用混凝剂调理后，给入浓缩段，依靠重力作用浓缩脱水，使污泥失去流动性，以免在压榨时被挤出滤布带。浓缩段的停留时间一般为 10～20s，然后进入压榨段，依靠滚压轴的压力与滤布的张力榨取污泥中的水分，压榨段的压榨时间为 1～5min。

带式压滤机的脱水性能见表 6-7。

表 6-7　带式压滤机的脱水性能

污泥种类	污泥种类	进泥含水率（%）	聚合混凝剂用量比污泥干重（%）	泥饼产率［$kg/(m^2 \cdot h)$］	泥饼含水率（%）
生污泥	初沉污泥	90～95	0.09～0.2	250～400	65～75
	初沉污泥＋活性污泥	92～96	0.15～0.5	150～300	70～80
消化污泥	初沉污泥	91～96	0.1～0.3	250～500	65～75
	初沉污泥＋活性污泥	93～97	0.2～0.5	120～350	70～80

b. 板框压滤机

板框压滤机的构造简单，过滤推动力大，脱水效果较好，一般用于城市污水厂混合污泥时泥饼含水率可达 65% 以下。适用于各种污泥，但操作不能连续进行，脱水泥饼产率低。板与框之间相间排列，在滤板两侧覆有滤布，用压紧装置把板与框压紧，即板与框之间构成压滤室。在板与框上端中间相同的部位开有小孔，压紧后成为一条通道。加压到 0.39～0.499MPa 以上的污泥，由该通道进入压滤室。滤板的表面刻有沟槽，下端钻有供滤液排出的孔道，滤液在压力下，通过滤布、沿沟槽与孔道排出滤机，使污泥脱水。板框压滤机的工作性能见表 6-8。

表 6-8　板框压滤机的工作性能

污泥种类	入流污泥含固率（%）	压滤时间（h）	调节剂用量（s）（g/kg）		包含调节剂的泥饼含固率（%）	不含调节剂的泥饼含固率（%）
			$FeCl_3$	CaO		
初沉污泥	5～10	2.0	50	100	45	39
初沉污泥＋少于50%的活性污泥	3～6	2.5	50	100	45	39
初沉污泥＋多于50%的活性污泥	1～4	2.5	60	120	45	38
活性污泥	1～5	2.5	75	150	45	37

③ 离心机

污泥离心脱水的原理是利用转动使污泥中的固体和液体分离。颗粒在离心机内的离心分离速度可以达到在沉淀池中沉速的 10 倍以上，可在很短的时间内，使污泥中很细小的颗粒与水分离。此外，离心脱水技术与其他脱水技术相比，还具有固体回收率高、分离液浊度低、处理量大、基建费用少、占地少、工作环境卫生、操作简单、自动化程度高等优点，特别重要的是可以不投加或少投加化学调理剂。其动力费用虽然较高，但总运行费用较低，是目前世界各国在污泥处理中较多采用的方法。

离心机的分类：按离心的分离因数不同可分为高速离心机、中速离心机和低速离心机；按几何形状的不同可将离心机分为转筒式离心机（包括圆锥形、圆筒形、锥筒形）、盘式离心机和板式离心机。

污泥处理中主要使用卧式螺旋卸料转筒式离心机，其处理效率见表 6-9。适用于密度有一定差别的固液相分离，尤其适用于含油污泥、剩余活性污泥等难脱水污泥的脱水。

表 6-9　卧式螺旋卸料转筒式离心机处理效率

污 泥 种 类		泥饼含水率（%）	固体回收率（%）	
			未化学调理	化学调理
生活泥	初沉污泥	65～75	75～90	＞90
	初沉污泥与腐殖污泥混合	75～80	80～90	＞90
	初沉污泥与活性污泥混合	80～88	55～65	＞90
	腐殖污泥	80～90	60～80	＞90
	活性污泥	85～95	60～80	＞90
	纯氧曝气活性污泥	80～90	60～80	＞90
消化污泥	初沉污泥	65～75	75～90	＞90
	初沉污泥与腐殖污泥混合	75～82	60～75	＞90
	初沉污泥与活性污泥混合	80～85	50～60	＞90

2. 离心脱水

污泥的离心脱水是利用污泥颗粒与水的密度不同，在相同的离心力作用下产生不同的离心加速度，从而导致污泥固液分离，实现脱水的目的。污泥离心脱水设备一般采用转筒机械装置。离心脱水设备的优点是结构紧凑、附属设备少、臭味少、可长期自动连续运行等。缺点是噪声大、脱水后污泥含水率较高、污泥中沙砾易磨损设备。

3. 真空过滤脱水

真空过滤是利用抽真空的方法造成过滤介质两侧的压力差，从而造成脱水推动力进行污泥脱水。其特点是运行平稳、可自动连续生产。主要缺点是附属设备较多、工序较复杂、运行费用高。20 世纪 20 年代美国就将其应用于市政污泥的脱水。近年来，由于更加有效的脱水设备的出现，真空过滤脱水技术的应用日趋减少。真空过滤也可用于处理来自石灰软化水过程的石灰污泥。

最常用的真空过滤装置是由一个较大的转鼓组成，转鼓由一多孔滤布或金属卷覆盖，转鼓的底部浸没在污泥池中。当转鼓旋转时，污泥在真空吸力作用下，被带到滤布上。转鼓分成几个部分，通过旋轮阀产生真空吸力。过滤操作在下面三个区内进行，即泥饼形成区、泥饼脱水区和泥饼排出区。

进入真空过滤机的污泥，含水率应小于 95%，最大不应大于 98%。真空过滤可以与有机化学调理、无机化学调理及热调理一起使用。

根据原污泥量、每天转鼓的工作时间及场地的大小来决定所需的过滤面积，然后根据真空转鼓的产品系列选择一个或几个真空转鼓，使总过滤面积满足要求。真空过滤滤布多采用合成纤维，如腈纶、涤纶、尼龙等不易堵塞而又耐久的材料，在选择滤布时必须对污泥的性质和调质药剂充分考虑，一般可采用滤布试验，但滤布应先洗涤 3~5 次，以便于发现问题。

4. 电渗透脱水

污泥是由亲水性胶体和大颗粒凝聚体组成的非均相体系，具有胶体性质，机械方法只能把表面吸附水和毛细水除去，很难将结合水和间隙水除去。电渗透脱水是利用外加直流电场增强物料脱水性能的方法，它可脱除毛细管水，因此脱水性能优于机械方法，逐渐得到应用。

（1）脱水原理

带电颗粒在电场中运动，或由带电颗粒运动产生电场统称为动电现象。在电场作用下，带电颗粒在分散介质中做定向运动，即液相不动而颗粒运动称为电泳（Electrophoresis）。在电场作用下，带电颗粒固定，分散介质做定向移动称为电渗透（Electro-osmosis）。污泥中细菌的主要成分是蛋白质，而蛋白质是由两性分子氨基酸组成。在环境 pH 值小于氨基酸等电点时，氨基酸发生电离，使细菌带正电荷；当 pH 值大于等电点时，氨基酸发生电离，但使细菌带负电荷。细菌的等电点等于 pH 值 3.0，因此，污泥通常在接近中性的条件下带负电荷，其带电量通常在 $-10 \sim -20 \text{mV}$。根据能量最低原则，颗粒表面上的电荷不会聚集，而势必分布在颗粒的整个表面上。但颗粒和介质作为一个整体是电中性的，故颗粒周围的介质必有与其表面电荷数量相等而符号相反的离子存在，从而构成所谓双电层。在电场作用下，带电的颗粒向某一电极运动，而符号相反的离子带着液体介质一起向另一电极运动，发生电渗透而脱水。图 6-4 是电渗透脱水模型示意。由图可知水的流动方向和污泥絮体流动方向相反，水分可不经过泥饼的空隙通道而与污泥分离。因此电渗透脱水不受污泥压密引起的通道堵塞或阻力增大的影响，脱水效率高。根据研究，电渗透脱水可以达到热处理脱水的范围，是目前污泥脱水效果最好的方法之一，脱水效率比一般方法提高 10%～20%。

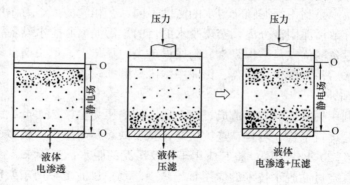

图 6-4　电渗透脱水模型示意

（2）脱水工艺

实际应用中，电渗透脱水大多是在传统的机械脱水工艺中引入直流电场，利用机械压榨力和电场作用力来进行脱水。电渗透脱水采用两种方式结合进行，较为成熟的方法有串联式和叠加式。串联式是先将污泥经机械脱水后，再将脱水絮体加直流电进行电渗透脱水；叠加式是将机械压力与电场作用力同时作用于污泥上进行脱水。

6.2.4　污泥的自然干化

自然干化可分为晒沙场和干化场两种。晒沙场用于沉砂池沉渣的脱水，干化场用于初次沉淀污泥、腐殖污泥、消化污泥、化学污泥及混合污泥的脱水，干化后的污泥饼含水率一般为 75%～80%，污泥体积可缩小到 1/10～1/2。

1. 晒沙场

晒沙场一般做成矩形，混凝土底板，四周有围堤或围墙。底板上设有排水管及一层厚 800mm 粒径 50～60mm 的砾石滤水层。沉沙经重力或提升排到晒沙场后，很容易晒干。深处的水由排水管集中回流到沉沙池前与原污水合并处理。

2. 干化场

污泥干化场是污泥进行自然干化的主要构筑物。干化场可分为自然滤层干化场和人工滤层干化场两种。前者适用于自然土质渗透性能好，地下水位低的地区。人工滤层干化场的滤层是人工铺设的，又可分为敞开式干化场与有盖式干化场两种。人工滤层干化场的构造如图 6-5 所示。它是由不透水底层、排水系统、滤水层、输泥管、隔墙及围堤等部分组成。如果是盖式的，还有支柱和顶盖。

不透水的底板由 200～400mm 厚的黏土或 150～300mm 厚三七灰土夯实而成，也可用 100～150mm 厚的素混凝土铺成。底板具有 0.01～0.03 的坡度坡向排水系统。

排水管道系统用 100～150mm 陶土管或盲沟做成，管头接头处不密封，以便进水。管中心距 4～8m，坡度 0.002～0.003，排水管起点覆土深为 0.6m 左右。

滤水层下层用粗矿渣或砾石，厚为 200～300mm，上层用细矿渣或砂，厚200～300mm。

隔墙与围堤把整个干化场分隔为若干块，轮流使用，以便提高干化场的利用率。

影响干化场的因素有：

① 气候条件：包括当地的降雨、蒸发量、相对湿度、风速和年冰冻期。

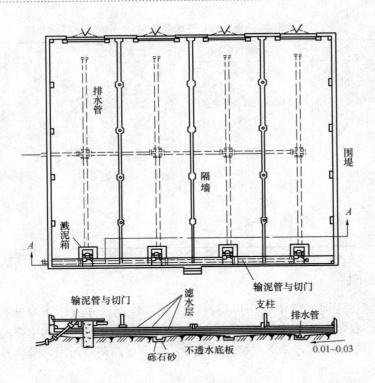

图 6-5　人工滤层干化场

② 污泥性质。

3. 强化自然干化

在传统的污泥干化床中，污泥在干化过程中基本处于静止堆积状态，当表面的污泥干化后，其所形成的干化层在下层污泥上形成一个"壳盖"，严重影响了下层污泥的脱水，是干化床蒸发速率低的主要原因。

针对上述问题，强化自然干化技术采取对污泥干化层周期性地翻倒（机械搅动），不断地破坏表层"壳盖"，使表层污泥保持较高的含水率，从而得到较好的脱水效果。实际操作在污泥层平均厚度 40cm、污泥含水率为 76％的条件下，以 45d 为平均周期，可使污泥干化后的含水率降至 35％左右。

6.2.5　污泥干燥

污泥经脱水后含水率通常为 60％～80％。为了使污泥便于用作肥料，必须对脱水污泥中所含毛细管水、吸附水与颗粒内部水进一步干燥脱除，使最终含水率降至 10％或更小（到 6％）。污泥干燥时温度达 300℃，排出含有恶臭的蒸汽与废气，可送至 600～900℃的加热装置进行脱臭或湿式净化装置进行洗涤。污泥干化后其中所含孢子及细菌均能杀灭，便于农业使用。

污泥干燥机主要有以下几种类型：① 立式多段干燥机；② 立式传送带式干燥机；③ 水平带式干燥机，它与成型器共同组成干基标准干燥机（DB 干燥机），用于活性污泥制造农肥；④ 急骤干燥机，又称喷气干燥器，可与污泥焚烧共用；⑤ 回转圆筒式干燥器，应用较广泛。

对于回转圆筒式干燥器、急骤干燥器和水平带式干燥机的选用见表 6-10。

表 6-10　干燥器选用

指　标	回转圆筒式干燥器	急骤干燥器	水平带式干燥机
设备定型	有定型设备	无定型设备	无定型设备
灼热气体温度（℃）	120～150	530	160～180
卫生条件	可杀灭病原菌、寄生虫卵	同左	同左
蒸发强度[kg/(m³·h)]	55～80		
干燥效果，以含水率计（%）	15～20	约10	10～15
运行方式	连续	连续	连续
干燥时间（min）	30～32	不到1	25～40
热效率	较低	高	较低
传热系数 kJ/(m²·h·℃)			2500～5860
臭味	低	低	低
排烟中灰分	低	高	低

6.2.6　石灰稳定化

各种化学药剂在污泥处置中应用可提高污泥脱水性能，并可用于臭味控制、pH 值调节、杀菌、消毒、稳定和作为氧化剂使用，石灰和氯是最为广泛应用的主要药剂。石灰在污泥处置中主要用于稳定污泥，杀灭和抑制污泥中的微生物；调质污泥，提高其脱水性能并抑制臭味。

1. 石灰稳定的基本原理

（1）化学反应

在石灰稳定工艺中有大量化学反应发生，主要是 CaO 和 H_2O 反应生成 $Ca(OH)_2$，同时产生热量。主要的反应过程如下：

$$CaO + H_2O \Longrightarrow Ca(OH)_2 + 热量$$

pH 值表示的是 H^+ 的强度，即溶液的酸、碱强度。在石灰稳定法中必须将 pH 保持在较高的水平足够长的时间，阻止或大幅度延迟了臭素和细菌污染源产生的微生物反应，使污泥中微生物群体失活。

石灰稳定过程中发生的化学反应还没有完全弄清，在污泥中，石灰与有机、无机离子可能发生的反应主要为：

$$Ca^{2+} + 2HCO_3^- + CaO \longrightarrow 2CaCO_3 + H_2O$$

$$2PO_4^{3-} + 6H^+ + 3CaO \longrightarrow Ca_3(PO_4)_2 + 3H_2O$$

$$CO_2 + CaO \longrightarrow CaCO_3$$

$$有机酸（RCOOH）+ CaO \longrightarrow RCOOHCaOH$$

$$脂肪 + CaO \longrightarrow 脂肪酸$$

污泥通过上述反应降低了终产物中有机物和磷的含量。如果投加的碱不充足，可能导致 pH 值下降。理论上，能够计算出为升高 pH 值到目标值的需碱量，但是，这些计算结果通常是不可靠的。

同时，石灰还发生以下其他反应：

① 污泥中臭味物质的分解

臭味物质通常是含氮、含硫的有机化合物、无机化合物和某些挥发性碳氢化合物，污泥中含氮的化合物包括溶解性的氨（NH_4^+）、有机氮、亚硝态氮和硝态氮，在碱性条件下，

NH_4^+ 被转化为氨气，pH 值越高，碱稳定处理污泥中释放出的 NH_3 就越多。

② 中和酸性土壤

经碱稳定化处理的污泥可用做农用石灰的替代品，来调节土壤的 pH 值使之接近中性，从而提高土壤的生产能力。

③ 同化重金属

污泥碱稳定的高 pH 值可导致水溶性的金属离子转化为不溶性的金属氢氧化物。

（2）产热

石灰加入污泥中，石灰与水发生水和作用，放出 1142J/g 热量；有硅土、铝和铁的氧化物存在时，这些物质也会和石灰发生放热反应；污泥分解产生的 CO_2 和空气中的 CO_2 与石灰反应，放出 43300cal/（g·mol），但由于 CaO 在污泥和空气中的浓度较低，其反应速度要比 CaO 和 H_2O 慢得多。

2. 石灰稳定工艺

石灰稳定化过程中应重点必须考虑的三个因素是：pH 值、接触时间和石灰用量，具体数值则应根据不同的污泥进行实验后确定。

根据石灰的材料成分，石灰稳定工艺分为生石灰工艺、熟石灰工艺、其他碱性材料工艺三类；根据石灰投加位置，石灰稳定工艺有两种基本类型：（脱水前进行石灰稳定）预石灰稳定工艺、（脱水后进行石灰稳定）后石灰稳定工艺；根据投加石灰的形态，将石灰稳定工艺分为液体石灰稳定工艺和干石灰稳定工艺。

目前常用的工艺有：BIO＊FIX 工艺、N-ViroSoil 工艺、RDPEn-Vessel 巴氏杀菌工艺、Chenfix 工艺。

BIO＊FIX 工艺是由 Wheelabrator 净水公司 BIOGRO 分公司推向市场的专利碱稳定工艺，如图 6-6 所示。该工艺将生石灰（以及其他物料）以合适的比率与污泥混合在一起，生

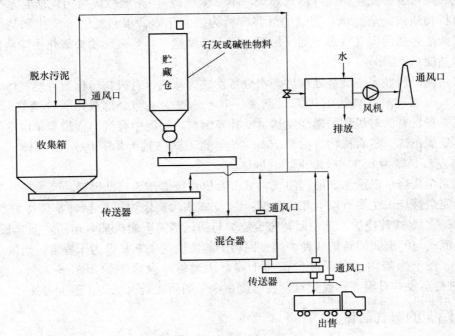

图 6-6　BIO＊FIX 工艺

产符合美国 EPA A 类（PFAP）或 B 类（PSAP）标准的污泥产品。工艺优点：同一装置中可生产多用途产品；能有效控制空气挥发物和臭味；固定重金属并降低其浓度；可自动控制；占地面积小；成本低。

缺点：增加了质量/体积比（相对于进入的脱水污泥，质量提高了 15%～30%）。当满足美国 EPA A 类标准时，费用相对较高。

BIO * FIX 工艺设施一般每天可处理 40t 干污泥（20%～24%TS），能保证每天 235t 的 A 类产品资源化使用，可大部分用于垃圾填埋场的覆盖物。

6.3   污泥的热化学处理

污泥热化学处理是一种历史悠久的污泥调质工艺，它通过加热引起分子运动、脱水收缩和发生液化，将污泥固相中的有机污染物大量溶解转移到上清液中，以减小污泥的黏性，进而改善污泥的脱水性能的过程。

污泥通过热化学处理可达到以下目的：① 稳定化和无害化，通过加热使污泥中的有机物质发生化学反应，氧化如 PAHs、PCBs 等有毒有害污染物，杀灭致病菌等微生物；② 减量化，通过加热破坏细胞结构，使污泥中的内部水释放出来而被脱除，实现最大限度的减量化；③ 资源化，通过热化学处理后的城市污泥，通过稳定化处理后可以进行相关的资源化利用，另一方面可以将污泥中的大量有机物转化为可燃的油、气等燃料。

6.3.1   污泥的焚烧

污泥焚烧可分为完全燃烧和湿式燃烧（不完全燃烧）。完全燃烧指污泥所含水分被完全蒸发，有机物质被完全燃烧，焚烧的最终产物为二氧化碳、水和氮气等气体和焚烧后的灰分。湿式焚烧是指污泥在液态下加压加温并压入压缩空气，是氧化物被氧化去除从而改变污泥的脱水性能。

脱水污泥滤饼经完全焚烧处理后，水分蒸发成为蒸汽，有机物转化为可燃气体，无机物变成灰渣。可燃气温度高达 1000℃，细菌、孢子、寄生虫卵全部被杀灭。焚烧所需热量，依靠污泥本身含有的有机物的燃烧发热量或补充燃料。污泥中有机物含量与单位重量污泥固体的发热量成正比。若有机物含量为 70% 左右，则发热量约为 16750kJ/kg 固体；有机物含量为 50% 左右，则为 8800～9200kJ/kg 固体。

污泥完全焚烧可以重油、油、沼气、城市有机垃圾等作为辅助燃料。

污泥完全焚烧炉主要有以下几种类型：① 立式多段焚烧炉；② 回转窑焚烧炉；③ 流化床焚烧炉；④ 立式焚烧炉。其中回转窑焚烧炉与回转圆筒干燥机基本相同，但其长度较大，可分为逆流式与间流式回转炉两种炉型。回转炉的前段约 1/3 长度为干燥带；后段 2/3 长度为燃烧带。在干燥带内，污泥进行预热干燥，达到临界含水率约 10%～30%，温度约为 160℃，进行蒸发并升温，达着火点；在燃烧带内干馏污泥着火燃烧，温度可达700～900℃。

6.3.2   污泥的湿式氧化

湿式氧化（Wet Oxidation）是一种物理化学方法，是利用水相的有机质热化学氧化反应进行污泥处理的工艺方法，处理在高温（下临界温度为 150～370℃）和一定压力下的高浓度有机废水十分相似，因此湿式氧化法也可用于处理污泥。

湿式氧化处理污泥是将污泥置于密闭反应器中，在高温、高压条件下通入空气或氧气当氧化剂，按浸没燃烧原理使污泥中有机物氧化分解，将有机物转化为无机物的过程。湿式氧化过程包括水解、裂解和氧化等过程。

污泥湿式氧化的过程实际上非常复杂，主要包括传质和化学反应两个过程，通常认为：湿式氧化反应属于自由基反应，包含了链的引发、链的发展、链的终止三个阶段。

在污泥湿式氧化过程中污泥一部分有机物被氧化转化到污泥上清液，经湿式氧化后，污泥脱水性能极佳，灭菌率高。

在污泥湿式氧化过程中污水厂污泥结构与成分被改变，脱水性能大大提高。城市污水厂剩余污泥通过湿式氧化处理，COD 去除率可达 70%～80%，有机物的 80%～90% 被氧化。湿式氧化与焚烧在技术机制上具相似性，故又称为部分或湿式焚烧。

6.3.3 污泥热解

传统的热化学处理（如焚烧法）通常需加入辅助燃料。污泥热解是指在无氧或低于理论氧气量的条件下，将污泥加热到一定温度（高温：600～1000℃，低温：<600℃），利用温度驱使污泥有机质热裂解和热化学转化反应，使固体物质分解为油、不凝性气体和炭三种可燃物的过程。污泥的最大转化率取决于污泥组成和催化剂的种类，正常产率为 200～300L 油/t 干泥，其性质与柴油相似。部分产物作为前置干燥与热解的能源，其余当能源回收。

由于高温热解耗能大，目前研究重点放在低温热解（热化学转化）上。污泥在低温下转化为水、不凝性气体、油和炭。其中最为引人关注的是污泥低温热解制油技术，它是在催化剂条件下，在较低的温度下使污水污泥中含有的有机成分，如粗蛋白、粗纤维、脂肪及碳水化合物，经过一系列分解、缩合、脱氢、环化等反应转变为一些物质的混合物。热解产物的组成及分布主要由污泥性质决定，但也与热解温度有关。由于现今进行的污泥热解试验多限于试验室规模，因此提出了不同的作用机理。较普遍的看法为：在 300℃ 以下发生的热化学转化反应，主要是污泥中脂肪族化合物的转化，此类化合物沸点较低，其转化形式主要为蒸汽；300℃ 以上蛋白质转化与 390℃ 以上开始的糖类化合物转化，主要转化反应是肽键的断裂，基因转移变性及支链断裂等；含碳物质在 200～450℃ 发生转化，至 450℃ 基本完毕。

与目前常用的污泥焚烧工艺相比，污泥热解的主要优点是操作系统封闭，污泥减容率高，无污染气体排放，几乎所有的重金属颗粒都残留在固体剩余物中，在热解的同时还可实现能量的自给和资源的回收，因而是一种非常有前途的污泥处理方法和资源化技术。

6.3.4 污泥熔融

污泥熔化技术是将污泥进行干燥后，经 1300～1500℃ 的高温处理，完全分解污泥中的有机物质，燃尽其中的有机成分，并使灰分在熔化状态输出炉外，经自然冷却，固化成火山岩状的炉渣。这种炉渣可以作为建筑材料。

污水厂污泥在干燥状态具有 11～19MJ/kg 的发热量。所谓污泥的熔化方法是使脱水滤饼的水分蒸发，变成干燥污泥，再通过特殊结构的熔化炉，使干燥污泥处在高于其熔点温度的炉内燃烧，剩下的不燃物始终保持着熔液状态流出炉外，冷却后生成炉渣。

干燥污泥所需的燃烧热，大部分来自炉内的高温燃烧排气，回收其中的一部分用于脱水滤饼的干燥。

污泥灰分的主要成分是 Si、Al、Fe、P、Ca 和 Mg 等。决定熔点高低的因素是灰分的成分比，尤其重要的指标是称为碱度的 CaO 和 SiO_2 的含量比。

6.4　污泥的生物处理

6.4.1　污泥厌氧消化

1. 厌氧消化原理

厌氧消化是指污泥中的有机物质在无氧条件下被厌氧菌群最终分解为甲烷和二氧化碳的过程。它是目前国际上最常用的污泥处理方法，同时也是大型污水处理厂最为经济的污泥生物处理方法。

厌氧消化过程分为三个阶段：

第一阶段，有机物在水解和发酵细菌的作用下，使碳水化合物、蛋白质与脂肪，经水解与发酵转化为单糖、氨基酸、脂肪酸、甘油及二氧化碳、氢等物质。参加此阶段的微生物有：细菌、原生动物和真菌，统称为水解和发酵细菌。

第二阶段，在产氢产乙酸菌的作用下，把第一阶段的产物转化为氢、二氧化碳和乙酸。参加此阶段的微生物有：产氢产乙酸菌和同型乙酸菌。

第三阶段，通过两组生理上不同的产甲烷菌的作用，将氢和二氧化碳或对乙酸脱羧产生甲烷。参加此阶段的微生物有：产甲烷菌。

其过程如图 6-7 所示：

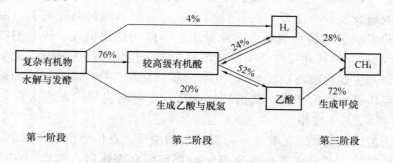

图 6-7　有机物厌氧消化模式图

2. 污泥厌氧消化的影响因素

甲烷发酵阶段为厌氧消化过程的控制步骤，由此可见影响厌氧消化的因素为：

（1）温度

按甲烷菌对温度的适应性，可将其分为中温甲烷菌（适应温度为 30～36℃）和高温甲烷菌（适应温度为 50～53℃）。随两区间的温度上升，消化速度却下降。温度还影响着消化的有机负荷、产气量和消化时间。

（2）生物固体停留时间（污泥龄）与负荷

有机物降解程度是污泥泥龄的函数，而不是进水有机物的函数。消化池的容积设计应按有机负荷、污泥泥龄和消化时间来设计。

（3）搅拌和混合

厌氧消化是由细菌体的内酶和外酶与底物的接触反应，因此必须使两者充分混合。搅拌方法一般有：泵加水射器搅拌法、消化气循环搅拌法和混合搅拌法。

（4）营养和 C/N

微生物的生长所需要的营养物质由污泥提供。相关研究表明 C/N 在（10～20）：1 可保证正常的消化，如果 C/N 过高，氮源不足，pH 值容易下降；如果 C/N 过低，铵盐积累，抑制消化。

（5）氮的守恒和转化

在厌氧消化池中，氮平衡是非常重要的因素，尽管消化系统中的硝酸盐都将被还原成氮气存在于消化气中，但仍存在于系统中，由于细胞的增殖很少，只有很少的氮转化到细胞中去，大部分可生物降解的氮都转化为消化液中的 NH_3，因此消化液中氮的浓度都高于进入消化池的原污泥。

（6）有毒物质

表 6-11 列举了有毒物质对消化菌的影响的毒阈浓度。超过此浓度会强烈抑制消化菌，有的还可杀死微生物。

表 6-11　一些有毒物质的毒阈浓度

物质名称	毒阈浓度 （mmol/L）	物质名称	毒阈浓度 （mmol/L）
碱金属和碱土金属 Ca^{2+}、Mg^{2+}、Na^+、K^+ 重金属 Cu^{2+}、Ni^+、Hg^+、Fe^{2+} H^+ 和 OH^-	$10^{-1}\sim10^4$ $10^{-5}\sim10^{-3}$ $10^{-6}\sim10^{-4}$	胺　类 有机物	$10^{-5}\sim10^0$ $10^{-6}\sim10^0$

3. 厌氧消化的运行方式

消化池的运行方式主要有一级消化、多级消化（常用二级消化）和厌氧接触消化三种。

（1）一级消化

一级消化是指一般消化，常常是将几个同样的消化池并联起来，每个消化池各自单独完成全部的消化过程。其工艺特点为：

① 污泥加热采用新鲜污泥在投配池内预热和消化池内蒸汽直接加热相结合的方法，其中以池内预热为主；

② 消化池搅拌采用沼气循环搅拌方式；

③ 消化池产生的沼气供锅炉燃烧，锅炉产生蒸汽除消化池加热外，并入车间热网供生活用气。

（2）二级消化

由于污泥中温消化有机物分解程度为 45%～55%，消化后不够稳定，并且熟污泥的含水率较新鲜污泥高，增大了后续处理的负荷。为了解决上述问题，可将消化一分为二，污泥在第一消化池中消化到一定程度后，再转入第二消化池，以便利用余热进一步消化有机物，这种运行方式为二级消化。

二级消化过程中，污泥消化在两个池子中完成，其中第一级消化池有集气罩，加热搅拌设备，不排除上清液，消化时间为 7～10d。第二消化池不加热，不搅拌，仅利用余热继续进行消化，消化温度约为 20～26℃。由于第二消化池不搅拌，还可以起到污泥浓缩的作用。二级消化池的总容积大致等于一级消化池的容积，两级各占 1/2，所需加热的热量及搅拌设备、电耗都较省。

（3）厌氧接触消化

由于消化时间受甲烷细菌分解消化速度控制，故如果用回流熟污泥的方法，可以增加消化池中甲烷细菌的数量和停留时间，相对降低挥发物和细菌数的比值，从而加快分解速度，这种运行方式叫做厌氧接触消化。厌氧接触消化系统中设有污泥均衡池、真空脱气器和熟污泥的回流设备。回流量为投配污泥量的 1～3 倍。采用这种方式运行，由于消化池中甲烷菌的数量增加，有机物的分解速度增大，消化时间可以缩短 12～24h。

6.4.2　污泥好氧消化

污泥厌氧消化运行管理要求高，消化池需密闭、池容大、池数多，因此污泥量不大时可采用好氧消化，即在不投加其他底物条件下，对污泥进行较长时间曝气，使污泥中的微生物处于内源呼吸阶段进行自身氧化。但由于好氧消化需投加曝气设备，能耗大，因此多用于小型污水处理厂。

1. 好氧消化原理

污泥好氧消化处于内源呼吸阶段，细胞质反应为：

$$C_5H_7NO_2+7O_2 \longrightarrow 5CO_2+3H_2O+H^++NO_3^-$$

由方程式可以得出，氧化 1kg 细胞质需要约 2kg 氧。处理过程中由于 pH 值降低，因此要调节碱度；池内的溶解氧不能低于 2mg/L，并应使污泥保持悬浮状态，因此必须要有足够的搅拌强度，污泥含水率在 95% 左右，以便搅拌。

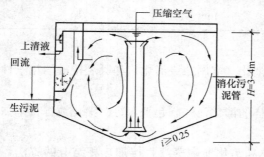

图 6-8　好氧消化池的构造

2. 好氧消化池的构造

好氧消化池的构造与完全混合式活性污泥法曝气池相似，如图 6-8 所示。主要构造包括好氧消化室，进行污泥消化；泥液分离室，使污泥沉淀回流并把上清液排出；消化污泥排除管；曝气系统，由压缩空气管、中心导流筒组成，提供氧气并起搅拌作用。

消化池底坡 i 不小于 0.25，水深决定于鼓风机的风压，一般采用 3～4m。

3. 好氧消化池的设计

（1）以有机负荷 S 为参数计算 V

好氧消化池的设计参数见表 6-12。

计算好氧消化池的容积计算式：

$$V=Q_0X_0/S$$

式中　Q_0——进入好氧消化池生污泥量，m^3/d；

X_0——污泥中原有生物可降解挥发性固体浓度，$g \cdot VSS/L$；

S——有机负荷，$kg \cdot VSS/(m^3 \cdot d)$。

表 6-12　好氧消化池设计参数

序号	设　计　参　数	数　值
1	污泥停留时间（d）	
	活性污泥	10～15
	初沉淀池、初沉污泥与活性污泥混合	15～20
2	有机负荷[kg·VSS/(m³·d)]	0.38～2.24
3	空气需要量[鼓风曝气 m³/(m³·min)]	
	活性污泥	0.02～0.04
	初沉淀池、初沉污泥与活性污泥混合	≥0.06
4	机械曝气所需功率[kW/(m³·池)]	0.02～0.04
5	最低溶解氧（mg/L）	2
6	温度（℃）	>15
7	挥发性固体（VSS）去除率（%）	50 左右

（2）好氧消化空气量的计算

好氧消化所需空气量满足两方面的需要：其一满足细胞物质自身氧化需要，当活性污泥进行好氧消化时，满足自身氧化需气量为 $0.015～0.02\text{m}^3/(\text{min}\cdot\text{m}^3)$，当为初次沉淀污泥与活性污泥混合时，满足自身氧化需气量为 $0.025～0.03\text{m}^3/(\text{min}\cdot\text{m}^3)$；其二是满足搅拌混合需气量，当为活性污泥时，需气量为 $0.02～0.04\text{m}^3/(\text{min}\cdot\text{m}^3)$，当为混合污泥时，需气量为不少于 $0.06\text{m}^3/(\text{min}\cdot\text{m}^3)$。可见，后者大于前者，故在工程设计中，以满足搅拌混合所需空气量计算。

6.4.3　污泥堆肥化

堆肥化是依靠自然界中广泛分布的细菌、放线菌、真菌等微生物，人为地促进可生物降解的有机物向稳定的腐殖质转化的微生物学过程，堆肥化的产物称为堆肥。通过堆肥化处理，可将有机物质转变成有机肥料和土壤调节剂，实现废弃物的资源化转化，且这些堆肥的最终产物已经稳定化，对环境不会造成危害。因此，堆肥化是有机废弃物稳定化、资源化和无害化处理的有效途径之一。

堆肥化过程是 20 世纪才发展起来的科学技术，但原始的堆肥方式很早就出现了，在几个世纪的历史过程中，人们将人粪尿、不能食用的烂菜叶子、动物粪便、废物垃圾等经堆肥化转化为肥料，为土壤提供了大量腐殖质物质和以有机状态存在的营养物质。现代的堆肥化过程是在这种原始的堆肥方式基础上发展而来的，1925 年印度的农艺学家 Albert Howard 提出"印多尔法"，将落叶、垃圾、动物及人的粪尿堆成约 1.5m 高的土堆，隔数月翻堆一至二次，经约 6 个月的厌氧发酵以后，这些有机废弃物便被转化成了肥料。后来，增加翻堆次数，改进成了好氧性发酵，发展成了将各种固体废物与人畜粪肥分层交替堆积的贝盖洛尔法。此后，堆肥方法在印度、德国、英国、美国和非洲等地被得到了广泛的推广应用。

1. 堆肥化原理

根据微生物的生长环境，堆肥可分为好氧堆肥和厌氧堆肥。目前，厌氧堆肥的研究和应用很少，主要是采用好氧方法进行堆肥处理。

好氧堆肥是在有氧的条件下，借好氧微生物（主要是好氧细菌）的作用进行。在堆肥过程中，有机废物中的可溶性有机物质透过微生物的细胞壁和细胞膜而为微生物所吸收；固体的和胶体的有机物先附着在微生物体外，由微生物所分泌的胞外酶分解为可溶性物质，再渗入细胞。微生物通过自身的生命活动——氧化还原和生物合成的过程，把一部分被吸收的有机物氧化成简单的无机物，并放出微生物生长、活动所需要的能量，把另一部分有机物转化合成新的细胞物质，使微生物生长繁殖，产生更多的生物体。

堆肥过程中有机物氧化分解总的关系可用下式表示：

$$C_sH_tN_uO_v \cdot aH_2O + bO_2 \longrightarrow C_wH_xN_yO_z \cdot cH_2O + dH_2O（气）+ eH_2O（液）+ fCO_2 + gNH_3 + 能量$$

通常情况，堆肥产品 $C_wH_xN_yO_z \cdot cH_2O$ 与堆肥原料 $C_sH_tN_uO_v \cdot aH_2O$ 之比为 0.3～0.5，即

$$\frac{C_sH_tN_uO_v \cdot cH_2O}{C_wH_xN_yO_z \cdot aH_2O} = 0.3～0.5$$

一般情况下，w、x、y、z 可取值范围为 $w=5～10$，$x=7～17$，$y=1$，$z=2～8$。

2. 堆肥过程中有机物的氧化和合成的反应过程

（1）有机物的氧化

① 不含氮有机物（$C_xH_yO_z$）的氧化

$$C_xH_yO_z + (x+1/2y-1/2z)O_2 \longrightarrow xCO_2 + 1/2yH_2O + 能量$$

② 含氮有机物（$C_sH_tN_uO_v \cdot aH_2O$）的氧化

$$C_sH_tN_uO_v \cdot aH_2O + bO_2 \longrightarrow C_wH_xN_yO_z \cdot cH_2O + dH_2O（气）+ eH_2O（液）+ fCO_2 + gNH_3 + 能量$$

（2）细胞物质的合成（包括有机物的氧化，并以 NH_3 为氮源）

$$xC_xH_yO_z + NH_3 + (nx+ny/4-nz/2-5x)O_2 \longrightarrow C_5H_7NO_2(细胞质) + (nx-5)CO_2 + 1/2(ny-4)H_2O + 能量$$

（3）细胞物质的氧化

$$C_5H_7NO_2（细胞质）+ 5O_2 \longrightarrow 5CO_2 + 2H_2O + NH_3 + 能量$$

6.5　污泥的最终处置与利用

污泥的最终处置与利用可归纳成图 6-9。

最终处置与利用的主要方法是：作为农肥利用、建筑材料利用、境地与填海造地利用以及排海。从图 6-9 可知，污泥的最终处置与利用，与污泥处理工艺流程的选择有密切关系，因而要通盘考虑。

6.5.1　污泥的农肥利用

我国城市污水处理厂污泥含有的氮、磷、钾等非常丰富，可作为农业肥料，污泥中含有的有机物又可作为土壤改良剂。

污泥作为肥料施用时必须符合：① 满足卫生学要求，即不得含有病菌、寄生虫卵与病毒，故在施用前应对污泥作消毒处理或季节性施用，在传染病流行时停止施用；② 重金属离子，如 Cd、Hg、Pb、Zn 与 Mn 等最易被植物摄取并在根、茎、叶与果实内积累，故污泥所含的金属离子浓度必须符合我国原城乡建设环境保护部制定的《农用污泥中污染物控制

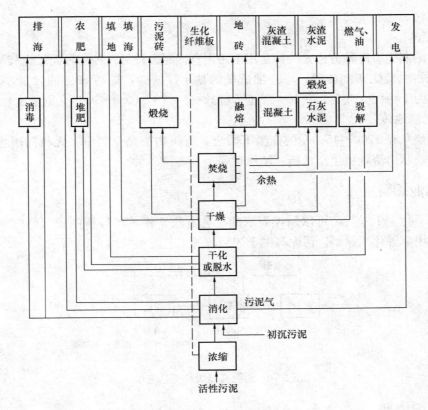

图 6-9 污泥的最终处置与利用略图

标准》（GB 4284—1984）；③ 总氮含量不能太高，氮是作物的主要肥分，但浓度太高会使作物的枝叶疯长而倒伏减产。

6.5.2 污泥堆肥

污泥堆肥一般采用好氧条件下，利用嗜温菌、嗜热菌的作用，分解污泥中有机物质并杀灭传染病菌、寄生虫卵与病毒，提高污泥肥分。

污泥堆肥一般应添加膨胀剂。膨胀剂可用堆熟的污泥、稻草、木屑或城市垃圾等。膨胀剂的作用是增加污泥肥堆的孔隙率，改善通风以及调节污泥含水率与碳氮比。

堆肥方法有污泥单独堆肥、污泥与城市垃圾混合堆肥两种方法。

6.5.3 污泥制造建筑材料

（1）制造生化纤维板

活性污泥中含有丰富的粗蛋白（约含 30%～40%，重量百分数）与球蛋白酶，可溶于水、稀酸、稀碱及中性盐溶液。将干化后的活性污泥，在碱性条件下加热加压、干燥会发生蛋白质的变性，制成活性污泥树脂（又称蛋白胶）。利用污泥的这种特征可以制造出生化纤维板。

（2）制造灰渣水泥

污泥焚烧灰渣水泥，其强度符合美国国家标准 ANSI/ASTM C109-77。污泥焚烧灰也可作为混凝土的细骨料，代替部分水泥与细砂。

（3）制污泥砖和地砖

① 污泥砖

污泥砖的制造有两种方法：一种是用干污泥直接制砖；另一种用污泥焚烧灰制砖。在利用干污泥或污泥焚烧灰制砖时，应添加适量的黏土或硅砂，提高 SiO_2 的含量，然后制砖。一般的配比为干污泥（或焚烧灰）：黏土：硅砂＝1：1：（0.3～0.4）（重量比）为合适。

② 污泥制地砖

污泥焚烧灰在 1200～1500℃ 的高温下煅烧，有机物被完全焚烧，无机物熔化，再经冷却后形成玻璃状熔渣，可生产地砖、釉陶管等。

6.5.4 污泥裂解

污泥经干化、干燥后，可以用煤裂解的工艺方法，将污泥裂解制成可燃气、焦油、苯酚、丙酮、甲醇等化工原料。污泥高温干馏裂解的工艺流程如图 6-10 所示。

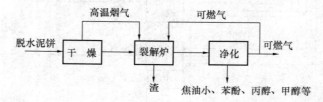

图 6-10 污泥高温裂解工艺流程

6.5.5 污泥填埋

脱水污泥可单独进行土地埋没，也可按污泥与城市有机垃圾混合后土地填埋。

污泥土地卫生填埋技术要求与设计准则：在地下水最高水位与污泥层底部之间的未扰动土层之间要有一定的厚度；该土层的透水性要低（$<10^{-5}$ cm/s）；卫生填埋场与饮用水源之间要有足够的隔离间距。

污泥填埋后对产生的污泥气（沼气）应予以控制。在填埋场靠向建筑物的一面应设隔绝层（墙），使污泥气不致沿水平向渗入建筑物，以免引起火灾和爆炸。要做好卫生填埋场的防渗工程，场底应夯实并铺垫不透水材料层，其上应有排水及集水系统以收集、排走淋沥液，防止污染地下水。淋沥液汲出并排入池塘内贮存，若含有机物浓度太大，应有专门处理设施，符合排放标准则可不经处理径直排放。卫生填埋场的衬底选择及其铺设十分重要，一般选用柔性塑料薄膜、橡胶薄膜、喷涂层、沥青混凝土和土密封层等。

卫生填埋场在设计前应调查当地的地理、水文、土壤情况。污泥填埋后需压实并在其上覆以土层。层层填埋、层层埋土，每层厚 0.6～0.9m。每日工作完毕也应对填埋的污泥覆以厚约 15cm 的土层以防秽气散发，影响周围环境。填埋完成后场上可种树植草以防侵蚀，或建运动场或公园，供公众娱乐运动用。

土地卫生填埋法基本上有三种类型：沟填法（分为狭沟和宽沟）、面埋法（分为大面积和小面积层埋）和筑堤填埋。

6.5.6 污泥填海造地

浅水海滩、海湾处，可用污泥填海造地。填海前应先建围堤。污泥填海造地时，应严格遵守如下要求：

（1）必须建围堤，不得使污泥污染海水，渗水应收集处理；

（2）填海造地的污泥、焚烧灰中，重金属离子的含量应符合填海造地标准。

6.5.7　污泥投海

沿海地区，可考虑把生污泥、消化污泥、脱水泥饼或焚烧灰投海。投海污泥最好是经过消化处理的污泥，投海的方法可用管道输送或船运。前者比较经济，后者的费用约为前者的6 倍。

6.6　污泥处理处置的发展方向

污泥处理处置是城镇污水处理系统的重要组成部分。污泥的"三化"（减量化、无害化、资源化）已成为污泥处理的发展趋势。美国早年已发现污泥"三化"处理处置的重要性，截至 1998 年，美国施用于土地的污泥约为污泥总量 41%，相比之下，只有 17% 是填埋处置，22% 是焚烧处置，在污泥的"三化"处置上起到了良好的示范作用。

1. 减量化

污泥减量化是在 20 世纪 90 年代提出的对剩余污泥处置的新的概念，是在剩余污泥资源化的基础上进一步提出的对剩余污泥处置的要求。城市污水处理厂的污泥减量化就是通过采用过程减量化的方法减少污泥体积，以降低污泥处理及最终处置的费用。从污水厂出来的污泥的体积非常大，这给污泥的后续处理造成困难，要把它变得稳定且方便利用，必须要对其进行减量处理。污泥减量化通常分为质量的减少和过程减量，质量减少的方法主要是通过稳定和焚烧，但由于焚烧所需费用很高且存在烟气污染问题，所以主要适用于难以资源化利用的部分污泥。而污泥体积的减少方法则主要通过污泥浓缩、污泥脱水两个步骤来实现。过程减量可通过超声波技术、臭氧法、膜生物反应器、生物捕食、微生物强化、代谢解偶联及氯化法等方法实现。

2. 无害化

随着社会的发展和人类的进步，人们对生存环境的保护和改善意识不断加强。另外，国家对环境保护政策实施力度不断加强，使全国范围内污水处理率不断提高，各城市纷纷建设污水处理厂，大、中、小型污水处理厂已达几百座，而且还在迅速增加。各污水处理厂都面临着如何处置每天产生的大量剩余污泥的问题。在我国目前尚无妥善的最终处置方法，加之致病菌的超标，传统上用作农肥，不能完全符合卫生标准。因此近年来污水处理厂脱水污泥无适当出路，随意堆放造成二次污染，污泥处置问题已经成为多数污水处理厂急待解决的问题，污泥处置是否妥当已关系到污水处理厂的生存。污泥无害化处理的目的是采用适当的工程技术去除、分解或者"固定"污泥中的有毒、有害物质（如有机有害物质、重金属）及消毒灭菌，使处理后的污泥在污泥最终处置中不会对环境造成冲击和意想不到的污染物在不同介质之间的转移，更具有安全性和可持续性，不会对环境造成危害。

3. 资源化

污泥是一种资源，含有丰富的氮、磷、钾等有机物及热量，其特点和性质决定了污泥的根本出路是资源化。资源化是指在处理污泥的同时，回收其中的氮、磷、钾等有用物质或回收能源，达到变害为利、综合利用、保护环境的目的。资源化是处理处置过程的统一，处理是为了利用，结果决定过程。因此，资源化真正实现了污泥的无害化处理。把资源化放在首位的观点是人类对自然本质的感知。坚持资源化为主的方针，促进循环经济建设，维护区域生态平衡，坚持节俭、安全、环境、资源的方针，选择市场化、产业化的发展道路，以科学、公平、持久的态度对待污泥的处理处置。城市污水处理厂的污泥资源化利用已势在必行并具有很好的市场潜力。污泥资源化的特征是：环境效益高、生产成本低、生产效率高、能耗低。

实现污泥的"三化"处理处置已成为污泥处理的发展趋势，因此为实现国家可持续发展，加快污泥"三化"进程已刻不容缓。

6.7 应用实例

6.7.1 石洞口污水处理厂

石洞口污水处理厂水处理规模 $40 \times 10^4 \, m^3/d$，采用二级加强生物除磷脱氮处理工艺；2004 年建成污泥焚烧系统，污泥采用浓缩、干化、焚烧工艺，具体如图 6-11 所示。污泥处理量为 64tDS/d。

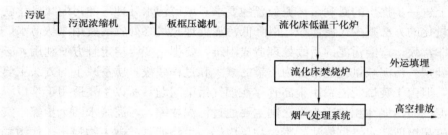

图 6-11 石洞口污水处理厂污泥焚烧工艺流程

污泥干化采用流化床干化法或盘式干化塔法成套系统。主要由湿污泥进料及储存系统，湿污泥输送装置、破碎加料机、流化床干燥器或盘式干化塔、干污泥输送装置、干污泥储存器、混合器、惰性气体循环净化系统以及蒸汽供应、冷凝水回收系统等组成。流化床干燥器水分蒸发能力 9.4t/h，供应蒸汽参数为 1.2MPa 饱和蒸汽 12.8t/h。

污泥采用污泥循环流化床进行焚烧，该装置包括焚烧及余热回收系统、烟气净化排放系统和排渣出灰系统。来自干化装置的污泥，由干化污泥储仓内，经计量泵送至焚烧炉中部，通过加料机加入到炉内，污泥进入炉内后，水分蒸发而发生爆裂，形成污泥碎屑，在流化状态下干燥进而开始燃烧，污泥放出的热量可以促使污泥稳定燃烧。该装置的进料参数为：处理量 213 m^3/d，含水率 70%，低位发热量 14.88MJ/kg。干化后污泥含水率 10%。

该装置主要包括污泥干燥机 1 套、循环流化床焚烧炉 3 台，处理量要求保持在设计能力 50%～100% 范围内正常运转，即 102～213 m^3/d。补充燃料（重油）68.8kg/h，单台燃烧空气量 16223 m^3/h，过量空气系数 1.3，单位烟气量（冷却后）18096 m^3/h，单台焚烧炉出渣量 1.5t/h，燃烧温度 850～900℃，预热空气温度 650℃，最终排烟温度 163℃，除尘器灰渣排量 625kg/h。

　　运行消耗：电耗 731kW，重油 2.3t/d，48%的 NaOH 溶液 98.6kg/h，硅砂 1.5t/d。

6.7.2　浙江萧山污泥干化焚烧工程

　　2006 年 7 月，北京市环境保护科学研究院和浙江环兴机械有限公司在杭州市萧山区临浦工业园区建成了一座处理能力为 60t/d（含水率为 80%）的污泥喷雾干燥—回转窑焚烧工艺的示范工程，采用萧山污水处理厂的脱水污泥，其工艺流程如图 6-12 所示。

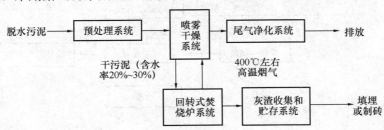

图 6-12　工艺流程

　　脱水污泥经预处理系统处理后，通过高压泵入喷雾干燥塔顶部，经过充分的热交换，污泥得到干化，干化后的含水率为 20%～30%的干燥塔污泥从干燥塔底直接进入回转式焚烧炉焚烧，产生的高温烟气从喷雾干燥系统顶部导入，排出的尾气分别经过旋风分离器、喷淋塔和生物填料除臭喷淋塔处理后，经烟囱排放。

　　污泥焚烧的主要工艺为新型雾化干燥和回转式焚烧炉集成技术，焚烧系统主要分为三个方面：喷雾干燥塔、回转式焚烧炉、烟气处理装置。系统采用负压运行，避免正压运行的弊端。污泥直接经过喷雾干燥塔后含水率瞬间降至 15%～20%，回转式焚烧炉对干燥后的污泥进行焚烧，产生的热量回收利用补充至喷雾干燥塔中所需热量，焚烧后含水率降至 5%～10%，达到灭菌、消毒、除臭、减容的目的；焚烧产生的烟气通过烟气处理装置后排放，没有二次污染；焚烧后的泥残渣，可用于制砖和制水泥，实现资源循环利用。

6.7.3　厦门市城市污泥深度脱水处理和资源化处置利用

　　该厂日处理能力为 10 万 t/d，污水处理采用 A/O 工艺法，污水成分约为 10%工业废水，90%生活污水。该厂共安装一台 600m² 及两台 300m² 高压厢式压滤机。该厂污泥脱水工艺包括污泥浓缩、调质、脱水和后续处置等四个部分。二沉池剩余污泥进入重力浓缩池后，被潜污泵输送至调质池中，均匀搅拌后的污泥通过隔膜泵或螺杆泵注入厢式压滤机，注泥结束压榨后的泥饼，其含水率可稳定在 60%以下，工艺流程如图 6-13 所示。

　　该条生产线经历污泥输送、浓缩、调理和压滤等过程，其中设备主要包括调理剂投加系统和压滤脱水系统，调理剂投加系统主要有三氯化铁投加系统和石灰投加系统；压滤脱水系统包括进泥系统、隔膜压滤系统、吹脱系统和卸料系统，其关键的核心设备为高压隔膜厢式过滤机。进泥系统主要设备为隔膜泵（或螺杆泵）。

　　隔膜压滤系统主要设备为厢式压滤机内的高压隔膜、多级离心泵。高压隔膜的膜材料一般采用进口增强聚丙烯（PP）。

　　吹脱系统包括空气压缩机、储气罐等。卸泥系统包括卸料斗、皮带输送机（或螺旋输送机）。皮带输送机（或螺旋输送机）的转速应尽量缓慢，一般控制在 0.5～1.0m/s。

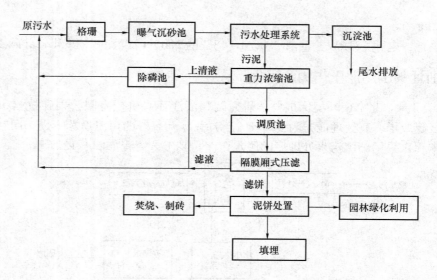

图 6-13　厦门污泥深度脱水工艺流程

浓缩：将含水率99.2%～99.6%的污水厂二沉池剩余污泥，抽升入重力浓缩池，重力浓缩池的有效体积约为2200m³，浓缩时间为8～12h，有效水深为4.5m，浓缩后污泥的含水率为97%～98%，上清液被分离出来回流至污水处理系统。

调理：浓缩污泥先后经过浓度为38%的$FeCl_3$溶液和CaO调质。$FeCl_3$溶液由加药泵投加，使用电磁流量计来计量；CaO由石灰罐中配有的电子称计量后自动投加。按质量百分比来计算，$FeCl_3$的加入量为污泥量的0.5%～0.7%，CaO的加入量为污泥量的1.0%～1.5%，调质后的污泥的含水率一般为94%～95%。

压滤：用气动隔膜泵将调质池中的污泥打进600m²高压隔膜压滤机，进泥最大压力为0.80MPa，进泥时间为2.5～3.0h，每批次进泥量为80～120m³。当进泥压力为0.650MPa时，停止进泥，由位于厢式压滤机中的隔膜进行压滤，压滤时间为8～15min，压力为0.8～1.2MPa，产泥量为10～11t/批次，泥饼含水率为55%～60%。泥饼再放置数天，含水率还会进一步降低。其原因是泥饼中的自由水在重力作用下发生渗透、自然蒸发，由于石灰的放热反应作用，使泥饼的含水率不断下降。同时，随着放置时间的增长，泥饼的pH值也会缓慢下降。脱水后泥饼的含水率和pH值变化见表6-13。

表 6-13　泥饼含水率、pH 值随着时间的变化

时间（d）	1	2	4	6	10	12	15	20
含水率（%）	56.3	52.4	48.8	44.1	38.2	32.1	23.5	14.5
pH 值	12.0	11.8	11.8	11.6	11.3	10.7	10.6	10.0

深度脱水处理污泥减量化效果明显，含水率低，满足与后续污泥处置衔接的要求，填埋时，基本符合垃圾填埋场的准入条件；焚烧时，具有一定的热值；制砖时，砖体达到《烧结普通砖》（GB 5101—2003）MU10 技术要求；园林绿化利用时，基本能满足园林绿化土的准入条件。

第7章 城市污水回用

7.1 城市污水回用概述

7.1.1 我国水资源现状

水是人类生存的基础，是经济发展和社会进步的必要条件。虽然我国水资源总量约28000 亿 m^3，居世界第六位，但我国人口占世界的 21%，人均占有地表水资源 $2700m^3$，仅为世界人口占有量的 1/4，是世界上 13 个缺水国家之一。2000 年地表水资源量 26562 亿 m^3，2000 年总供水量 5531 亿 m^3，其中地表水源供水量占 80.3%，地下水源供水量占 19.3%，其他水源供水量占 0.4%。2000 年总用水量 5498 亿 m^3，人均综合用水量为 $430m^3$，城镇生活用水占 5.2%，万元生产总值用水量为 $610m^3$。同时，国内水资源浪费现象严重，农业用水利用率仅 40%～50%，工业用水重复利用率为 20%～40%，单位产品用水定额往往比发达国家高 10 倍以上。

同时我国淡水资源的分布很不均匀，总体上说是东南多、西北少，长江流域和江南地区拥有全国 70% 的水资源；而淮河以北的近 2/3 的国土，径流量只占全国的 1/6。当前，全国 600 多个城市中有一半的城市缺水，其中 185 个城市严重缺水，每年缺水造成的工业生产损失高达 200 多亿。从我国长远的发展来看，据有关专家分析，当 2050 年我国人口达到 16 亿顶峰、经济发展达到中等发达国家水平时，全国总需水量将达到 8500～9000 亿 m^3/a，其中农业需水量约 4300～4400 亿 m^3/a（不包括农村人、畜用水量），2030～2050 年城乡生活用水量将达到 1200～1500 亿 m^3/a，工业用水即使考虑节水效果仍将达到 2100～2300 亿 m^3/a。对比我国 2050 年需水量与 2000 年总用水量 5498 亿 m^3，以及专家估计的我国最大可持续利用水资源量 10000～11000 亿 m^3/a（可供水量按水资源总量 30%～40% 计算）或 6000 亿 m^3/a（按总量 20% 计算），不难得出我国取水量已接近或者将超过水资源开发的安全极限。因此，不能不说这是一个极其危险的缺水信号，我们有必要合理开发和利用水资源。

此外，我国水资源污染状况也相当严重。据中国环境公报 2002 年统计表明，我国七大水系中辽河、海河水系污染最为严重，劣 Ⅴ 类水体占 60% 以上；淮河干流为 Ⅲ～Ⅴ 类水体，支流及省界河段水质仍然较差；黄河水系总体水质较差，干流水质以 Ⅲ～Ⅳ 类水体为主，支流污染普遍严重；松花江水系以 Ⅲ～Ⅳ 类水体为主；珠江水系水质总体良好，以 Ⅱ 类水体为主；长江干流及主要一级支流水质良好，以 Ⅱ 类水体为主。七大水系污染程度由重到轻依次为：海河、辽河、黄河、淮河、松花江、珠江、长江。十大淡水湖也受到了有机物、氮磷的严重污染，主要湖泊富营养化问题依然突出。滇池草海为重度富营养状态，太湖和巢湖为轻度富营养状态。这些水环境的污染进一步加剧了水资源的短缺。

由上可见，随着经济的增长和社会的发展，人们对水的需求迅速增长，我国在水质、水量两方面都已经出现严重的供求矛盾，缺水已经阻碍和制约着我国国民经济持续发展。对此，除积极开发新的水资源、严格控制水污染及积极开展节水措施之外，城市污水的回用也是缓解水资源紧张的有效措施。

城市污水回用，是指将污水化为水资源予以科学利用。具体地讲，它是将城市污水加以处理再生后回用于可用再生水的地方去，从而把干净的优质原水取代下来，以污代清，节约优质水，使好水得以养息。城市污水回用可以使污水成为工农业生产、城市建设和人民生活等领域的第二水源，不仅仅具有可观的经济效益，同时还有很好的社会、环境效益，是我国实施水资源可持续利用的重要途径。

7.1.2 城市污水回用的紧迫性及可行性

20世纪70年代以来，水资源的开发利用出现了新的问题：（1）水资源出现了短缺，所谓短缺是指相对水资源需求而言，水资源供给不能满足生产生活的需求，导致生产开工不足，饮用发生危机，造成了巨大社会经济损失，逐渐显现出水资源是国民经济持续快速健康发展的"瓶颈"，水资源产业是国民经济基础产业，优先发展它是一种历史的必然的趋势；（2）工农业生产和人民生活过程中排放出大量的污水，它们一方面污染了水源，导致水资源功能下降，使本来就具有的水资源供需矛盾更加尖锐，给经济环境带来极大影响，严重地制约着经济社会的可持续发展；另一方面，为了缓解水资源的供需矛盾和日益严重的水环境恶化的世界性难题，污水处理回用已迫在眉睫。

中水主要是指城市污水或生活污水经处理后达到一定的水质标准、可在一定范围内重复使用的非饮用杂用水，其水质介于上水与下水之间，是水资源有效利用的一种形式。开展中水回用工作，已显现出另开辟水源和减轻水污染的双重功能。

自2000年5月份以来，北方地区百年不遇的大旱，使许多水库河流出现从来没有过的枯干和断流，400多个城市严重缺水，已有150个城市先后开始实行定时限量供水，严重影响了城市的可持续发展。

在城市闹水荒的同时，和城市供水量几乎相等的城市污水却白白流失，既污染了环境，又浪费了水资源。城市污水就近可得，污染比海水轻得多，处理技术已过关且费用不高，作为第二水源要比长距离引水来得实际。污水回用具备缓解城市水荒的能力，国外污水回用很早就已开始，且规模都很大。日本20世纪六、七十年代经济复兴就是靠污水回用解决了水的需求矛盾。美国加州朗朗晴天，降雨量很少，污水回用已被工业和老百姓欣然接受，且是随处可见的事实。

我国的污水回用起步较晚，但近几十年尤其是"六五"计划以来有了长足的发展。"七五"、"八五"、"九五"国家攻关都将城市污水回用列入课题，积累了多年的实践经验并有了一定的科学理论研究成果，取得了污水回用的成套技术成果，所有这些都将为我国城市污水回用提供可用、成熟的技术和工程经验，我国城市污水回用事业在技术上是完全可行的。

城市污水回用采取分区集中回收再用，一方面可以有利于提高城市（包括工业企业）水资源的综合经济效益，其次与目前开发其他水资源相比具有较大的经济优势；另一方面污水回用还可以产生诸多间接经济效益。

7.1.3 城市污水回用现存主要问题及对策

1. 现行城市自来水价格过低

目前水价格过低，使人们对水资源缺乏这一现实认识不够，而且面对近乎同等的水价，人们不理解、不愿主动使用再生水,投资者、房地产商没有积极性建设污水回用、中水工程,从而不利于节水和水资源的有效利用。要摆脱这一现状,必须建立合理的水价体制,制定有利于水资源可持续利用的经济政策,这对缓解水资源的供需矛盾至关重要。

2. 城市污废水的资源化缺乏统一规划

要切实地实行城市污水回用,前期的工作必须落实。然而就目前的情况来看,污废水的收集工作进行得很不规范,没有一个整体的系统性。解决这一问题的关键,就是要严格控制污废水的排放,加强其收集工作,使之系统化,从而形成资源化的统一管理。

3. 污水回用缺乏完善必要的法规

只是一味地提倡使用再生水、中水,却没有一个完善的法规对建设、使用再生水、中水的用户进行严格规定,效果是不明显的。必须研究、制定地方性法规,明确规定必须使用再生水、中水的地区、部门,对有违法规者给予相应的处罚。

4. 研究开发新的技术和设备

污水回用的发展,仅仅有政策是不够的,还必须靠强有力的技术支撑。中水系统得不到广泛应用,其中很重要的一个原因是其初期投资较高,占地面积较大,需专人管理,短期经济效益不明显。因此,为使中水系统得以推广,必须首先加强新技术的开发,加快新产品的研制,以降低中水处理成本。

城市污水再生回用,实现污、废水资源化,既可节省水资源,又可使污水无害化,起到保护环境、防治水污染、缓解水资源不足的重要作用。在致力于优化处理过程,降低处理成本的基础上,学习国内外先进技术与经验,研究解决出现的问题,使污水回用能更大程度上地促进经济与环境的协调发展。随着回用技术的成熟,必将推动我国城市污水资源化研究的进程,实现城市与水资源开发利用的可持续发展。

7.2　城市污水回用的主要用途及水质标准

7.2.1　技术术语

根据《污水再生利用工程设计规范》(GB 50335—2002)、《城市污水再生利用　城市杂用水水质》(GB/T 18920—2002)等,城市污水回用技术主要术语如下。

(1) 污水再生利用(waste water reclamation and reuse, water recycling)

污水再生利用为污水回收、再生和利用的统称,包括污水净化作用、实现水循环的全过程。

(2) 城市污水再生利用

以城市污水为再生水源,经再生工艺净化处理后,达到可用的水质标准,通过管道输送和现场使用的方式予以利用的全过程。

(3) 深度处理(advanced treatment)

进一步去除常规二级处理所不能完全去除的污水中杂质的净化过程。深度处理通常由以下单元技术优化组合而成:混凝、沉淀、澄清、过滤、活性炭吸附、离子交换、反渗透电渗析、氨吹脱、臭氧氧化、消毒等。

(4) 再生水(回用水、回收水、中水)(reclaimed water, recycled water)

一般指污水经一级处理、二级处理和深度处理后供作回用的水。当一级处理或二级处理出水满足特定回用要求并已回用时，一级或二级处理出水也可称为再生水。

（5）再生水厂（water reclamation plant，water recycling plant）

以回用为目的的污水处理厂。常规污水处理厂是以去除污染物质后排放为目的，再生水厂一般包括深度处理或仅深度处理。

（6）二级强化处理（upgraded secondary treatment）

既能去除污水中含碳有机物，也能脱氮除磷的二级处理工艺。

（7）微孔过滤（micro-porous filter）

孔径为 $0.1\sim0.2\mu m$ 的滤膜过滤装置统称，简称微滤（MF）。

7.2.2 污水回用的主要用途

根据进水水质的不同，由城市污水深度处理后的回用水可以有很多不同的用途。回用水的用途十分广泛，基本可以归纳为以下几类。

（1）城市生活用水和市政用水；

（2）工业用水，包括冷却水、工艺用水、锅炉用水和其他一些工业用水；

（3）农业（包括牧渔业）回用；

（4）地下水回灌；

（5）景观、娱乐方面的回用；

（6）其他方面的回用。

回用水按具体回用用途可分为回用于工业用水、回用于农业用水、回用于城市杂用水、回用于环境用水和回用于补充水源水等。《城市污水再生利用分类》（GB/T 18919—2002）中城市污水回用分类见表 7-1。

表 7-1　城市污水回用分类

序号	分类	范围	示例
1	农、林、牧、渔业用水	农田灌溉	种子与育种、粮食与饲料作物、经济作物
		造林育苗	种子、苗木、苗圃、观赏植物
		畜牧养殖	畜牧、家畜、家禽
		水产养殖	淡水养殖
2	城市杂用水	城市绿化	公共绿地、住宅小区绿化
		冲厕	厕所便器冲洗
		道路清扫	城市道路的清洗及喷洒
		车辆清洗	各种车辆清洗
		建筑施工	施工场地清扫、浇洒、灰尘抑制、混凝土制备与养护、施工中的混凝土构件和建筑物冲洗
		消防	消火栓、消防水炮
3	工业用水	冷却用水	直流式、循环式
		洗涤用水	冲渣、冲灰、消烟除尘、清洗
		锅炉用水	中压、低压锅炉
		工艺用水	溶料、水浴、蒸煮、漂洗、水力开采、水力疏松、增湿、稀释、搅拌、选矿、油田回注
		产品用水	浆料、化工制剂、涂料

续表

序号	分类	范围	示例
4	环境用水	娱乐性景观环境用水 观赏性景观环境用水 湿地环境用水	娱乐性景观河道、景观湖泊及水景 观赏性景观河道、景观湖泊及水景 恢复自然湿地、营造人工湿地
5	补充水源水	补充地表水 补充地下水	河流、湖泊 水源补给、防止海水入侵、防止地面沉降

回用水应满足如下要求：

(1) 对人体健康不应产生不良影响。对环境质量、生态维护不应产生不良影响。

(2) 对生产目的回用不应对产品质量产生不良影响。

(3) 水质应符合各类使用规定的水质标准。

(4) 为使用者及公众所接受，使用时没有嗅觉和视觉上的不快感。

(5) 回用系统在技术上是可行的，系统运行可靠，提供的水质水量稳定。

(6) 在经济上是廉价的，在水价上有竞争力。

(7) 加强使用者的安全使用的教育。

7.2.3 城市污水回用水质标准

各类水质标准是确保回用水的使用安全可靠和回用工艺选用的基本依据。为控制污染、确保水的安全使用，国家已制定了一系列相应的水质标准，包括《城市污水再生利用　分类》、《城市污水再生利用　城市杂用水水质》、《城市污水再生利用　景观环境用水水质》(GB/T 18921—2002) 等。

1. 用于城市杂用水水质要求和标准

《城市污水再生利用　城市杂用水水质》(GB/T 18920—2002) 见表 7-2。

表 7-2 城市杂用水质控制指标

序号	项目指标	冲厕、道路清扫、消防	园林绿化	洗车	建筑施工
1	pH	6.5～9.0	6.5～9.0	6.5～9.0	6.5～9.0
2	色度（度）	≤30	≤30	≤30	≤30
3	臭	无不快感觉	无不快感觉	无不快感觉	无不快感觉
4	浊度（NTU）	≤10	≤20	≤5	—
5	悬浮性固体（mg/L）	≤15	≤30	≤15	≤15
6	溶解性固体（mg/L）	≤1000	≤1000	≤1000	
7	BOD_5（mg/L）	≤15	—	≤15	
8	COD_{Cr}（mg/L）	≤50	≤60	≤50	≤60
9	氯化物（mg/L）	≤350	≤350	≤300	≤350
10	阴离子表面活性剂（mg/L）	≤1.0	≤1.0	≤0.5	≤1.0
11	铁（mg/L）	≤0.3	—	≤0.3	≤0.3
12	锰（mg/L）	≤0.1	≤0.1	≤0.1	≤0.1
13	溶解氧（mg/L）	≥1.0	≥1.0	≥1.0	≥1.0
14	游离性余氯（mg/L）	用户端≥0.2	用户端≥0.2	用户端≥0.2	用户端≥0.2
15	总大肠菌群（个/L）	≤100	≤100	≤100	≤1000

2. 回用于景观环境用水水质要求和标准

景观环境回用指经处理再生的城市污水回用于观赏性景观环境用水、娱乐性景观环境用水、湿地环境用水等。与人体接触的娱乐性景观环境用水，不应含有毒、有刺激性物质和病原微生物，通常要求再生水经过滤和充分消毒。过量的氮磷会促使藻类和水生植物繁殖及过分生长，加速湖泊富营养化过程，使水体腐化发臭；对湿地则需要根据具体情况，经评价后，提出相应的水质要求。《城市污水再生利用 景观环境用水水质》（GB/T 18921—2002）见表 7-3。

表 7-3　景观环境用水的再生水水质指标

项目		观赏性景观环境用水	娱乐性景观环境用水
基本要求		无漂浮物，无令人不愉快的嗅觉和味道	
pH		6～9	
5 日生化需氧量（mg/L）	≤	6	6
悬浮物（SS）	≤	10	—
浊度（ntu）	≤	—	5.0
溶解氧（mg/L）	≤	1.5	2.0
总磷（以 P 计，mg/L）	≤	0.5	0.5
总氮（mg/L）	≤	15	
氨氮（以 N 计，mg/L）	≤	5	
粪大肠菌群（个/L）	≤	2000	不得检出
余氯（mg/L）	≥	0.05（接触 30min 后）	
色（度）	≤	30	
石油类（mg/L）	≤	1.0	
阴离子表面活性剂（mg/L）	≤	0.5	

注：若使用未经过除磷脱氮的再生水作为景观用水，鼓励使用本标准的各方在回用地点积极探索通过人工培养具有观赏价值水生植物的方法，使景观水的氮磷满足表中的要求，使再生水中的水生植物有经济合理的出路。

标准说明如下：

（1）再生水利用方式

① 污水再生水厂的水源宜优先选用生活污水或不包含重污染工业废水在内的城市污水。

② 当完全使用再生水时，景观河道类水体的水力停留时间宜在 5d 左右。

③ 完全使用再生水作为景观湖泊类水体，在水温超过 25℃时，其水体静止停留时间不宜超过 3d；而在水温不超过 25℃时，则可适当延长水体静止停留时间，冬季可延长水体静止停留时间至 1 个月左右。

④ 当加设表曝类装置增强睡眠扰动时，可酌情延长河道类水体水力停留时间和湖泊类水体静止停留时间。

⑤ 流动换水方式宜采用低进高出。

⑥ 应充分注意两类水体底泥淤积情况，进行季节性或定期性清淤。

（2）其他规定

① 由再生水组成的两类景观水体中的水生动、植物仅可观赏，不得食用。

② 不应在含有再生水的景观水体中游泳和洗浴。

③ 不应将含有再生水的景观环境用水用于饮用和生活洗涤。

3. 城市污水回用于工业冷却水的水质标准

参照《城市污水回用设计规范 CECS 61：94》（CECS：6194）规定的再生水用作冷却水的建议水质标准，具体见表 7-4。

表 7-4　再生水用作冷却用水的建议水质标准

项目	直流冷却水	循环冷却补充水
pH	6.0～9.0	6.5～9.0
SS（mg/L）	30	—
浊度（度）	—	5
BOD_5（mg/L）	30	10
COD_{Cr}（mg/L）	—	75
铁（mg/L）	—	0.3
锰（mg/L）	—	0.2
氯化物（mg/L）	300	300
总硬度（以 $CaCO_3$ 计 mg/L）	850	450
总碱度（以 $CaCO_3$ 计 mg/L）	500	350

4. 农业回用水水质标准

国内目前还没有专门的农业回用水水质标准，一般可参照《农田灌溉水质标准》（GB 5084—2005）。

《农田灌溉水质标准》（GB 5084—2005）见表 7-5。

表 7-5　农田灌溉用水水质基本控制项目标准值

序号	项目类别		作物种类		
			水作	旱作	蔬菜
1	五日生化需氧量（mg/L）	≤	60	100	40[a]，15[b]
2	化学需氧量（mg/L）	≤	150	200	100[a]，60[b]
3	悬浮物（mg/L）	≤	80	100	60[a]，15[b]
4	阴离子表面活性剂（mg/L）	≤	5	8	5
5	水温（℃）	≤	35		
6	pH		5.5～8.5		
7	全盐量（mg/L）	≤	1000[c]（非盐碱土地区），2000[c]（盐碱土地区）		
8	氧化物（mg/L）	≤	350		
9	硫化物（mg/L）	≤	1		
10	总汞（mg/L）	≤	0.001		
11	镉（mg/L）	≤	0.01		
12	总砷（mg/L）	≤	0.05	0.1	0.05
13	铬（六价）（mg/L）	≤	0.1		
14	铅（mg/L）	≤	0.2		
15	粪大肠菌群数（个/100mL）	≤	4000	4000	2000[a]，1000[b]
16	蛔虫卵数（个/L）	≤	2		2[a]，1[b]

a　加工、烹调及去皮蔬菜；

b　生食类蔬菜、瓜类和草本水果；

c　具有一定的水利灌排设施，能保证一定的排水和地下水径流条件的地区，或有一定淡水资源能满足冲洗土体中盐分的地区，农田灌溉水质全盐量指标可以适当放宽。

说明：本标准适用于全国以地面水、地下水和处理后的城市污水及与城市污水水质相近的工业废水作水源的农田灌溉用水。

本标准不适用医药、生物制品、化学试剂、农药、石油炼制、焦化和有机化工处理后的废水进行灌溉。

7.3 城市污水处理及回用工程实例

7.3.1 常规处理技术

早期的城市污水回用主要用于农业灌溉，由于对水质要求不高，一般就直接将污水厂二级出水加以利用。随着城市污水回用领域的扩大，对回用水的水质也有了不同的要求，并针对不同的用途和要求制定了水质标准，但是这些标准的要求都高于污水处理厂二级出水水质，因此污水回用技术多对二级出水进行深度处理。常用的城市污水回用技术包括传统处理（混凝、沉淀、常规过滤）、生物过滤、生物处理、活性炭吸附、膜分离、消毒、土地处理等。

常规处理是以生物处理为主体，以达到排放标准为目标的现代城市污水处理技术，经过长期的发展，已达到比较成熟的程度。对生物处理工艺的改进和发展，可以提高处理效果，稳定和改善出水水质，有利于后续深度处理的实施，提高回用的可靠性，是城市污水回用技术发展的重要方面之一。

7.3.2 深度处理技术

城市污水回用深度处理基本单元技术有混凝沉淀（气浮）、化学除磷、过滤、消毒等。

对回用水质要求更高时采用的深度处理单元技术有活性炭吸附、臭氧-活性炭、生物炭、脱氨、离子交换、微滤、超滤、纳滤、反渗透、臭氧氧化等。

7.3.3 处理技术的组合与集成

回用水的用途不同，采用的水质标准和处理方法也不同；同样的回用用途，由于原水水质不同，相应的处理工艺和参数也有差异。因此，城市污水再生处理工艺应根据处理规模、再生水水源的水质、再生水用途及当地的实际情况和要求，经全面技术经济比较，将各单元处理技术组合集成为合理可行的工艺流程。在处理技术的组合集成中衡量的主要技术经济指标有再生水处理单位水量投资、电耗和支撑税成本、占地面积、运行可靠性、管理维护难易程度、总体经济效益与社会效益等。

单元处理技术的组合集成是城市污水回用处理技术的重要方面之一，在确定工艺流程的过程中需认真分析、合理组合，也是今后一段时间城市污水回用处理技术研究、实践和发展的重点之一。

实际工程中，应根据每一个回用工程的实际情况确定合适的工艺组合，以工业回用为例，不同的工业回用对象有不同的回用水要求。回用水用作工厂冷却水时，采用的工艺应能降低水中会引起装置结垢的硬度，取出会引起装置腐蚀和生物污垢的氨等污染物，而当回用水用作工艺用水时，则需根据所回用的工艺用水水质要求来确定所采用的处理工艺方法。

表 7-6 是 Glen T. Daigger 博士总结的美国常用的回用用途和相应的处理要求与水平,可供参考。

表 7-6　回用水使用方式和相应的处理方法

回用用途	举例	处理工艺举例
补充给水	非直接饮用水	作为给水源使用之前,要根据其是否经过土壤蓄水层处理以及混合稀释程度来确定处理方法是二级处理还是深度处理方法
工业性回用	包括冷却水的各种生产用水	一般要求是最少经过二级处理,用作冷却水时,还要去除硬度、脱盐以及去除 NH_3-N 以减少生物污垢的产生
非限制接触性回用	非限制接触性城市灌溉、直接使用作物的灌溉、接触性景观水体	二级(生物)处理,过滤(粒状介质或膜)和严格的消毒等
限制性回用	限制接触性城市灌溉和农业灌溉	二级生物处理和适度的消毒
环境修复	维持环境所需的一定流量	至少进行二级生物处理,有时包括去除营养物质,一般情况下进行适度消毒
农业性回用与深加工粮食作物	小麦、玉米及其他食用前需要热加工的作物	至少进行初级处理,但进行储存时常需要经过二级处理以尽量减少臭味,对工业污水要进行有毒物质的控制,适度消毒
农业性回用与非食用作物	牧草、苜蓿及其他动物饲用作物	至少进行初级处理,但进行贮存时常需要经过二级处理以尽量减少臭味,对工业污水要进行有毒物质的控制,适度消毒

7.3.4　应用实例:天津经济技术开发区新水源一厂再生水利用工程

1. 可行性分析

城市污水具有量大、集中,水质相对稳定的特点,是一种潜在的水资源,天津经济技术开发区污水处理厂自建成使用以来,运行情况良好,完全实现了原设计的出水水质要求,为开发区解决污水污染、改善水环境做出了很大贡献,缓解了渤海湾水域污染严重的现状,每日排放的二级生化处理出水,为污水深度处理回用提供了可靠的水源。但是,由于现有二级出水的总含盐量达到 3000~6000mg/L,直接回用的范围受到很大限制,也与开发区目前对回用水客户的需求情况不符合。因此,迫切需要建设将二级出水进行深度处理并达到可满足绿化、景观补充水、地下补充水、地下水回灌、生活杂用水及各种工业用水水质标准的回用工程。

2. 工程建设的目的

天津经济技术开发区新水源一厂污水脱盐示范工程的建设,要达到如下几个方面的目的:

(1)用二级处理的城市污水,生产 1.5 万 t/d 的景观用水、1 万 t/d 的反渗透脱盐水,以缓解开发区用水紧张的局面,每年可节约大量淡水资源,经济、社会及环境效益显著。

(2)在城市污水经处理后找到新的出路的同时,提高水的附加值,为促进全国城市污水回用提供示范样板。

（3）项目的预处理工艺起点高，经过对工程规模的技术经济考核有助于提高我国的反渗透预处理技术水平，通过技术及设备的引进、吸收和消化，为我国实现大规模污水资源化工程提供借鉴。

（4）该项目成功实施后，形成的技术可用于西部开发，淡化西部地区和沿海地区的苦咸水资源。

3. 新水源一厂污水深度处理工艺流程

由于在我国尚无污水脱盐处理的研究成果和工程实践，为达到理想的效果和第一手资料，从 2001 年 1 月 3 日至 2002 年 3 月 8 日，开始进行对污水脱盐深度处理中间试验，经多次反复的试验和论证，确定新水源一厂深度处理工艺流程，如图 7-1 所示。

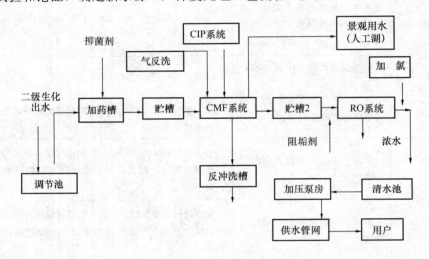

图 7-1　深度处理工艺流程

深度处理工艺采用微滤膜处理净化工艺及 RO 反渗透脱盐工艺。

CMF 连续流微过滤技术是由微滤膜柱、压缩空气系统和反冲洗系统以及 PLC 自控系统等组成，具有如下独特的优点：

① 采用直流式过滤，使处理效果不受进水水质影响。

② 与传统常规方法比，不需投加大量的化学药剂，出水中不含化学残留物，安全环保节省投资。

③ 灵活的模块结构设计有利于对设备的更换和增容。

④ 在线膜完整性测试，在任何时间均能保证出水水质。

⑤ 采用内含故障诊断，运行自动化程度高。

⑥ 系统占地小，无需处理构筑物，仅需一个处理车间，工程造价低，安装费用少。

CMF 处理后，出水一部分排至休闲娱乐区人工湖，另一部分作为需要进一步脱盐处理的水源。

脱盐采用反渗透（RO）技术，将经过 CMF 处理后的水中盐分去除，排入清水池，经水泵加压通过管道供开发区再生水用户使用。

该工艺与传统工艺相比具有工艺流程简洁、结构紧凑、占地面积小、自动化程度高、操作简便，无需投加大量的化学药品，使用专利的自动清洗工艺，运行成本低，代表了目前水处理技术的最新发展方向。

4. 工艺设备及技术参数

（1）进水泵房

进水泵房利用原污水处理厂出水泵房改造而成。出水泵房现设置六台 KSB 潜水排污泵（四用两备），单台设计流量 $Q=290L/s$，扬程 $H=5m$，为满足开发区再生水回用，近期设计流量 $Q=2.9$ 万 t/d，远期设计流量 $Q=6.5$ 万 t/d 并满足后续处理设施扬程的要求，对原出水泵进行了更换，近期更换两台泵，单台设计流量 $Q=376L/s$，扬程 $H=7.5m$，功率 $N=40kW$。

泵房的运转首先满足再生水设计流量，优先启动再生水进水泵，进水泵的运行由 PLC 控制。

（2）调节池

调节池调蓄容量 $V=4833m^3$，调节池有效水深 3m，池长 50m，池宽 32m，共两个。在每个调节池进水管路上设置电磁流量计一台，并设有检修用的电动闸阀。

（3）再生水处理车间

① CMF 微过滤处理设备

为保证近期设计出水量，需选用 10 台 108M10C 型澳大利亚 CMF 处理设备，日产水量 29000m³。

技术参数：

中水温度：15℃；反冲频率：20min；反冲时间：2.5min

碱洗频率：14d；酸洗频率：60d

工艺设备采用压缩空气反冲洗，并间隔一段时间后，分别用酸、碱清洗 CMF 膜，在 CMF 进水前投加抑菌剂，以防止 CMF 膜及 RO 膜滋生微生物。

② 连续微滤膜技术（CMF）原理

连续微滤膜技术（CMF）工艺是在膜的一侧施加一定的压力，使水透过膜，而将大于孔径的悬浮物、细菌、有机污染物等截留的处理工艺。该系统由微过滤柱、压缩空气系统和反冲洗系统以及 PLC 系统等组成。微滤柱的直径为 120mm，高度为 1500mm，内装的中空纤维外径为 550μm，内径为 300μm，壁孔径为 0.2μm，单柱膜表面积为 15m²，20℃时单根微滤膜柱水通量为 1.26m³/h，CMF 系统的操作由控制装置自动控制，水由中空纤维外向膜内渗透，正常工作压力很低，工作范围 30～100kPa，最高达到 200kPa。一般每 30～40min 用压力空气反冲洗一次，反冲时，压缩空气由中空纤维膜内吹向膜外，反冲压力为 600kPa，时间 10～20min。当进水浓度不稳定时，膜污染加重未超过前后设定的压差指标时会自动强制冲洗，以保护膜的寿命。反冲洗水量为进水量的 8%～10%，对于污水经二级处理后的出水作为 CMF 系统进水时，CMF 系统一般工作 10～20d，需化学清洗一次（碱洗或酸洗）。CMF 系统为膜组式设计，易于增容，膜柱中的子膜组可以进行更换、隔离、修补，因此即使膜有损坏也可及时修补，不影响整个系统的正常运行。CMF 微滤膜的正常使用寿命为 5 年。

（4）RO 反渗透处理

① 反渗透处理设备

选用两台 RO 产水设备，RO 产水量每台 5000m³/d，日处理 CMF 出水 13333m³。

② 反渗透技术（RO）原理

反渗透膜选用美国 DOW 化学公司耐污染的反渗透膜,该膜具有较好的脱盐效果和较强的耐污染特性,以保证良好的出水水质和稳定的运行效果。反渗透是以外加压力克服渗透压的一种膜分离技术,整个分离过程不发生相变,从而节能、经济、装置简单、操作方便。本系统采用一级两段式,包括膜分离工艺和膜清洗工艺,在分离过程中,可溶性无机盐被浓缩,当超出溶解浓度时,被截留在膜表面形成硬垢,所以要在进水中添加阻垢剂,并实施进行膜的清洗。

（5）清水池

两座清水池,每座清水池基本尺寸为 30m×20m×4m,总容量为 4500m³。

（6）出水泵房

清水泵 3 台（二用一备）。清水泵采用变频水泵,以减少长期运行的电耗,达到节能的效果。

（7）出水加氯消毒

为满足再生水用户管网末梢对余氯的要求,采用加氯消毒方法,以满足再生水出水指标。

5. 生产规模及水质标准

本示范工程生产规模为:近期经处理后脱盐水 1 万 m³/d,不脱盐水 1.5 万 m³/d,共计 2.5 万 m³/d;远期经处理后脱盐水 4 万 m³/d,不脱盐水 1.5 万 m³/d,共计 5.5 万 m³/d。

本工程进水水质见表 7-7,出水水质见表 7-8。

表 7-7　设计进水水质

序号	项目	单位	水质指标
1	浊度	度	15
2	悬浮性固体 SS	mg/L	30
3	生化需氧量 BOD_5	mg/L	20
4	化学需氧量 COD_{Cr}	mg/L	100
5	氨氮（以 N 计）	mg/L	10
6	总磷（以 P 计）	mg/L	1.0
7	氯化物	mg/L	旱季 1000,雨季 3000
8	全盐量	mg/L	旱季 2000,雨季 6000
9	温度		15~25℃

表 7-8　设计出水水质

序号	项目	单位	水质指标
1	浊度	度	1.5
2	悬浮性固体 SS	mg/L	1.5
3	色度	度	30
4	臭味		无不快感觉
5	pH 值		6.5~9.0
6	生化需氧量 BOD_5	mg/L	5
7	化学需氧量 COD_{Cr}	mg/L	50

续表

序号	项目	单位	水质指标
8	氨氮（以 N 计）	mg/L	10
9	总磷（以 P 计）	mg/L	1.0
10	氯化物	mg/L	20～60
11	全盐量	mg/L	80～240
12	总硬度（以 $CaCO_3$ 计）	mg/L	450
13	阴离子合成洗涤剂	mg/L	1.0
14	铁	mg/L	0.4
15	锰	mg/L	0.1
16	游离余氯	mg/L	管网末端不小于 0.2
17	总大肠菌群	个/L	3

6. 生产运行状况

（1）设备运行工况效果分析

目前 10 台 108M10C 型 CMF 处理设备，2 台 RO 处理设备均已运行正常，自投产以来运转安全平稳，为保证和满足客户对再生水的要求，更好地服务于客户，在厂内进一步地加强了生产运行管理，严格遵守操作程序，强化设备的维护和保养，坚持巡视检查制度，做到有问题早发现、早解决，把设备出现故障的可能性降到最低。同时为确保较高的产水量，按照设备的操作规程及时监控各种技术参数，随时调整，并根据设备运行状况，及时进行设备化学清洗，确保正常的供水。经过逐台逐项的考察，各种设备运转达到了各项技术指标要求，系统运行正常，出水水质稳定。

（2）自控系统的安全性和保障性

为保证再生水生产过程的安全性、可靠性和生产的连续性，提高自动化管理水平，控制系统由 USFilter（中国）公司提供概念设计，采用目前较先进的集散型控制系统，集散型控制系统的特点是将管理层和控制层分开，管理层主要是对全厂整个生产过程进行监视；控制层（SCADA）主要是完成对主要工艺流程的自动监控和对生产过程的工艺参数进行数据采集。

工艺流程中的各检测仪表均为在线式仪表，变送器均带有数字显示装置，并向可编程序控制器（PLC）传送标准模拟数字信号。该系统正式投运以来，及时、稳定、准确地储存和输送了工艺系统中各种技术参数，有效地保证了正常生产运行，同时也体现了该系统的稳定性和实用性。

新水源一厂的污水再生回用工程采用的工艺与传统中水回用处理工艺有所不同，利用了当前国际上普遍采用的先进连续微滤加反渗透工艺，其中微滤工艺可以将水中包括细菌在内的大于 $0.2\mu m$ 的所有杂物去除，而反渗透工艺不仅可实现脱盐处理，还可以将分子量在 150 以上的小分子量有机物和无机物质全部去除。而像"非典"病毒的分子量至少在数万或数 10 万以上大分子量病毒菌，则完全排除在再生水源之外，因此双膜法工艺可以保证去除病毒微生物，包括人们关注的中型尺寸的病毒，即非典冠状病毒。

设有多级完整的保护在线监测报警仪表和装置，其功能除了保证设备安全运行自身保护以外，另一重要功能是水质保证。一旦反渗透出现故障，首先泄漏的为最小原子量物质，例如：氯离子和钠离子；像大分子量物质，例如：非典病毒的穿透绝不可能。经新水源一厂出水水质化验检测，再生水中的平均余氯为 1.00mg/L，而大肠菌群数都均未测出。

所以说无论是从技术角度还是检验结果来看，新水源一厂生产的再生水是非常安全和卫生的，并具有可靠的保障性。

2003 年春天面对突如其来的"非典肆虐"，并且得知香港淘大花园传出"非典"病毒来自下水道感染人群的消息后，人们对污水处理后再生水源产生了极大的恐惧，因此造成了国内一些采用传统工艺生产再生水的单位纷纷停产或将供水管道切换成自来水供水，给中水回用的前景也带来了一些负面的影响。由于新水源一厂技术工艺不同于其他企业，关键在于其设计理念的超前性和工艺设备的可靠性，有效地切断了病毒在再生水源中（包括非典病毒）传播的可能，在突如其来的公共突发事件中经受住了严格的考验，同时也证明了双膜工艺在污水深度处理中应用的科学性和安全保障性。

（3）再生水水质验证及效果分析

几个月来的生产实践，新水源一厂再生水生产设备运行稳定，水厂出水水质见表 7-9。从表 7-9 可知，出厂的再生水质指标符合于天津开发区颁布的再生水水质标准。设计进水水质标准与实际出水水质对照见表 7-10，新水源一厂出水水质与其他标准水质的对比见表 7-11。

表 7-9　开发区反渗透出水水质标准与 RO 实际出水水质参数

序号	标准项目	限值	新水源一厂 RO 实际出水
1	色度	≤15	0
2	嗅	无不快感觉	无
3	浊度，NTU	≤1	0.06
4	H（无量纲）	6.0～8.0	6.32
5	总硬度（以 $CaCO_3$ 计）	≤250mg/L	6.18mg/L
6	氯化物	≤150mg/L	33.03mg/L
7	铁	≤0.3mg/L	未检出
8	锰	≤0.1mg/L	0.051mg/L
9	总溶解固体	≤350mg/L	110.4mg/L
10	硫酸盐	≤5mg/L	3.58mg/L
11	阴离子表面活性剂	≤0.3mg/L	
12	溶解氧	≥1.0mg/L	
13	电导率	≤400μS/cm	129.82
14	石油类	≤0.3mg/L	
15	氨氮（NH_3-N）	≤2.5mg/L	未检出
16	总磷（以 P 计）	≤0.5mg/L	
17	硝酸盐（以 N 计）	≤2.5mg/L	0.26mg/L
18	总有机碳	≤2.0mg/L	
19	COD_{Cr}	≤15mg/L	
20	BOD_5	≤3mg/L	
21	细菌总数	≤100 个/mL	2.25 个/mL
22	游离余氯	管网末端≥0.2mg/L	0.4mg/L
23	总大肠菌群	每 100mL 水样中不得检出	未检出
24	粪大肠菌群	每 100mL 水样中不得检出	未检出

表 7-10　设计进水水质标准与实际出水水质对照（2003 年 3 月 1 日～6 月 1 日）

内容指标 项目	CMF 进水指标		CMF 出水指标		RO 出水指标	
	设计指标	实际指标	设计指标	实际指标	设计指标	实际指标
BOD_5（mg/L）	≤30		≤10			
COD_{Cr}（mg/L）	≤120	68	≤50	49		
SDI（mg/L）	≤10		≤3			
总溶解固体（mg/L）	≤2000～5500	2321	≤2000～5500	2321	≤320 （去除率≥94%）	132
TOC（mg/L）					≤1	
电导率（μS/cm）		4280		4213		67
氯化物（mg/L）	1000～3200	1238	1000～3200	1233	≤160 （去除率≥94%）	38
氟化物（mg/L）	≤4	2.84	≤4	2.82	≤0.05	≤0.08
浊度，NTU	≤25	1.8	≤1.0	0.2	≤0.1	0.1
硫酸盐（mg/L）	≤90	266	≤90	256	≤5	未检出
硝酸盐（mg/L）	≤10	9.55	≤10	9.27	≤0.5	0.26
总硬度（mg/L）					≤250	
钙（mg/L）	≤270	262	≤270	256	≤15	0.211
钠（mg/L）	650～2100	647	650～2100	632	≤120	4.35
铁（mg/L）	≤0.15	0.11	≤0.15	0.07	≤0.1	未检出
大肠菌群	≤300 万个/L	310 万个/L	99.999% 去除率	6800 个/L	不可测出	未检出

表 7-11　新水源一厂出水水质与其他标准水质的对比

分析项目	单位	出水水质	US-EPA	WHO	中国标准
色度	度	0	15	15	≤15
浊度	ntu	0.27	≤5	≤5	≤3
嗅味	—	无异味	无异味	无异味	无异味
氯离子	mg/L	22.33	250	250	250
铁	mg/L	—	0.3	0.3	0.3
余氯	mg/L	1.05	—	—	≥0.3
总大肠菌群	个/mL	0	0	0	3
电导率	μS/cm	93.26	—	—	—
总有机碳	mg/L	—	—	—	—
硝酸盐氮	mg/L	—	44.3	50	1
硫酸盐	mg/L	—	250	250	250
细菌总数	个/mL	0	0	0	100
溶解性总固体	mg/L	109.75	500	1000	1000

通过数据的比较分析，经"双膜法"处理的再生水出水水质较好于各方面所颁布的标准，因此，可以广泛地回用于工业纯水制造、工业冷却水、工业工艺、园林绿化以及市政生活杂用水。

7. 生产成本验证

（1）处理成本预测

预测结果见表 7-12。

表 7-12　处理成本预测结果

产水量	成本价格
近期（RO）1.0 万 t	生产成本：2.48 元/t
中期（RO）1.0 万 t	生产成本：1.99 元/t
远期（RO）3.0 万 t	生产成本：1.77 元/t
近期（CMF）1.3 万 t	生产成本：—
中期（CMF）3.0 万 t	生产成本：0.626 元/t
远期（CMF）3.5 万 t	生产成本：0.532 元/t

（2）实际生产的处理成本

以 2003 年 5 月 26 日至 6 月 25 日生产水量为基数核算，平均日产水量（RO）为 5275.5t/d；RO：5275.5t/d，成本：3.3 元/t（含 CMF 成本）；CMF：11255.9t/d，成本：0.706 元/t。

8. 主要结论

① 新水源一厂"双膜法"工艺的建成，在我国第一次完全打破了传统模式的污水深度处理工艺，为污水深度处理工艺提供了新的理念和创新，其关键技术的应用大幅度地提高了再生水的品质，具有一定的超前性和先进性。

② 新水源一厂"双膜法"工艺从设计、工艺设备选型到生产运行和管网供水均达到了预期的效果，取得了很大的成功。

③ 连续微过滤（CMF）与反渗透（RO）优化组合，工艺运行稳定，整体性安全卫生可靠，自动化程度高，结合本地区的特点具有一定的实效性和可操作性。为国内再生水企业的发展起到了很好的示范作用，为再生水今后的发展方向奠定了基础。

④ 经连续微过滤（CMF）与反渗透（RO）优化组合系统处理的再生水质，品质优良，水中各项指标全部符合并优于开发区规定的再生水水质标准。

⑤ 连续微过滤设备装置简单，占地少，处理效率和自动化程度高。对水中浊度、悬浮性固体、细菌总数等指标去除效果明显，充分保证了后续反渗透系统的正常运行，这是传统常规反渗透预处理工艺无法达到的。

⑥ 连续微过滤与反渗透组合系统的设备投资和运行费用并不高，特别是在严重缺水的华北地区及东北地区在经济上是可行的，因而是一种高效经济的污水再生处理系统，对我国污水深度处理方法和工艺技术的研究产生了深远的影响。

⑦ 在再生水利用方面带动了区域性水资源综合利用的规划和方案，建立了包括再生水厂出水水质标准、政府补贴水价在内的配套体系法规和标准，为污水资源化工作进入规范管理和健康发展提供了经验。

⑧ 在我国第一次将再生水应用到工业高级用户，扩展了回用途径，彻底改变了传统的

回用水只能应用于厕所、园林绿化的概念，使再生水真正地发挥其应有的使用价值，在循环经济可持续发展中发挥作用。

⑨ 双膜法再生水处理工艺不仅在技术上处于领先水平，运行成本也是可接受的（万吨级规模时实际生产成本 2.27 元/t），对于我国大部分地区，特别是缺水地区具有重要的示范和借鉴意义。

⑩ 更新运行管理模式，实现资源共享，建立成本和效益优势。

第8章 中水回用

8.1 中水回用概况

"中水"起名于日本。它的定义有多种解释，在污水治理工程方面称为"再生水"，工厂方面称为"回用水"，一般以水质作为区分的标志。中水主要是指城市污水或生活污水经处理后达到一定的水质标准，可在一定范围内重复使用的非饮用水，因其水质介于清洁水（上水）与排入管道内污水（下水）之间，故名为"中水"。

中水回用技术在国外早已应用于实践。美国、日本、以色列等国，厕所冲洗、园林和农田灌溉、道路保洁、洗车、城市喷泉、冷却设备补充用水等，都大量地使用中水。中水回用最典型的代表是日本。日本自20世纪60年代起就开始使用中水，至今已有50余年，较大的办公楼或者公寓大厦都有就地废水处理设备，主要用作厕所冲洗。福冈市和东京市都有规定：新建筑面积在30000m² 以上，或可回用水量在100m³/d 以上，都必须建造中水回用设施。

我国是水资源短缺的国家，全国669个城市中，400个城市常年供水不足，其中有110个城市严重缺水，日缺水量达1600万 m³，年缺水量60亿 m³，由于缺水，每年至少造成工业产值损失2000亿元。同时由于水资源优化配置不到位，优水低用，忽视污水再生利用，造成了水资源的极大浪费。据统计，我国工业万元产值用水量平均为1000m³，是发达国家的10~20倍；我国水重复利用率平均为40%左右，而发达国家平均为75%~85%。面对如此严峻的形势，要保证经济和社会的持续健康发展，保证水资源的可持续利用，中水回用势在必行。

国内外的实践经验表明，城市污水的再生利用是开源节流、减轻水体污染、改善生态环境、解决城市缺水的有效途径之一，不仅技术可行，而且经济合理。

8.1.1 发展中水利用的意义

中水利用可以节省水资源，提高水资源的综合利用率，缓解城市缺水问题，保护环境，防治污染，利于社会、经济的可持续发展。

（1）中水利用可以有效地保护水源，减少清水的取用量。在生产、生活中并非所有用水或用水场所都需要优质水，有些用水只需满足一定水质要求即可。生产、生活用水中约有40%的水是与人们生活紧密接触的，如饮用、烹饪、洗浴等，这些方面对水质要求很高，必须用清洁水；还有多达60%的水是用在工业、农业灌溉、环卫、冲洗地面和绿化等方面，这部分对水质要求不高，可用中水替代清洁水。以中水替代这部分清洁水所节省的水资源量是相当可观的。

（2）中水利用有利于水资源的综合利用，提高经济效益。解决水缺乏问题有几种方案：

跨流域调水、海水淡化、中水利用。利用中水所需的投资及年运行费用远低于长距离引水、海水淡化所需投资和费用。目前城市污水二级处理形成 40 亿 m³ 水源的投资大约在 100 亿元左右，而形成同样规模的长距离引水，则需 600 亿元左右，海水淡化则需 1000 亿元左右，可见中水回用在经济上具有明显优势。另外，城市中水利用所收取的水费可以使污水处理获得有力的财政支持，使水污染防治得到可靠的经济保障。

（3）中水利用可缓解城市缺水问题。我国城市污水年排放量已经达到 414 亿 m³，全国污水回用率如果平均达到 10％，年回用量可达 40 亿 m³，是正常年份年缺水 60 亿 m³ 的 67％。通过污水回用，可解决全国城市缺水量的一多半，回用规模、回用潜力之大，足可以缓解一大批缺水城市的供水紧张状况。

（4）中水利用是保护环境、防治水污染的主要途径。大量的城市污水和工业废水未经处理即排入水体，造成环境污染产生种种间接危害。世界上的一些国家，特别是发展中国家的污水灌溉工程的规模虽大，但以往污水多未经或只简单处理即予回用，且直接灌溉粮食、蔬菜作物，造成农作物和土壤的严重污染。中水利用系统运行后，大量城市污水经处理后，应用到农业灌溉、保洁、洗车、冲厕、绿化等方面，不仅减少了污水排放量，减轻了水体污染，而且降低了对农作物、土壤的污染。

8.1.2　我国中水利用情况

我国中水利用起步较晚，1985 年北京市环境保护科学研究所在所内建成了第一项中水工程。此后，我国天津、大连、青岛、济南、深圳、西安等缺水的大城市相继开展了污水回用的试验研究，有些城市已经建成或拟建一批中水回用项目。

北京是我国中水回用发展较快的城市，现已拥有中水处理能力 7000m³/d，还将新建 10 座中水设施，中水日处理量将增加 3300m³，达到 10300m³；年处理能力将增加 100 万 m³，达到 350 万 m³。

大连是我国严重缺水城市之一，目前大连市日供水量仅为 77.5 万 m³，而该城市 1850 万 m² 的公共绿地每天浇灌一次就需要用水 33.5 万 m³。从 2002 年起大连市用经过三级处理的污水进行绿地灌溉，该水符合 Ⅱ 级水指标，而该水 1m³ 成本为 0.8 元，比用地下水灌溉节省 0.2 元左右，据初步估算，使用这种经过处理过的污水进行 1850 万 m² 公共绿地的灌溉，每天节约成本 8 万元。

青岛市海泊河污水处理厂的中水回用试点项目已经启动。通过该项目，还将逐步开发青岛市另外 3 个污水处理厂的中水回用项目，并对青岛的中水管网进行总体规划，使青岛的中水供水能力由目前的日供 4 万 m³ 逐步达到日供 20 万 m³，通过管网广泛回用于景观用水、城市绿化、道路清洁、汽车冲洗、居民冲厕及施工用水、企业设备冷却用水等领域，以缓解青岛城市用水供需矛盾。

济南市位居全国 40 个严重缺水城市之列，水资源形势非常严峻，已影响到城市经济、城建、生活等各个方面。为了解决缺水问题，济南市于 1988 年开始中水工程建设试点工作，先后建设了南郊宾馆、玉泉森信、济南机场、将军集团等一批中水示范项目。目前，已建成并投入使用的中水工程单位有 20 余家，日处理能力达到 1 万 m³。南郊宾馆中水工程是 1991 年投入使用的，每年节省水费 30 多万元，现已完全收回了投资成本并有超额节支。玉泉森信是济南首家主体工程与中水工程同时设计、施工、使用的项目。中水工程有效地降低了酒店的用水量，目前酒店每季度用水量仅为 3 万 m³ 左右，不到同等规模酒店用水量的 40％。

仅使用中水，玉泉森信每月便可节省开支 2 万多元，一年便节省 25 万多元。

这些实践表明，城市中水回用利益巨大。我国其他一些城市，如天津、石家庄也在尝试利用中水清洗汽车或建立建筑小区的中水系统。尽管试点单位尝到了中水带来的甜头，但因种种原因，中水项目在我国一直没有得到大面积推广，中水利用的范围及规模普遍发展缓慢。

8.1.3 中水回用水质要求

中水水质必须满足以下条件：

（1）满足卫生要求，其指标主要有大肠菌群数、细菌数、余氯量、悬浮物、COD、BOD_5 等。

（2）满足人们感观要求，无不快感觉，其衡量指标主要有浊度、色度、臭味等。

（3）满足设备构造方面的要求，即水质不易引起设备管道的严重腐蚀和结垢，其衡量指标有 pH 值、硬度、蒸发残渣、溶解性物质等。近年来，我国对中水研究越来越深入，为保证中水作为生活杂用水的安全可靠和合理利用，颁布了《城市污水再生利用　城市杂用水水质》标准（GB/T 18920—2002），见表 8-1。

表 8-1　城市杂用水水质标准

序号	项　目		冲厕	道路清扫、消防	城市绿化	车辆冲洗	建筑施工
1	pH		6.0～9.0				
2	色（度）	≤	30				
3	嗅		无不快感				
4	浊度（NTU）	≤	5	10	10	5	20
5	溶解性总固体（mg/L）	≤	1500	1500	1000	1000	—
6	五日生化需氧量（BOD_5）（mg/L）	≤	10	15	20	10	15
7	氨氮（mg/L）	≤	10	10	20	10	20
8	阴离子表面活性剂（mg/L）	≤	1.0	1.0	1.0	0.5	1.0
9	铁（mg/L）	≤	0.3	—	—	0.3	—
10	锰（mg/L）	≤	0.1	—	—	0.1	—
11	溶解氧（mg/L）	≥	1.0				
12	总余氯（mg/L）		接触30min后≥1.0，管网末端≥0.2				
13	总大肠菌群（个/L）	≤	3				

8.2　中水回用技术和工艺

8.2.1 中水回用技术概述

中水因用途不同有两种处理方式：一种是将其处理到饮用水的标准而直接回用到日常生活中，即实现水资源直接循环利用，这种处理方式适用于水资源极度缺乏的地区，但投资高、工艺复杂；另一种是将其处理到非饮用水的标准，主要用于不与人体直接接触的用水，例如便器的冲洗，地面、汽车清洗，绿化浇洒以及消防等，这是通常的中水处理方式。用于水景、空调冷却等用途的中水水质标准还应有所提高。

废水处理的任务是采用必要的处理方法与处理流程使污染物去除或回收，使废水得到净化。废水处理方法很多，按其作用原理可分为物理法、化学法、物理化学法、生物法 4 类。

物理法是利用物理作用分离废水中主要悬浮状态的污染物质，在处理工程中不改变物质的化学性质，如沉淀法、筛滤法、气浮法、隔油法、离心分离法等。

化学法是利用化学反应来分离或回收废水中的污染物质，或转化为无害的物质，如混凝法、中和法、氧化还原法等。

物理化学法是通过物理和化学的综合作用使废水得到净化的方法，如吸附、萃取、离子交换、膜分离、微波法等。

生物法是利用微生物的作用来去除废水溶解的和胶体状态的有机物的方法。生物法可分为好氧生物处理和厌氧生物处理两大类。包括活性污泥法、生物膜法、接触氧化法、厌氧好氧交替法、吸附再生法、间歇式活性污泥法、氧化沟工艺、生物滤池、生物转盘等。自从 1914 年在英国曼彻斯特建成活性污泥试验厂以来，生物技术用于污水处理方面已有近 100 多年的历史，随着在工业生产上的广泛应用和技术上的不断革新改进，出现了多种能够适应各种条件的工艺流程，因此生物技术不仅用于污水的二级处理，而且也用于污水的深度处理。20 世纪 70 年代，美国科学家谢弗（Sheaffer）发展了一种污水纯化后重复利用的技术，称之为谢弗污水再生和回用系统（Waste Water Reclamation and Recycle System），简称 WWRR 系统。该系统的主体是深度曝气池，分为上、中、下三层，属于氧化塘处理法类型，它具有费用低、污泥量少、水资源可有效利用的优点；但是，它仅适用于中小规模的污水处理系统。

自 20 世纪 80 年代后期，我国也先后在上海、广州建成了以生物脱氮除磷为主的城市污水处理厂，其出水经过消毒后可部分达到市政杂用水水质的要求。例如广州大坦沙污水处理厂，其工艺为 A^2/O 工艺，它由厌氧池、缺氧池、好氧池串联组成，有机污染物以及营养元素在三个生物池中得到降解和消除，再经过最后的消毒处理可达到中水水质的标准。采用此工艺不但可部分回用，也彻底消除了水体富营养化的隐患，是目前城市污水处理工艺中比较有效，而又切实可行的工艺。但是，它存在着管理要求较高的问题，如果管理不善，出水水质会趋向恶化，这就要求在设计上和运行管理上提高水平。最近科研工作者提出了地下渗滤中水回用技术。它的工作原理是：在渗滤区内，污水首先在重力作用下由布水管进入散水管，再通过散水管上的孔隙扩散到上部的砾石滤料中；然后进一步通过土壤的毛细作用扩散到砾石滤料上部的特殊土壤环境中。

特殊土壤是采用一定材料配比制成的生物载体，其中含有大量具有氧化分解有机物能力的好氧和厌氧微生物。污水中的有机物在特殊土壤中被吸附、凝集并在土壤微生物的作用下得到降解；同时，污水中的氮、磷、钾等作为植物生长所需的营养物质被地表植物伸入土壤中的根系吸收利用。经过土壤和土壤微生物的吸附降解作用，以及土壤的渗滤作用，最终使进入渗滤系统的污水得到有效的净化。整个工艺流程由 4 部分组成：

（1）污水收集和预处理系统：由污水集水管网、污水集水池、格栅和沉淀池等组成。

（2）地下渗滤系统：由配水井、配水槽、配水管网、布水管网、散水管网、集水管网及渗滤集水池组成。

（3）过滤及消毒系统：根据所需目标水质选择一定形式的过滤器、提升设备及加氯设备。

（4）中水供水系统：由中水贮水池、中水管网及根据用户所需的供水形式选择的配套加压设备组成。

它具有无需曝气系统、无需加药系统、无污泥回流系统、无剩余污泥产生的优点，所以其运行费用低，操作管理方便。经过处理后的水质在没有特别要求下，只需经过消毒即可达到冲洗厕所、浇花、景观用水、洗车等用水水质的要求。但是，其处理的规模不宜过大。

废水污染物多种多样，只用一种处理方法往往不能把所有的污染物全部除去，而是需要通过几种方法组成的处理系统或处理流程，才能达到处理要求的程度。

中水处理技术的目的是通过必要的水处理方法去除水中的杂质，使之符合中水回用水质标准。处理的方法应根据中水的水源和用水对象对水质的要求确定。在处理过程中，有的方法除了具有某一特定的处理效果外，往往也直接或间接地兼有其他处理效果。为了达到某一目的，往往是几种方法结合使用。

8.2.2　中水回用工艺

1. 常规工艺

一般来讲，中水处理流程因原水水质的不同而可分为如下几种：

① 流程 1：以物化处理为主，适用于 Ⅰ、Ⅱ 类污水：

原水→格栅→调节池→混凝处理或气浮→过滤→消毒→中水；

② 流程 2：以生化处理为主，适用于 Ⅰ、Ⅱ 类污水：

原水→格栅→调节池→一段生物处理→沉淀→过滤→消毒→中水；

③ 流程 3：二段生化处理，适用于 Ⅱ、Ⅲ 类污水：

原水→格栅→调节池→一段生物处理→沉淀→二段生物处理→沉淀→过滤→消毒→中水；

④ 流程 4：物化＋生化处理，适用于 Ⅲ、Ⅳ 类污水：

原水→格栅→调节池→混凝或气浮→沉淀→生物处理→沉淀→过滤→消毒→中水。

在实际应用中，需根据原水水质的情况选择合适的处理工艺路线，设计经济合理的中水回用处理系统。

2. 中水回用新工艺

（1）MBR 工艺

膜—生物反应器工艺（MBR，Membrane Biological Reactor）是将生物处理与膜分离技术相结合而成的一种高效污水处理新工艺，近年来已经被逐步应用于城市污水和工业废水的处理，在中水回用处理中也得到了越来越广泛的应用。其优点是出水水质良好，不会产生卫生问题，感官性状佳，同时处理流程简单、占地少、运行稳定、易于管理且适应性强。

由于 MBR 工艺具备的独特优势，自 20 世纪 80 年代以来在日本等国得到了广泛应用。目前，日本已有近 100 处高楼的中水回用系统采用 MBR 处理工艺。在我国，应用此技术进行废水资源化的研究始于 1993 年，目前在中水回用的研究领域中取得了阶段性研究成果。日本某公司对 MBR 工艺的污水处理效果进行了全面研究，结果表明活性污泥—平板膜组合工艺不仅可以高效去除 BOD_5 和 COD_{Cr}，且出水中不含细菌，可直接作为中水回用。表 8-2 为日本某大楼的活性污泥—平板膜 MBR 组合工艺的设计参数。

表 8-2　日本某活性污泥—平板膜 MBR 组合工艺的设计参数

项　目	设计参数	项　目	设计参数
膜材料	聚丙烯腈	MLSS（mg/L）	6000～10000
截留分子量	20000	HRT（h）	1.5
操作压力（MPa）	1.96～2.94	负荷 [kg/(kg·d)]	0.2～0.3
膜面流速（m/s）	2～2.5	BOD$_5$ 去除率（%）	95～99

（2）CASS 工艺

CASS（Cyclic Activated Sludge System）是在 SBR 的基础上发展起来的，即在 SBR 的进水端增加了一个生物选择器，实现了连续进水、间歇排水。生物选择器的设置，可以有效地抑制丝状菌的生长和繁殖，克服污泥膨胀，提高系统的运行稳定性。CASS 工艺对污染物质降解是一个时间上的推流过程，集反应、沉淀、排水于一体，是一个好氧—缺氧—厌氧交替运行的过程，具有一定的脱氮除磷效果。与传统的活性污泥法相比，CASS 工艺具有建设费用低，运行费用省，有机物去除率高、出水水质好，管理简单、运行可靠，污泥产量低、性质稳定等优点。CASS 工艺的设计参数包括：污泥负荷为 0.1～0.2kg BOD$_5$/（kg MLSS·d），污泥龄为 15～30d，水力停留时间为 12h，工作周期为 4h，其中曝气 2.5h，沉淀 0.75h，排水 0.5～0.75h。已有研究和工程实例表明，采用 CASS 工艺处理的中水水质稳定，优于一般传统生物处理工艺，其出水接近我国规定的相应标准。在高浓度污水的处理回用中其优越性越加明显。在多个工程应用基础上推出的 CASS＋膜过滤工艺，已经应用于装备指挥学院污水处理及回用（2000m³/d）、总参某部污水处理及回用（3000m³/d）和中华人民共和国济南海关污水处理及回用（100m³/d）等工程，取得了良好的社会效益和经济效益，为污水处理和回用提供了新的工艺。

8.3　中水回用工程实例

8.3.1　大化集团中水回用工程方案设计

大化集团是大连市用水大户，集团正常用水指标为：冬季 38160t/d，其他季节 34660t/d。近年来，集团十分重视节水工作，使实际用水量一降再降。目前用水指标为：22714t/d，实际压缩了 34.5%。要继续压缩用水指标，必须考虑中水回用问题。

1. 中水处理工艺

（1）水量及水质

中水回用处理站源水来自大连市春柳河污水处理厂二级出水，处理能力为 6000t/d。采用二级处理，处理后的中水绝大部分用于合成氨厂循环冷却水补水（5000t/d），其他用于化工生产和绿化（1000t/d）。污水处理厂二级出水，即中水处理站的进水水质指标见表 8-3。

（2）工艺流程

鉴于上述水质特点，其主要处理对象是总碱度、总固体物、氯离子及 COD 等，其处理工艺流程如图 8-1 所示。

一级处理工艺采用 CASS 工艺方式，在预反应区内，有一个高负荷生物吸附过程，随后在主反应区经历一个低负荷的基质降解过程。CASS工艺集反应、沉淀、排水为一体,微生物处于好氧-缺氧-厌氧周期性变化之中,有较好的脱氮、除磷功能。考虑到污水有机物含量低,在池中投加弹性填料给微生物提供栖身之地。

表 8-3 进水水质指标

分析项目	污水厂二级出水	一级出水	二级出水
pH	6.5~8.5	6.5~8.5	6.5~8
浊度(度)	50	5	5
总固体(mg/L)	1200	1000	150
总硬度(以 $CaCO_3$ 计)(mg/L)	500		
总碱度(以 $CaCO_3$ 计)(mg/L)	500		
氯离子(mg/L)	300		
COD_{Cr}(mg/L)	120		
BOD_5(mg/L)	40		
氨氮(mg/L)	30		
总磷(mg/L)	3		
石油类(mg/L)	10		
总铁(mg/L)	2		
悬浮物(mg/L)	50		
异氧菌总数(mg/L)	5×10^5		

注:一级出水用于化工生产和绿化,二级出水用于循环冷却水补水。

合成氨厂工艺设备是引进德国林德公司的成套设备,循环冷却水系统的水质要求较高,源水经一级处理后,其水质与循环冷却水补水水质要求相差较大,特别是 Cl^- 含量较高,Cl^- 的去除在工业化中一般不能采用化学沉淀方法和转换气态等办法,只能采用膜法处理。为此,二级处理工艺选用了 RO 反渗透装置,该工艺采用膜法脱盐,集团选用了进口复合膜,该膜既具备了复合膜的低压、高通量、高脱盐率等优点,同时又克服了传统的复合膜表面带负电。因此,该膜又具备了耐污染性的特殊优点。

2. 主要处理构筑物及工艺设备

(1)主要处理构筑物

① CASS 生化反应池:外型尺寸为:21m×10m×6m,钢混凝土结构,有效容积 1200m³,有效水深约 5.5m,停留时间 4.8h。

② 复配混凝池:外型尺寸为:6m×2.5m×4m,钢混凝土结构,内做防腐,有效容积 104m³,分为 3 格。停留时间 10min。

③ 平流式沉淀池:外型尺寸为:24m×7m×4m,钢混凝土结构,有效容积 500m³,停留时间 2h。

④ 溶盐池:钢结构,12m×5.5m×2.5m,总有效容积 160m³。

⑤ 污泥池:钢结构,4m×4m×3.5m,有效容积 48m³。该池设在污泥脱水机房。

⑥ 污泥脱水机房:砖混结构,面积 200m²。

⑦ 清水提升泵房:砖混结构,面积 260m²。

⑧ 综合厂房:砖混结构,包括二氧化氯发生器、加药系统、鼓风机、污水提升泵、吸

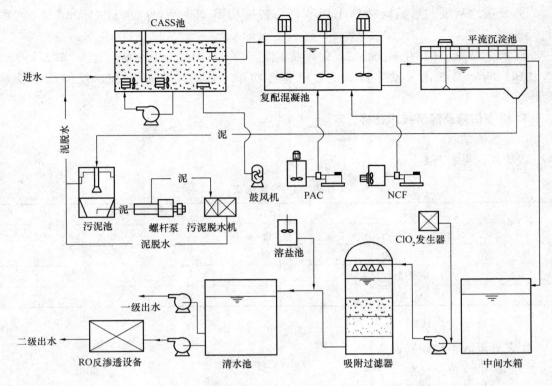

图 8-1　中水回用工艺流程

附罐的再生系统及值班控制室。

⑨ 吸附过滤厂房：砖混结构，面积为 $280m^2$，外型尺寸为 $20m \times 14m \times 8m$，内装 5 台 Φ3600 吸附过滤器。

⑩ 反渗透厂房：砖混结构，$24m \times 5m \times 3.5m$，内设反渗透本体、保安过滤器、$10m^3$ 容积的吸水箱、高压泵、酸液罐及其酸洗泵等设备。

（2）主要工艺设备

① 潜水混合液回流泵，3 台，高峰时同时用。$Q = 100 \sim 150m^3/h$，$H = 10m$，$N = 5.5kW$。

② 潜水搅拌机，2 台，每台 7.5kW，设在 CASS 池内。

③ 微孔曝气器（自闭式），约 400 个，安装在 CASS 池内。

材质：内壳 ABS，外为特种橡胶。

④ 刮、吸泥机，2 套，宽 7m，功率为 3kW/台。安装在平流式沉淀池。

⑤ 离心鼓风机，1 台工作，主要用于 CASS 池的曝气系统。$Q = 16 \sim 20m^3/min$，$H = 6m$，$N = 55kW$。

⑥ 中间加压水泵，2 用 1 备。该泵主要作用是将二沉池的出水提升后送入吸附过滤罐，以使该设备在大于或等于 $2.5kg/cm^2$ 的压力下运行。$Q = 100 \sim 150m^3/h$，$H = 35m$。

⑦ 加药设备：PAC 溶药及加药系统 2 套，2.5kW（包括计量泵）交替使用。NCF 溶液槽及加药系统 2 套，2.5kW（包括计量泵）交替使用。

⑧ 吸附过滤，采用压力过滤器，设计滤速 6～8m/h，共设 5 台，4 用 1 备，Φ3600 ×6000。

⑨ 反渗透系统：总运行功率 180kW，总装机功率 250kW，产水量 4500m³/d，产水率 75%。

⑩ 灭菌设备：采用化学法的二氧化氯发生器。ClO_2 投加量为 10g/m³［水］，6.25kg/h。选用 BD-3000 二氧化氯发生器 2 套，每套电功率 1.5kW，包括温控、投加系统及发生器。

3. 投资估算及经济技术指标

（1）投资估算

投资构成见表 8-4。

表 8-4　投资构成

项目名称	造价（万元）
土建工程费用	194
设备及安装费用	897
其他费用	265
总计	1356

（2）运行成本估算

工艺处理成本构成见表 8-5。

（3）经济效益

中水回用后，每年可以节约新鲜水量 220×10^4m³，按大连市工业用水费 2.5 元/t 计，每年的直接经济效益为 150 万元。

表 8-5　工艺处理成本构成

序号	名称		用量	单价	年成本（万元）
1	源水水费		6000m³/d	1 元/t	216
2	电费	一级出水	3200 度/d	0.45 元/度	52.56
3	PAC 药剂费	二级出水	4500 度/d	0.45 元/度	70.6
4	NCF 药剂费		360kg/d	2500 元/t	32.5
5	食盐		90kg/d	6000 元/t	19.5
6	二氧化氯费		0.6t/d	500 元/t	10.8
			60kg/d	4 元/kg	0.864
7	工资福利		10 人	1000 元/(人·月)	12
8	年运行成本	一级出水		327.364 万元/a	
		二级出水		414.664 万元/a	
9	水费	一级出水		1.52 元/t	
		二级出水		1.92 元/t	

（4）环境效益

经过处理后，每年可少向环境排放污染负荷为：

COD_{Cr}：$\{(120-30) \times 6000 + (30-20) \times 5000\} \times 10^{-6} \times 365 = 215.35$t

悬浮物：$(50-5) \times 6000 \times 10^{-6} \times 365 = 98.55$t

4. 结语

该工程由大连市经委组织有关专家对该方案进行了技术评审，得到了与会专家们的普遍好评，大家一致认为该方案工艺设计合理，技术含量高。该处理站建成后，一方面可以解决水资源紧张的矛盾，给企业带来经济效益；另一方面又具有巨大的社会效益和环境效益，减少了对环境的污染，在水资源的开发利用和保护等方面具有行业示范效应。

8.3.2　北京地铁古城车辆段的中水回用工程

北京地铁古城车辆段污水处理站，经过十多年的运转大部分设备已经老化，处理能力也有所下降，出水水质不稳定且达不到排放标准，更无法满足回用的要求，为此对该污水处理站进行了改建。

1. 原水水量及出水标准

据调查，污水处理站接纳的污（废）水有三个来源：含少量生活污水的洗车废水，水量为 $100\sim130\,m^3/d$；洗浴废水，水量为 $50\sim70\,m^3/d$；办公区生活污水，水量为 $20\sim30\,m^3/d$。因此确定处理站的处理能力为 $300\,m^3/d$。出水水质应达到《北京市中水回用水质标准》，即色度＜40 倍，$pH=6.5\sim9.0$，$SS\leqslant10\,mg/L$，$BOD_5\leqslant10\,mg/L$，$COD\leqslant50\,mg/L$，$LAS\leqslant2\,mg/L$，细菌总数≤100 个/mL，总大肠菌群≤3 个/L，管网末端游离余氯≥0.2mg/L。

2. 工艺流程

原污水处理站有两套处理设施，将洗浴废水和车间含油废水分别进行处理（办公区生活污水因不能自流进入处理站而未处理），对洗浴废水的处理效果较好，但车间含油废水的处理出水水质极少能达到要求，经分析其原因是：混凝沉淀和气浮只能去除非溶解性有机物和浮油，而大部分溶解性有机物只能靠后端的活性炭吸附来去除，活性炭由于使用时间过长而失去了吸附作用，致使出水水质恶化（如定期更换新炭则处理费用太高）。因此改建时先将车间废水进行混凝沉淀、隔油、气浮处理，再与其他废（污）水混合进行生化及深度处理。工艺流程如图 8-2 所示。

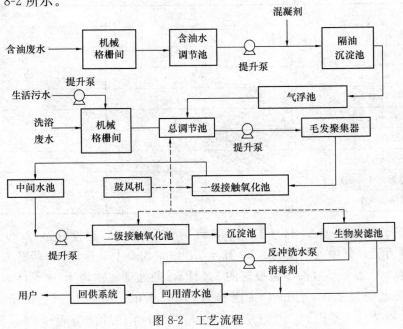

图 8-2　工艺流程

（1）总调节池

采用预曝气，曝气量为 30～40m³/h，容积为 50m³，停留时间为 4～5h。

（2）生化处理单元

一级接触氧化池：利用原清水池改造而成。由于池体位于地下，所以增加中间水池及提升水泵（GW50-20-15，1 用 1 备）将处理出水提升至二级接触氧化池。该池的有效容积为 50m³，水力停留时间为 4h，采用球形填料（填充比为 30％）。

二级接触氧化池：有效容积为 25m³，填装半软性填料约 21m³，水力停留时间为 2h，钢结构。沉淀池：钢结构，表面负荷为 1.5m³/(m²·h)，内设斜管。

（3）生物炭滤池

设计处理量为 300m³/d，滤速为 5m/h，有效过滤面积为 3.1m²，生物炭滤池直径为 2.0m、总高为 3.0m，其中承托层厚为 0.3m，炭层厚为 1.2m，超高取 1.5m。采用水反冲，冲洗强度为 10L/(m²·s)，冲洗时间为 10～15min，反冲洗周期为 3～5d。采用穿孔管鼓风曝气，控制溶解氧＜5mg/L（气水比为 15∶1）。

（4）回用清水池

回用清水池利用处理站内原有的中水回供水池，池内设自来水自动补水系统，当处理系统进行检修或者发生故障时，可保证水的正常供给。

（5）污泥干化池

污泥干化池长为 6m、高为 1.8m、宽为 2m，池内设穿孔管集水系统，上覆级配沙石，干化污泥定期由人工清除。

3. 处理效果及经济分析

改造工程投入运行后处理效果良好，运行结果见表 8-6，出水各项指标均达到《北京市中水回用水质标准》，可用于冲刷地铁电动客车、浇灌绿地、冲洗厕所和刷洗办公用车等。

表 8-6　运行结果

项　目	总调节池出水	最终出水
色度（倍）	45	15
嗅	有异味	无不快感觉
pH	8.5	8.47
COD（mg/L）	400	13
BOD_5（mg/L）	250	2
LAS（mg/L）	2.41	0.41
SS（mg/L）	79	5
细菌总数（个/mL）	6.0×10^5	0
总大肠菌群（个/L）	满视野	＜3

该工程于 2003 年 7 月 11 日开工，同年 11 月 20 日竣工，总投资为 79.20 万元，年运行费用为 11.24 万元，其中人工费为 3.60 万元/a，电费为 5.184 万元/a，药费为 0.36 万元/a，日常维修费为 2.1 万元/a（按设备投资的 3％计），则处理成本为 1.04 元/m³（不含折旧）。北京市的自来水费为 3.00 元/m³，排污费为 0.80 元/m³，工程投产后按节约自来水 8×10⁴m³/a 计，则节约水费约 30.40 万元/a，创经济效益约 19.144 万元/a。

4. 结语

北京是一个缺水的城市，如何做好企业的节水工作是当前城市节水的一个重要课题。北京地铁古城车辆段污水处理站改造工程既解决了污水的排放和污染问题，又达到了节约水资源的目的，还产生了一定的经济效益，被评为北京市节水型单位，为其他企业开展节水工作提供了一些可借鉴的经验。

第 9 章　城市污水处理的自动控制

9.1　自动控制技术概述

自动控制技术是能够在没有人直接参与的情况下，利用附加装置（自动控制装置）使生产过程或生产机械（被控对象）自动地按照某种规律（控制目标）运行，使被控对象的一个或几个物理量（如温度、压力、流量、位移和转速等）或加工工艺按照预定要求变化的技术。

随着社会的发展和人类生活水平的提升，污水排放量也在快速增加。改革开放以来，环境污染问题不断增大，国家和地方对于污水排放标准也在不断提高，这就要求污水治理企业对污水处理工艺、污水处理能力的要求也越来越高，其中一个非常重要环节就是优化污水处理的自动化控制系统，从而实现对污水处理厂的半自动乃至全自动控制，这样不仅能保证出水水质，而且可节省能耗与运行费用，有利于达到国家节能减排的要求，这也是污水处理行业的发展趋势。

自动控制技术已作为污水处理厂设计的一个标准。为了对设施进行有效的运行及降低能源需求，急需自动控制技术。调查表明当前将近 50％的控制环路仍然基于手动控制模式。因此自动控制技术的潜力很大，尤其在污水处理方面，原因如下：

（1）经济性

目前许多国家已制定了最低允许的排放标准，并且根据出水污染程度（不同的排放成分规定不同的加权因子）收取排污费用。无论如何，应尽可能降低费用、提高处理效果。应用传统的设计方法扩建污水厂增大反应器容积从长远上说是较昂贵的，自动控制技术的应用可以使基建费用大大降低，这是最主要的经济因素。

污水回用将是未来的一个研究方向，污水成为产品，这表明污水处理可以盈利。这更促进了自动控制技术的深层次发展，从而在工业生产中节约原材料和产品。

（2）污水厂的复杂化

污水厂的复杂化可能是应用自动控制技术最重要的动力。污水中营养物的去除变得越来越普遍，从而使污水厂的复杂程度大大增加。活性污泥不但在好氧，而且还在缺氧、厌氧条件下运行，污水厂需要连续运行进一步强调了自动控制技术在污水处理中的必要性。

（3）出水水质标准

公众安全意识的不断增强是自动控制技术发展的有效推动力，国家水质管理策略的形成将推动污水处理的发展。许多国家对污染物超标排放加大了罚款力度。出水水质标准必须技术上、经济上可行，必须始终保证出水水质达标和较好的处理性能，自动控制技术为其提供了可能。

近年来自动控制技术发展迅猛，特别是计算机技术、网络和通信技术发展的突飞猛进，使人们借助于许多使能技术的进步和一些开发工具的扩大，将人们构思的自动操作得以付诸实现。网络控制技术、可编程控制器等均属于自动化控制技术中的使能技术。自动控制技术正向着网络化、集成化、分布化、节点节能化的方向发展。自动控制技术的发展得益于以下因素条件：

（1）仪表技术已非常成熟，复杂的仪表现在已普遍应用于现场，如在线营养物传感器和呼吸计；

（2）控制器近年来不断提高，变频泵和压缩机已广泛应用，可更好的控制污水厂；

（3）计算机功能大大发展，几乎不再是控制系统的限制因素；

（4）数据收集已经不是最大的瓶颈。现已有数据获取和污水监控的软件包。一些公用设施已经在设计、安装它们的第三代甚至第三代的 SCADA（数据采集与监视控制）过程控制系统。这些系统所带来的优势明显，可以应用多变量统计和软计算方法的数据加工工具。

（5）控制理论和自动化技术提供了功能强大的工具，例如可以识别不同控制方法的基准。

在节能减排的新形势下，污水处理对于自动化产品提出了更高的要求。良好的质量控制，使产品能够高效稳定的运行，为保证水厂高效稳定运行，污水处理对控制系统的高可靠性要求，要求 PLC（可编程逻辑控制器）支持多种冗余方式，能够更好地提高系统的可靠性，提高水厂、污水厂的运行效率，为更严格的水质达标提供保证。

9.2　污水处理的自动控制系统的基本组成

任何一个自动控制系统都是由被控对象和控制器有机构成的。自动控制系统根据被控对象和具体用途不同，可以有各种不同的结构形式。图 9-1 是一个典型自动控制系统的功能框图。图中的每一个方框，代表一个具有特定功能的元件。除被控对象外，控制装置通常是由测量元件、比较元件、放大元件、执行机构、校正元件以及给定元件组成。这些功能元件分别承担相应的职能，共同完成控制任务。

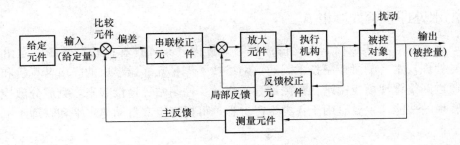

图 9-1　典型的反馈控制系统方框图

被控对象：一般是指生产过程中需要进行控制的工作机械、装置或生产过程。描述被控对象工作状态的、需要进行控制的物理量就是被控量。

给定元件：主要用于产生给定信号或控制输入信号。

测量元件：用于检测被控量或输出量，产生反馈信号。如果测出的物理量属于非电量，一般要转换成电量以便处理。

比较元件：用来比较输入信号和反馈信号之间的偏差。它可以是一个差动电路，也可以是一个物理元件（如电桥电路、差动放大器、自整角机等）。

放大元件：用来放大偏差信号的幅值和功率，使之能够推动执行机构调节被控对象。例如功率放大器、电液伺服阀等。

执行机构：用于直接对被控对象进行操作，调节被控量。例如阀门、伺服电动机等。

校正元件：用来改善或提高系统的性能。常用串联或反馈的方式连接在系统中。例如RC网络、测速发电机等。

污水处理自动化控制系统主要控制对象为：格栅、总泵房、沉砂池、生物反应池、沉淀池、加氯间、污泥处理装置、鼓风机房等。系统不仅能根据一定的程序、时间和逻辑关系集中控制污水处理过程中的设备启停，系统还能够通过在线监测仪表如 pH 计、溶解氧计、污泥浓度计、浊度仪等采集污水处理各环节水质情况，并且根据这些数据自动控制曝气设备、加药设备、搅拌设备以及排水设备的运行，并对污水处理厂出水水质进行监控。同时，系统能监测全厂供电系统的状态，统计全厂能耗，还有运行故障诊断记录、生产报表记录等功能。

9.3 污水处理的自动控制系统

污水处理厂的自动控制系统要求能够实现"集中管理、分散控制"的监控模式，使得局部故障不影响主体正常运行，将风险分散，确保系统的可靠性。系统内部的配置和调整灵活，构建弹性化，可根据不同工艺处理要求及用户需求进行优化，并具备很好的开放性、兼容性和扩展性，可应用不同品牌的软硬件进行整合，可无缝的把分期建设的系统融为一体。

自控系统要充分考虑与厂外污水厂、泵站、水务局自控系统接口，可采用多种通信解决方案，组成广域网统一监控。并使用完整的系统监控管理功能，能有效地实现工艺处理的控制、诊断和调度，采用先进的节能降耗控制技术，节能效率高。

9.3.1 污水处理系统控制形式

（1）DCS 系统，是集散控制系统的简称，又称为分布式计算机控制系统，是由计算机技术、信号处理技术、测量控制技术、通信网络技术等相互渗透形成的。由计算机和现场终端组成，通过网络将现场控制站、检测站和操作站、控制站等连接起来，完成分散控制和集中操作、管理的功能，主要是用于各类生产过程，可提高生产自动化水平和管理水平，其主要特点如下：

① 采用分级分布式控制，减少了系统的信息传输量，使系统应用程序比较简单。

② 实现了真正的分散控制，使系统的危险性分散，可靠性提高。

③ 扩展能力较强。

④ 软硬件资源丰富，可适应各种要求。

⑤ 实时性好，响应快。

（2）现场总线控制系统，是由 DCS 和 PLC 发展而来的，是基于现场总线的自动控制系统。该系统按照公开、规范的通信协议在智能设备与计算机之间进行数据传输和交换，从而实现控制与管理一体化的自动控制系统，其优点如下：

① 可利用计算机丰富的软硬件资源。

② 响应快，实时性好。

③ 通信协议公开，不同产品可互连。

（3）PLC 系统，可编程逻辑控制器用于处理系统的控制器，实现控制系统的功能要求，也可利用计算机作为上位机，通过网络连接 PLC，对生产过程进行实时监控，其特点如下：

① 编程方便、开发周期短、维护容易。

② 通用性强，使用方便。

③ 控制能力强。

④ 模块化结构，扩展能力强。

9.3.2　基于 PLC 系统的污水处理系统

污水处理厂自动化控制系统分为三级管理，包括生产管理级（中央控制室）、现场控制级（PLC 控制站）及就地控制级。现场各种数据通过 PLC 系统进行采集，并通过主干通讯网络——工业以太网传送到中央控制室监控计算机集中监控和管理。同样，中央控制室监控计算机的控制命令也通过上述通道传送到 PLC 的测控终端，实施各单元的分散控制。

（1）生产管理级（中央控制室）

中控室管理层是系统的核心，完成对污水处理过程各部分的管理和控制，并实现厂级的办公自动化。通过高分辨率液晶显示器及投影仪可直观地动态显示全厂各工艺流程段的实时工况、各工艺参数的趋势画面，操作人员可及时掌握全厂运行情况。

（2）现场控制级（PLC 站）

控制层是实现系统自动控制的关键。按照自动控制工艺要求，控制层的 PLC 通过程序控制整个污水处理厂的设备，实现对现场设备运行状态以及参数（如压力、流量、温度、pH 值等）的采集，以及执行管理层的命令。

（3）就地控制级（设备层）

将现场控制箱上的"就地/远程"旋钮切换至"就地"位置，通过箱上的"启动/停止"按钮实现设备的就地启停控制。

9.3.3　目前污水处理厂常用的自动控制方案

1. 曝气池中溶解氧自动调节方案

根据工艺要求，污水处理厂曝气池内的溶解氧含量通常要控制在 2mg/L 左右，过量的曝气会使能耗增高，增大运行费用；曝气不足会使溶解氧含量低，不利于水中微生物生长，会直接影响处理效果。因此，保持曝气池内溶解氧处于一定的浓度，是污水处理过程控制中比较关键的任务之一。由于曝气池内溶解氧浓度同进水水质、温度、压力、曝气量等有着非常密切的关系，这些外界条件发生变化时，溶解氧浓度也随之发生变化。如何控制曝气池中的溶解氧浓度，是污水处理过程中自动调节系统的主要任务之一。

（1）单回路定值调节方案

定值调节，又称恒值调节，指在整个生产过程中所要控制的参数始终恒定不变，保持一定的值。在污水处理中，曝气池中的溶解氧浓度在一定时间范围内需要保持不变。可以采用由溶解氧分析仪、PID调节器、调节阀及曝气池和送气管路组成的单回路定值调节系统（图9-2）。由溶解氧分析仪将溶解氧测量出来并作为测量信号送入调节器。在调节器内部同工艺要求的给定值进行比较，比较结果即为偏差信号，调节器将此偏差信号进行PID运算后输出去控制调节阀的开度，从而控制曝气池内的溶解氧浓度。

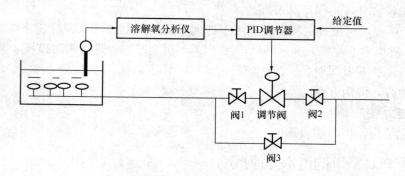

图9-2　溶解氧单回路定值调节系统

（2）溶解氧、流量串级调节方案

对于大型污水处理厂曝气池的溶解氧控制，常用以溶解氧作为主调节参数和曝气流量作为副调节参数的串级调节系统。溶解氧主调节器和曝气流量副调节器串接工作，溶解氧主调节器的输出是作为副调节器的给定值，由副调节器控制调节阀动作。溶解氧作为主调参数，是工艺控制的指标。曝气流量为副调参数，是为了稳定主参数而引入的辅助参数。主调节器按照主参数工艺给定值的偏差进行工作，副调节器按照流量这一副参数与来自主调节器的给定值的偏差进行工作，其输出直接控制调节阀。

2. 污泥消化池的温度调节系统

污泥消化池温度，也是污水处理厂工艺的参数之一。消化池污泥大多采用蒸气加热，可以是直接加热，也可间接加热，可以在消化池内直接加热，也可将污泥在专设的加热至设定温度后投配至消化池，温度调节系统也随之不同。

3. 循环式活性污泥（CAST）工艺的运行控制方案

CAST工艺运行控制要求CAST池共2个，均设置有进水、进气、排水、排泥控制阀和液位计。鼓风机在启动后无故障时连续运行，要求至少有一个进气阀打开，污泥回流泵一般为间歇运行。滗水器的运动是靠水力运动自动完成的，由排水控制阀控制。

每一个CAST反应池，运行周期为4.0h，每日运行6个批次，每个周期中，进水2.0h，污泥回流2.0h，曝气2.0h，沉淀1.0h，排水＜1.0h，每个CAST池均按以上程序运行。其程序控制如图9-3所示。

4. T形氧化沟运行控制方案

T形氧化沟为三沟交替工作式氧化沟系统，运行非常灵活，曝气、沉淀均在沟内进行，不需要二沉池和污泥回流系统，通过合理地编排运行程序还可以有效地实现脱氮除磷功能。

从过程控制的角度来看，T形氧化沟的工艺运行控制就是按照一定的时间、顺序和逻辑关系对一些控制阀门、出水堰及转刷进行开启、关停控制，是典型的顺序逻辑控制。

脱氮除磷在T形氧化沟的运行程序，一般分为8个阶段，作为一个运行周期，每周期历时8h。8个阶段脱氮除磷运行方式如图9-4所示。

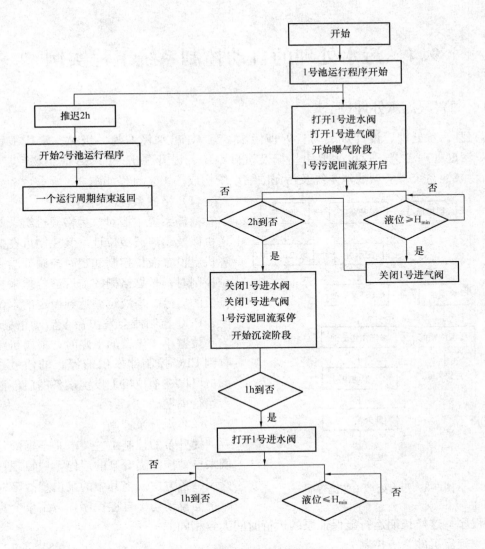

图 9-3　CAST 工艺程序控制图

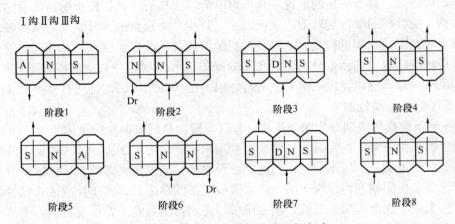

图 9-4　T 形氧化沟脱氮除磷运行方式

9.4 污水处理的自动控制系统工程实例

9.4.1 海兴县污水处理厂

海兴县污水处理厂设计规模为日处理污水 2 万 t，出水标准为一级 A。水厂工程采用 CASS＋深度处理工艺，厂区主要由格栅及沉砂系统、提升泵房、CASS 池生物反应系统、曝气生物滤池系统、V 型滤池系统及污泥浓缩系统构成。工艺流程如图 9-5 所示。

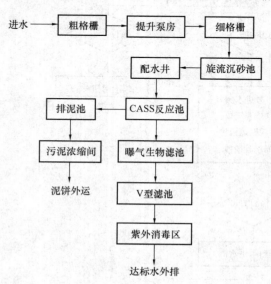

图 9-5　污水处理工艺流程图

（1）格栅系统控制

格栅系统主控对象为格栅机组、螺旋输送机以及超声波液位计。其控制可在监控计算机上设置液位控制和定时控制，当采用液位控制时，是靠格栅的前后液位差来控制格栅机的启停，当液位差达到设定的水位上限时，PLC 控制器会发出命令启动格栅设备；当水位差小于设置的下限时，格栅机组将接收到 PLC 控制器发出的停止的信号。操作人员可以在上位机上设定设备的启停液位或者运行周期。

（2）提升泵控制

提升泵的控制工艺要求是根据液位的高低来自动控制提升泵的启停，项目现场采用两用一备方式。当其中的泵出现故障时，故障泵会自动切出自控程序，备用泵会自动切入自控程序。这样长期运行能保证泵的运行时间大致相同。

（3）旋流沉砂系统控制

旋流沉砂系统主控对象为搅拌器、罗茨风机和砂水分离器。系统工作原理如下：污水从沉砂池的切向进入，具有一定的流速，从而对砂砾产生离心力，使较重的砂砾沿池壁沉降到池底集砂槽。搅拌器的桨叶旋转形成轴向涡流，产生一个轻微的上升流动，从而带动污水排出，流入下一道工艺流程进行处理。罗茨风机为旋流沉砂池提供空气，达到气提的作用，另外气提直接将沉砂输送到砂水分离器，实现砂砾与污水的彻底分离。其控制工艺要求如下：搅拌器、风机和砂水分离器以一定周期运转，通过工程师站可以设定运行时间。

（4）CASS 池系统控制

CASS 池系统操作周期分为四个步骤：曝气阶段，鼓风机向反应池内充氧，此时有机污染物被微生物氧化分解；沉淀阶段，微生物利用水中剩余的 DO 进行进一步氧化分解，活性污泥逐渐沉淀到池底，上层水变清，污泥回流泵将部分活性污泥送回预反应区，剩余污泥泵则将反应池多余污泥抽到污泥脱水间；滗水阶段，沉淀结束后，置于反应池末端的滗水器开始工作，自上而下逐渐排出上清液；闲置阶段，滗水器上升到原始位置阶段，等待下一周期滗水。根据上述工艺要求，对 CASS 工艺的各个阶段编写控制子程序。

（5）曝气生物滤池系统控制

曝气风机其控制工艺要求：曝气风机为 24h 运转，每天中午 12 点更换一台风机，这样可以保证三台风机运行的时间大体相等。

（6）V 型滤池系统控制

V 型滤池系统的自动控制主要是滤池的自动反冲洗功能。子程序控制的主要设备有反洗泵、反洗风机、阀门以及仪表工艺参数，每两天进行一次反冲洗。

反冲洗系统控制主要是控制反洗风机、反洗泵以及阀门来实现反冲洗的功能，每两天进行一次反冲洗。

计算机监控画面主要包括全厂工艺图、格栅及沉砂系统、CASS 工艺、曝气生物滤池、V 型滤池、仪表数据图、趋势图、报警图、报表，各个画面之间可以实现自由切换。全厂工艺如图 9-6 所示：

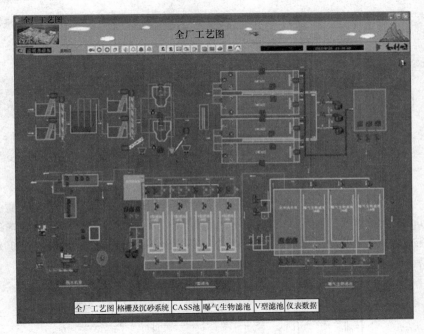

图 9-6　海兴县污水厂全厂工艺图

该自动控制系统实行集中控制、分散管理的方法，把管理层和控制层分开，通过对全过程的监控，实现了污水处理整个过程的全自动化运营，保证了污水生产运行的安全可靠，大大提高了污水处理的自动化控制水平和管理水平，减轻了劳动强度，从而提高了生产效率，降低了水厂能耗。

9.4.2　上海白龙港污水处理厂

上海白龙港污水处理厂位于浦东新区合庆乡东侧长江岸边，该处已建白龙港预处理厂，新厂扩建位于预处理厂北侧长江边，总用地面积 120km²。主要包括市中心区、闵行区及浦东新区，这些地区部分为合流制，部分为分流制。考虑近期污水系统完善尚待时日，故白龙港污水厂近期处理水量为 120 万 m³/d。鉴于该污水规模较大，生产控制系统采用了先进的自动化控制方案，实现对污水处理整个流程的控制功能。该控制系统对扩展性、开放性及可持续性，都具有相当高的要求。

本系统采用目前国内外污水处理厂广泛应用并取得良好效果的基于可编程逻辑控制器（PLC）的集散型控制系统，以及监控和数据采集（SCADA）系统。集散型控制系统的特点是将管理层和控制层分开。管理层主要是对全厂的生产过程进行监视、数据存储和分析；控制层主要是通过现场 PLC 或计算机完成各自辖域内工艺过程和工艺设备的自动控制，同时在传统控制的基础上，提供了智能控制的可能性。SCADA 系统通过现场检测仪表和网络设备完成对主要工艺参数的数据采集并对生产流程进行监控。

污水处理的主要对象是泥和水，泥主要通过沉淀排出，污水则要经过充分反应处理后达标后才能被排出。在污水经过各工序的过程中，每个工序相应的工艺控制设备都需要进行监控。该污水处理厂采用的工艺流程如图 9-7 所示，主要控制部分为加药间、高效沉淀池、污泥脱水、中水回用等环节。

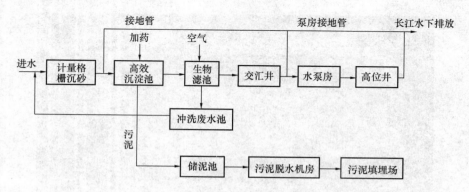

图 9-7　污水处理流程图

高效沉淀池需要通过加药环节来对原水进行处理，在反应器中与混凝剂和聚合物反应去除相应化学物质，再经过污泥循环和沉淀，进而将处理后的水排放，该控制系统是整个水处理的主要流程，工艺流程如图 9-8 所示：

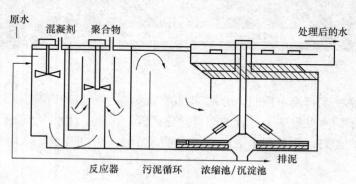

图 9-8　工艺流程

根据该系统的工艺，组态监控系统功能如下：

（1）对该系统内的设备运行状态进行动态监视并按照自动运行模式控制现场设备运行。

（2）具有故障报警（声光报警）功能，保存报警记录，并能进行简单设备切换处理。

（3）在手动运行模式下，操作工可通过下位机启停、调节现场设备的运行方式。

（4）和上位机进行通讯，上传系统数据，接受并执行上位机的操作指令。

（5）具有加密功能，进行操作权限管制。

该污水处理监控系统主体包括工艺监控工作站、电力监控工作站、管理工作站、工程师站及备份工作站、7 个 PLC 控制站，网络采用 100Mbit/s 的以太网，系统拓扑结构如图 9-9 所示：

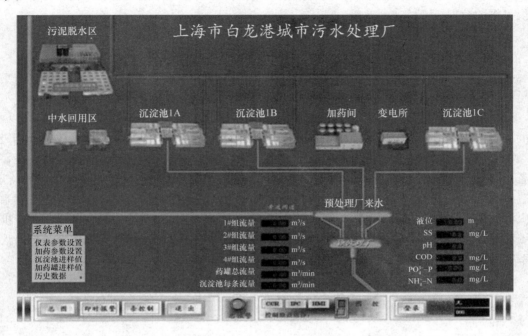

图 9-9　系统拓扑结构图

该系统上位机控制系统具有以下功能：

（1）对整个系统内的设备及运行结果（泥位、液位、流量）具有控制、监视、参数设定、故障报警、故障诊断功能。

（2）根据污水处理工艺和逻辑的要求，严格执行设备开启、停止、故障或紧急停机等控制。

（3）系统动态显示，画面将各个工艺流程直观地显示在屏幕上，可以实时监控系统设备的工作状态和参数。

（4）选择合理的自动运行模式，使整个系统的运行处于安全稳定的状态，并能达到污水处理的工艺要求。

（5）当设备或控制参数接近非正常状态时，界面有报警提示，并伴有声音报警。

（6）进行报警历史记录，将故障分类整理归档，且报警记录不可删除，用于事故分析和追忆。

（7）历史数据通过历史库进行存储，操作人员可以方便的生成重要设备和监测指标的运行报表和曲线，并具有随时进行调用、打印功能。

（8）系统具有用户权限管理功能，对工程各关键操作都设有不同级别的权限，以保证系统的安全性。

本系统目前已投入运行，系统运行稳定可靠。由于监控系统对整个生产过程都进行了实时监控，操作人员只需要通过监视器就能了解生产运行情况，同时能够实时掌握工艺过程中各工艺参数的变化情况，并通过声光报警、语音报警，对所发生的事故能够及时处理，具有故障自动诊断功能，一旦数据超出正常允许范围会发出自动停机命令，便于安排运行、检修计划，大大提高了工作效率，实现了节能降耗、提高水质的目标，为合理调度提供了决策依据。该系统与厂内其他控制系统均具有数据通讯接口，具有良好的扩展性，能够为生产管理提供可靠的数据。

9.4.3 纪庄子污水处理厂

纪庄子污水处理厂升级改造工程是天津市重点污水处理工程项目之一，内容包括污水处理厂的工艺设备、电气设备、自控仪表设备。纪庄子污水处理厂服务于天津市纪庄子排水系统，升级改造工程设计规模为 45 万 t/d。纪庄子污水处理厂位于天津市河西区卫津河以西、津港运河以北、纪庄子排污河以南，占地面积 30 万 m^2。污水处理采用多级 A/O 处理工艺。

本工程建设内容为改造老系统曝气沉砂池 1 座，改造老系统初沉淀池集配水井 2 座，改造老系统初次沉淀池 2 座，改造老系统初次沉淀池为 2 座厌氧池、改造老系统生物池 4 座、改造老系统污泥泵房 2 座、新建老系统接触池 1 座、改造老系统加氯间 1 座、改造扩建系统初次沉淀池 1 座为厌氧池、改造扩建系统生物池 4 座、新建扩建系统接触池 1 座、改造扩建系统污泥泵房 1 座；新建加药及碳源投加间 1 座、新增除臭系统，以上建设内容全部引入自控系统。污水、污泥处理工艺流程如图 9-10 所示：

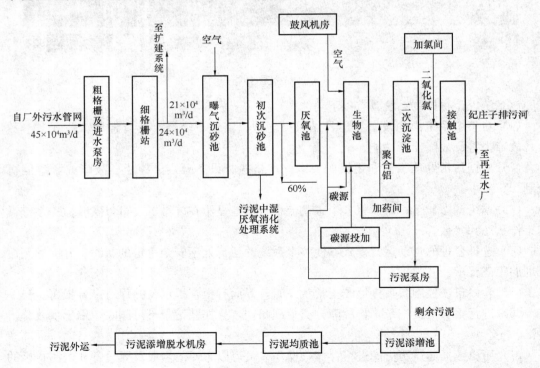

图 9-10 污水、污泥流程框图

根据污水处理工艺的控制要求，污水处理工程自动化控制系统分为三级管理，包括生产管理级（中央控制室）、现场控制级（PLC 控制站）及就地控制级。现场各种数据通过 PLC 系统进行数据采集，并通过主干通讯网络——工业以太网传送到中央控制室监控计算机进行集中监控和管理，传输介质为光纤，通讯速率为 100Mbit/s。同样，中央控制室监控计算机的控制命令也通过上述网络通道传送到 PLC，实施对各单元的分散控制。构建污水厂自动化控制系统拓扑结构与功能配置如图 9-11 所示：

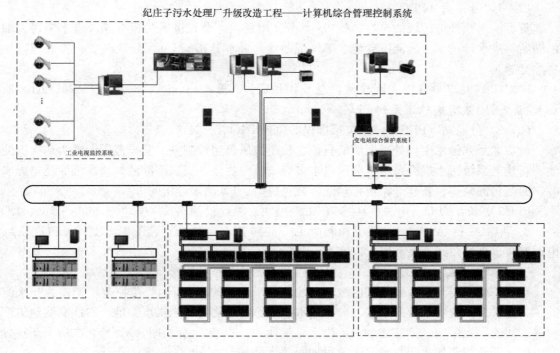

纪庄子污水处理厂升级改造工程——计算机综合管理控制系统

图 9-11　污水厂自动化控制系统的拓扑结构与配置图

1. 生产管理级（中央控制室）

中央控制室设有两台监控操作站、一台工程师站、两台数据服务器、一台视频监视服务器、一套 DLP 拼接屏、一台故障打印机、一台图表打印机、UPS 电源、一台网络机柜。

主要完成对生产过程的管理、调度、集中操作、监视、系统功能组态、控制参数在线修改和设置、记录、报表生成及打印、故障报警及打印，对实时采集的数据进行处理，控制操作以及分析统计等功能。通过高分辨率液晶显示器及 DLP 拼接屏可直观地动态显示全厂各工艺流程段的实时工况、各工艺参数的趋势画面，使操作人员及时掌握全厂运行情况。

同时，中央控制室还配置了专业的工业数据库软件，该项目需要进行历史数据存储的变量点数达 8000 多点，同时对数据的存储频率要求很高，普通变量要求 30s 记录一个数据，对于数据精度要求较高的变量，例如"瞬时流量"，要求 10s 记录一次。所存储的数据包括各监测点水质数据、瞬时流量、累计流量，提升泵、闸门、污泥泵、刮泥机、搅拌机、鼓风机等各设备电压、电流、功率、耗电量，各设备启停时间、启停次数、累计运行时间、故障次数等。

2. 现场控制级（PLC 控制站）

控制层是实现系统自动控制的关键，控制层的 PLC 通过程序控制整个水处理厂设备按照工艺要求自动运转，并实现对现场设备运行状态的采集，现场参数有压力、流量、温度、pH 值等，采集到的数据上传至管理层，并最终通过工业数据库软件进行存储。

按照工艺流程和构筑物分布特点，厂内现有 4 套不同规模的分控站（PLC1～4）。

根据工程改造内容、工艺及控制对象的功能、设备量，以及工艺流程、平面布置、现有控制站布局，将更新现有分控站 PLC2 和 PLC3，调改现有分控站 PLC1 和 PLC4，各 PLC 分别负责各自范围内工艺参数的采集和设备运行的控制。

（1）1♯分控站（PLC1）

负责污水预处理区域的自控，位于 1♯分变电所内，监控范围为粗格栅及进水泵房、细格栅站、进水计量渠、旋流沉砂池、曝气沉砂池、进水分析间、1♯分变电所、预处理区生物除臭等。

PLC1 增补：100M 以太网模块、总线模块、I/O 模块——DI＝80、DO＝24、AI＝8、AO＝4，采用欧姆龙 CS1 系列 PLC。

（2）2♯分控站（PLC2）——包括远程 I/O 站 RIO21～24

负责老系列污水生物处理区域的自控，位于鼓风机房控制室。监控范围调整为初次沉淀池、新建老系统污水提升泵房、分段进水多级 AO 生物池、二次沉淀池、二次沉淀池集配水井、回流污泥泵房、新建老系统接触池、鼓风机房、1♯出水分析间等。

PLC2 更新：CPU、电源、100M 以太网模块、总线模块、I/O 模块——DI＝1360、DO＝392、AI＝228、AO＝42，采用和利时 LK 系列 PLC，双机冗余配置，支持 CPU 冗余、电源冗余、现场总线冗余和以太网冗余。

（3）3♯分控站（PLC3）——包括远程 I/O 站 RIO31～34

负责扩建系列污水生物处理区域的自控，位于 3♯分变电所内，监控范围调整为初次沉淀、新建扩建系统污水提升泵房、分段进水多级 AO 生物池、二次沉淀池、二次沉淀池集配水井、回流污泥泵房、新建接触池、出水流量计井、2♯出水分析间、3♯分变电所、新建分变电所、新建加药加氯间、新建碳源投加间等。

PLC3 更新：CPU、电源、100M 以太网模块、总线模块、I/O 模块——DI＝880、DO＝280、AI＝208、AO＝48，采用和利时 LK 系列 PLC，双机冗余配置，支持 CPU 冗余、电源冗余、现场总线冗余和以太网冗余。

（4）4♯分控站（PLC4）

负责污泥处理区域的自控，位于 2♯分变电所内，监控范围为贮泥池、污泥浓缩池、污泥浓缩机房、污泥消化池、污泥控制室、污泥脱水机房、脱硫塔、沼气柜、沼气燃烧火炬、锅炉房、2♯分变电所、污泥处理区生物除臭、新建污泥均质池、新建污泥脱水机房等。

PLC4 增补：100M 以太网模块、I/O 模块——DI＝96、DO＝8、AI＝36、AO＝6，采用欧姆龙 CS1 系列 PLC。

3. 就地控制级

就地控制具有最高的控制权限，当自控系统由于一些不可抗力导致无法正常运行时，可以通过就地控制保证污水处理过程的连续性。将现场控制箱上的"就地远程"旋钮切换至"就地"位置，通过箱上的"启动/停止"按钮实现就地手动控制。

基于 LK 系列 PLC 的污水处理厂自动控制系统的实现，充分发挥了 LK 可编程控制器配置灵活、控制可靠、开放性强和在线维护方便等优点，为整个系统的安全稳定运行提供了可靠保障，为企业带来了可观的经济效益和良好的社会效益。

9.4.4　湛江市赤坎水质净化厂

以广东省湛江市赤坎水质净化厂为例，简要介绍了自动化控制系统在该厂污水处理工艺过程中的应用情况。赤坎水质净化厂是湛江市的重点工程，一期工程日处理量为 5 万 t/d，主要生物处理工艺采用的是"A²/O 微曝气氧化沟"法。该厂的处理工艺流程如图 9-12 所示：

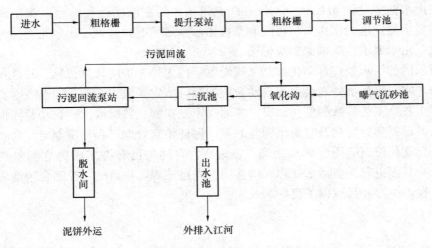

图 9-12　工艺流程图

　　该厂采用的自动化控制系统主要包括以下几个部分：中央控制室监控设备，可编程控制器（PLC）部分，检测仪表部分，避雷部分，闭路监控部分。目的在于使厂方能够及时了解和掌握污水厂处理过程的运行工况、工艺参数的变化及大小、优化各工艺流程的运行，保证出水水质，降低处理成本，节省能耗，提高运行管理水平，使污水处理厂能长期正常稳定地运行，取得最佳效益。

　　该厂主要在以下工艺过程中设置了自动控制系统：

　　（1）在粗、细格栅前后均设置了超声波液位差计，并在现场及中央控制室电脑显示器上实时显示粗、细格栅前后液面的液位差值。根据本厂的处理水质水量设定了工艺值，当前后液位差值大于或等于该工艺值时，可以自动实现对粗、细格栅的连锁启停。

　　（2）在进水管中安装了电磁流量计，实时测量进水流量并在现场及中央控制室电脑显示器上显示预处理进水泵站的液位值，并自动根据该液位值的高低控制三台进水提升泵的启停，使三台提升泵的运行时间基本上保持平衡，并在电脑上显示出各台提升泵的启停状态。在调节池中设置了 pH 计，可以测定瞬时进水 pH 值，以反映进水水质是否符合处理要求。进水 pH 值的设定要求范围是 4.0～9.0，当进水 pH 值不在此范围内时，中控室电脑上会发出声光报警信号，并自动关闭进水闸门，以保证出水水质。

　　（3）在氧化沟厌氧池中设置氧化还原电位（ORP）在线测定仪一台，在缺氧池及好氧池中分别设置溶解氧（DO）在线测定仪两台，在现场及中控室电脑上均可实时显示测定值，本厂的氧化沟厌氧池 ORP 一般在－200MV 左右；缺氧池 DO 一般在 1.0 mg/L 左右；好氧池 DO 一般在 2.0～2.5mg/L 左右。当监测到的实时值不在设定值范围内时，中控室电脑上会发出声光报警信号，工作人员可据此决定鼓风机开启的台数和曝气量，在保证溶解氧在正常范围内的基础上为用户节省了能源消耗。并通过切换主机、副机的运行状态，使三台鼓风机的累计工作时间基本相等。

　　（4）在好氧池中设置污泥浓度计两台，实施监测好氧池中的污泥浓度，当池中污泥浓度较大时，会及时减少二沉池中的污泥回流量，增加排泥；当浓度较小时，会适当增加污泥回流量。以上控制过程均可以在中央控制室内根据监测数据进行远程控制。

（5）在二沉池中设置一台泥位计，当在线监测泥位值偏高时，可自动调节刮吸泥机、排泥设备，将剩余污泥外排，防止沉淀污泥发生腐败。

（6）在出水池中设置 pH 计、COD 在线测定仪、污泥浓度计各一台，并在现场及中控室实时监测显示测定值，工作人员可随时掌握出水水质情况，并判定出水是否达标排放。赤坎水质净化厂出水要求达到国家二级标准。

本厂所采用的污水处理自动化控制系统借鉴了国内外先进的计算机软、硬件技术，控制理论及算法，实现了污水处理全过程自动智能控制，节省了人力资源，能够及时、准确地反映工艺过程中各个工艺参数的变化情况，并通过声光报警、数据溢出时自动暂停设备等方式提醒工作人员根据参数变化及时做出调整对策，保证整套处理过程长期稳定、高效的运行。

总之，自动化控制应用于污水处理工艺过程，在国外已有许多成功范例和典型工程实例。近年来，我国也有许多污水处理厂借鉴国外先进技术，将自动化控制合理地应用到污水处理工艺过程当中，并且取得了良好的效果。

9.5 污水处理的自动控制技术的发展前景

未来的污水处理自控系统将是集计算机技术、信息技术、自动化技术、网络技术、智能化于一体的系统，水处理工业自动化控制的网络化作业、智能化作业将成为未来发展的主导趋势。随着 Internet 的发展和不断完善，远程访问和远程管理也将日益应用到水处理行业中。为了进一步增强国家的实力和缩短与发达国家的差距，我们必须进一步加强自动化技术的基础研究和深化应用的程度，随着电子信息技术的发展，只要科学地信息控制一体化，抓住现代自动化系统的核心技术，我们一定会开发出更可靠、更快捷、更标准的自动化产品，应用到污水处理领域。

城市污水系统包括一定区域所有可控制的下水道、泵站、水库和污水处理厂。污水处理厂不同单元过程之间，下水道与污水处理厂之间存在很多耦合和交叉因素，为了实现系统的最优控制和运行，需对污水处理厂进行全局或全系统控制，实现全厂控制是污水处理系统过程控制发展的必然趋势。

全厂控制一般包括以下主要成分：

（1）数据收集、报告和信息共享

通过一些高性能的驱动程序和标准的通讯接口，一个"全厂"系统可以连接上千个设备并且能收集重要的数据。数据分布和通讯结构能保证数据提供给用户、其他污水处理系统和不同的数据库。

（2）实时可视化

运行人员需要把数据变为有用信息，全厂系统不但能从控制室屏幕获得数据，而且通过手动的便携式设备也可以获得数据。警报信息也可以送到标准的数字传呼机。不管运行人员、工艺工程师或管理者，是否在污水处理厂还是离开污水处理厂，根据他们的需求都可以获得想要的信息。

（3）警报管理

一个好的监控系统应该具有报警功能，从而能自动响应，传送给运行人员警报信息，通过关于该事件的其他过程，标明和本事件相关的运行人员和工程师。一个理想的警报系统应该在问题发生前具有识别和解决潜在问题的能力。

（4）可移动的远程通道

很明显，运行人员能应用 Modem 和污水厂内部互联网远程连接，进行预警报告并且检测污水厂的运行状态。应用此连接，运行和管理人员可以远程检查系统运行状态和/或修改系统。科技进步实现了远程连接，带有无线本地局域网（LAN）的掌上电脑和人机界面软件可使运行人员和维护人员从污水厂的任何位置，实现和报警器、控制点的接触，从而提高系统的反应时间、促进系统运行灵活性。临时用户应用工业标准浏览器通过 Internet 可以访问控制系统的安全领域，也就是虚拟的控制室。因此，当污水处理系统出现紧急情况时，运行控制和命令中心在专家的帮助下迅速确定解决方案。

（5）开放的结构

监控系统应具有开放的结构。控制器、I/O 和数据线可以适应第三方模块，另外也易于结合在一起。

（6）综合的自动化系统

一个综合的自动化系统应该可以和其他自动化应用（包括过程控制，尤其对系统性能关键的影响因素）紧密联系在一起，并包括工程、文件、质量控制、安全维护、在线仪表、工程资产和维修管理。综合的控制结构也意味着所有的控制器以同样的方式进行编程、配置。系统的数据模型相同，另外系统可以提供污水厂运行和管理系统之间自然的连接。

实现污水处理厂的自动化是污水处理行业的必然趋势，我国对于污水处理厂自动化控制，当前必须做好以下几方面。

（1）设备自动化控制

现代污水处理自动控制系统通常设置有中央控制站、现场控制子站、现场控制操作设备 3 个级别，中央控制站是指厂级的计算机系统，大多设于厂区办公区域的中控室，现场控制子站指的是现场级的计算机系统。中央控制子站的计算机系统主要是对污水处理厂的运行管理情况进行集中监测，对全厂所有工艺设备的控制和监测主要通过对 PLC 的管理来实现。自动控制系统的现场控制子站则主要包括以下几个：鼓风机控制子站、污泥回流泵房控制子站、加药间控制子站、污泥脱水间控制子站、配电控制子站、各构筑物控制子站等，从而控制现场控制操作设备（包括水泵、阀门、闸门、滗水器、格栅机、风机、刮泥机、脱水机、加药设备、配电设备等）的运行状态，必要时通过计算机手动开关或大小切换各类设备仪器。

（2）数据自动化采集

将动态的工艺流程图显示在中控室的计算机屏幕上，同时现场的重要工艺参数的变化情况及仪表监测数据等也可以很清楚地显示在总站和子站界面上。以此实现运行状态下自动采集流量、液位、污泥量、各类水质指标等数据的功能，并在数据超标时自动报警，便于管理者分析控制。

（3）视频监控及自动报警

建立完善的视频监控，对污水处理厂各重要建筑、设备进行视频监控，防止故障造成损失扩大。有设备出现故障时，首先预先设定的操作命令会对故障进行初次处理，并且系统会显示报警画面，来提示操作人员对故障进行处理。

现今我国污水处理厂多是采用国外进口设备与控制系统，价格高，维护困难。并且目前我国国产的在线分析测定仪器设备还不能达到精度要求，因此，进行我国自主研发设计制造自动化控制系统，并提高仪器设备的测量精度和质量，降低维护费用，是我们现阶段以及今后污水处理厂自动化控制系统发展的主要方向。随着电子信息技术及污水处理行业自身的迅速发展，自动控制系统逐渐应用到污水处理工艺过程的监测过程当中，并且取得了很好的效果，既节省了人力资源又节约了能源，有着广阔的发展前景。

第10章　城市污水处理工程调试与运行管理

由于现在的城市污水处理采用的是生化处理的方法，而几乎所有的污水生化处理模型都是建立在多次的实验基础之上，这就要求我们：一个完整的污水处理装置的建设工作应该是而且也必须是由建造调试，以及试运行所组成的，在调试阶段可以对设计建造中存在的工艺问题、设备质量问题以及处理能力问题进行必要的调整，为污水处理装置的正式投产积累必要的数据，为污水处理装置的运行提供详细的操作规程和考核依据。所以污水处理厂在施工完成后和实际运行前必须对工程进行竣工验收，只有在经过有关的质检部门对工程质量进行竣工验收合格后，才可以分别进入下一步的试运行阶段和正常运行的阶段，这其中涉及的就是处理工程的工程调试和运行管理，这就是我们为什么要实行工程调试与运行管理的原因。

10.1　污水处理工程调试

在对污水处理厂进行正式调试之前，必须充分地做一些调试前的准备工作，这其中包括：调试方案的编写与审批，紧急预案的编写，对现场各构筑物的清理，操作人员到岗和岗位责任制的建立，对现场的设施设备情况的熟悉，对上岗操作人员的必要的岗前培训，确保各工种的协调统一检查，确保所需工器具、材料辅料和安全设施的齐全等。只有当以上这些工作全面而充分的开展完以后，才可以进行下面的正式调试。

污水处理装置的调试可以分为单体调试、联动调试和工艺调试三种，单体调试和联动调试是工艺调试的前提与基础。下面分类概述之：

10.1.1　单体调试

我们进行单体调试的主要目的就是为了检验工艺系统中的各个单体构筑物以及电器、仪表、设备、管线和分析化验室在制造、安装上是否符合设计要求，同时也可以检查产品的质量。

1. 单体调试前的各项准备工作

（1）单体调试的设备已经完成了全部的安装工作，技术检验合格并且经业主和监理验收合格；

（2）建筑物和构筑物的内部以及外围应该仔细彻底地清除全部的建筑垃圾以及生活垃圾，并且确保卫生条件符合标准；

（3）为了确保供电线路以及上下水管道的安全性以及可靠性的要求，必须检查各类电气的性能以及上下水管道、阀门和卫生洁具的性能；

（4）确保设备的本身应该具备试运行的条件，设备应该保持清洁，以及足够的润滑剂和其他的外部条件；

（5）参加试车的人员必须熟读相关设备的有关材料，熟悉设备的机械电器性能，作好单体试车的各项技术准备；

（6）土建工程以及设备安装工程均应该由施工单位以及质检单位作好验收的各类表格，以便验收时的填写；

（7）相关的图纸以及验收的标准应该提前准备好以便验收时的查阅；

（8）设备的单体试车应该通知生产厂家或者是设备的供货商到场，当然国外的引进设备也应该有国外的相关人员到场并在其指导下进行。

2. 单体调试的检查项目

（1）数据的检查

数据的检查应该注意各项隐蔽工程数据是否齐全，各类连接管道的规格型号、材料的质量是否有记录，防腐工程的验收记录和主体设备的验收表格和记录等。

（2）实测检查

实测检查主要是检查设备的安装位置与施工图是否相同以及安装的公差是否符合要求。

（3）性能测试

性能的测试必须依据有关的设备性能要求进行。

（4）外观检查

外观检查是许多工程技术人员忽视的项目，外观检查主要是检查设备的外观有无生锈，有无油漆的脱落，有无划痕以及撞痕等。

3. 设备单体调试的步骤

（1）预处理系统的单体调试

其主要的检查项目是粗格栅、皮带输送机、细格栅、潜污泵和沉砂设备。

（2）生化系统的单体调试

主要检查的设备有各种反应构筑物（视不同的生化处理方法的不同而相异）和鼓风机房鼓风机，鼓风机房电、手动阀门、止回阀和排空阀等一系列设备，具体可以参考《污水处理厂操作规程》的有关要求进行。

（3）污泥处理系统的单体调试

主要的检查项目包括污泥脱水机房、污泥浓缩池、均质池等，具体的操作程序还是依据相关的章程规程进行。

（4）厂区工艺进出水管线以及配水井的单体调试

厂区工艺进出水管线包括各类配水井、进水管道、出水管道、总出水井、反冲洗管道以及相应的压力井等。管道、检查井以及各类配水井的调试依据相关规程进行。

（5）仪表和自控系统的单体调试

由于自控系统的模拟试车和负荷试车必须在设备的正常运转下进行，为了节约调试时间，自控系统的单体调试可与生化系统调试同时进行。

（6）辅助生产设施的单体调试

除了工艺、动力和仪表自控系统，辅助生产设施主要包括锅炉房、汽车库、消防泵房、机修间和浴室等。这些除了消防泵房和锅炉房的设备需要进行单体调试之外，还需要对机修间和泵房内的电葫芦进行安全性能的检查，其余的进行土建工程的初步验收。

（7）化验室设备的初步验收

验收的主要设备有电子分析天平、电子精密天平、分光光度计、显微镜、便携式有害气体分析仪和便携式溶解氧仪。化验设备是否好用以及分析误差大小最终应该由计量部门来确定，如果发现问题应该及早地与供货商取得联系，以便及时更换新的设备。

本阶段主要检查的是施工安装是否符合设计工艺要求，是否满足操作和维修要求，是否满足安全生产和劳动防护的要求。譬如：管道是否畅通，设备叶轮是否磕碰缠绕，格栅能否升降，电气设备是否可以连续工作运行，仪表控制是否接通、能否正确显示等。

10.1.2　联动调试

在对污水处理厂完成了单体调试的内容之后，紧接着就应该对污水处理厂进行清（污）水的联动调试。联动试车的目的是为了进一步考核设备的机械性能和设备的安装质量。并检查设备、电气、仪表、自控在联动条件下的工况，能否满足工艺连续运行的要求，实验设施系统过水能力是否达到设计要求。一般来说，联动试车要经过 72h 的考核。可以先进行清水联动试车，后进行污水联动试车。清水联动试车后，有问题的设备经过检修和更换合格后再进行污水联动试车。

1. 联动试车的准备工作

参与调试者必须仔细认真地阅读下列的文件数据并检查所准备的工作。

（1）由所有选用的机械设备、控制电器以及备件的生产、制造、安装使用文件组成的设备手册，包括其中的技术参数和测试指标；

（2）运行、维护的操作手册；

（3）所有污水处理装置的设计文件以及前一阶段的验收档；

（4）相关设备的安装工程和选用设备的国家规范和标准；

（5）各设备区域调试合格，并且通过验收；

（6）所有的管渠都进行了清水通水实验，畅通无阻；

（7）供电系统经过负载实验达到设计要求，能保证安全可靠，系统正常；

（8）污水处理工艺程序自动控制系统已经进行了调试，基本具备稳定运行的条件；

（9）已经落实了污泥的处理方案；调试所需要的物资和消耗品已经到位；

（10）由于调试期间化验项目比较多，并且化验室新增了分析仪器，化验人员有必要参加培训，以熟悉污泥性能和大气污染物指标的测定，所有参与调试的各重要岗位操作人员必须已经经过培训，熟悉操作规程，以便使得调试工作交接顺利；

（11）安全防护设施已经落实，能保证系统正常运行和确保操作人员的安全。

2. 联动试车的内容

联动试车分两部分进行。先进行构筑物内有联动关联的设备的区域调试，通过后再进行全厂设备的联动调试。具体来说：

（1）粗格栅和进水泵房

当污水流进进水粗格栅和进水泵房之前，可以根据流量液位控制开停粗格栅的台数，逐台检查粗格栅的各项功能，检查皮带输送机输送栅渣的情况，完成粗格栅、皮带输送机、阀门的联动试车。当水位达到水泵的启动水位，可以轮换启动潜污泵，检查泵的启动，停止功能和运行状况，并通过泵的出水口堰上水深粗略估算泵的提升能力。

（2）细格栅

调试方案与粗格栅相同，检查除污机的除污能力。

（3）旋流沉砂池

清水联动试车，分别在手动和自动条件下启动搅拌桨、鼓风机、提砂系统和砂水分离系统运转，并检查设备的各项功能、污水联动试车：在有污水流经的情况下，观察沉砂池的沉砂效果，从而可以测定每天的除砂量。

（4）水解酸化池

水解酸化池的联动试车主要是对配水井的出水堰水平和配水管的均匀性进行考察，在清水连动试车的过程中，必须保证所有的出水堰水平调整，进水后观察配水的均匀性是否达到设计的要求。

（5）鼓风机房

在生化处理核心构筑物（例如曝气池、滤池等）的试车之前，完成鼓风机的联动试车，检查设备的各项功能。

（6）曝气生物滤池

曝气生物滤池在联动试车阶段主要是对生物滤池内的曝气的均匀性、布水的均匀性、滤料的性能、反冲洗效果进行考察，当水流入滤池后，启动风机房的配套风机，逐个检查滤池布水、曝气的均匀性；清洗滤料，利用清水联动试车的水源，启动反冲洗操作，逐个清洗滤池中的滤料，清洗至出水清澈时止，观察滤料的跑料情况。

同样的，曝气池的联动试车也有诸多的相似之处。必须注意的是，在对主要的工艺设备进行工况考核时，设备带负荷连续试运行时间一般要求大于 24h，对于设备存在故障或者问题，必须及时地报送施工监理单位和设备承包商，提请整改和维修。

（7）污泥处理系统的联动试车

包括水解酸化池排泥、污泥均质池液位、污泥脱水机等的联动试车。联动过程中注意检查各设备、阀门联动的反应情况，观察各个过程的衔接情况，注意风机停止后有无回水的情况。

（8）辅助生产系统

辅助生产系统在联动试车阶段应该配合试车做好各项工作。

（9）工艺运行控制试车

在联动试车的基础上，可以进行工艺运行试车。一般来说，进行工艺运行试车要具备以下一些前提条件，例如：各用电设备的联动试车已经基本完成，包括需要检修的、试车的设备已经完成；电气系统各 MCC 的连接试车已完成；控制分析仪表已经完成等。值得注意的是，工艺运行的试车应该在各个供货商提供的工艺运行软件的基础上调试，这其中包括：进水泵房污水提升泵运行模式的调试；剩余污泥系统运行模式的调试和曝气池（曝气生物滤池）的运行模式调试。

10.1.3　生化系统的试车

生化系统的试车是污水处理厂调试的重要步骤，也是污水处理厂前面进行的单体试车和联动试车的目的。一般地，由于现行的城市污水处理厂的工艺一般采用的是活性污泥法或生物膜法，理所当然地，污水处理厂的工艺试车就是生物膜处理系统的试车或活性污泥法处理系统的试车。下面分别概述之：

1. 活性污泥法处理系统的试车

活性污泥处理系统投运前，首先要进行活性污泥的培养驯化，为微生物的生长提供一定的生长繁殖条件，使其在数量上慢慢增长，并达到最后处理生活污水所需的污泥浓度。活性污泥的培养是整个调试工作的重点，关系到最终的出水达标问题，活性污泥培养的基本前提是进水流量不小于构筑物设计能力的 30%。污泥的培养一般采用两种方式：同步培养法也就是直接用本厂污水培养所需的活性污泥，浓缩污泥培养法也就是利用其他污水处理装置的浓缩污泥进行接种培养。

生物处理系统在运行时，所产生的正常的活性污泥应该是沉降性能好、生物活性高、有机质含量多、污泥沉降比大和污泥的容积指数在 80～200 之间。但是污水生物处理系统常常会因进水水质、水量和运行参数的变化而出现异常情况，从而导致污水处理效率降低，有时甚至损坏处理设备。一般来说，污泥在水厂运行过程中容易发生的异常情况是污泥膨胀、污泥解体、污泥腐化、污泥脱氮即污泥的反硝化，有时候还会产生一些泡沫，这其中涉及的一些重要的工程上的概念如污泥浓度、水力停留时间、有机物的单位负荷、污泥的回流比等都是影响污泥生物性能的十分重要的因素，我们一般是通过对这些因素的控制进而来控制污泥的性质和状态。同样的，活性污泥中的指示性生物也可以作为我们对污泥进行管理的一个重要的途径。污泥中的生物相在一定的程度上可以反映出曝气系统的处理质量和运行状况，当环境条件（例如进水浓度及营养、pH、有毒物质、溶解氧、温度等）变化时，在生物相上也会有所反映。我们可以通过对活性污泥中微生物的这些变化，及时发现异常现象和存在问题，并以此来指导运行管理，所以，对生物相的观察已经日益受到人们的重视，而各种微生物的性状可以参见《环境工程微生物学》等书籍。针对可能出现的上述这些问题，我们必须根据相关的污泥管理手册相对应尽快加以解决，以免问题严重化、复杂化。了解常见的异常现象及其常用对策，可以使得我们及时地发现问题、分析问题和解决问题。

2. 生物膜法处理系统的试车

生物膜法处理系统作为与活性污泥法并列的一种污水好氧生物处理技术，这种处理法的实质就是使微生物和微型动物（如原生动物、后生动物）附着在滤料或者是一些载体上生长繁殖，并在其上形成膜状生物污泥，也就是所谓的生物膜。在污水与生物膜接触过程中，污水中的各种各样的有机污染物作为营养物质，为生物膜上的微生物所摄取，从而污水也得到净化，微生物自身也得到生长繁殖。生物滤池的生物膜培养可以采用直接挂膜法进行培养。具体方法如下：首先将污水依次经过粗格栅、细格栅、沉砂池等预处理后引入水解酸化池，由水解酸化池直接进入生物滤池进行培养。开始时的进水流量采用设计流量的 1/4 进行进水，实行连续进水，待池中滤料上可以观察到明显的生物膜时，并通过显微镜发现生物相已经成熟后，此时可以加大进水流量，继续培养微生物，由于新生生物膜较轻，为了不发生新生生物膜的脱落情况，加大进水流量必须采用逐步加大的方法进行。同时为了保持滤料上的生物膜新鲜而有活力，在进水后的一周，必须对滤池进行反冲洗，以后根据进水情况逐步缩小反冲洗的时间间隔，直至达到设计的要求。

在微生物的培养阶段必须要求化验室跟班采样分析，采样频率和指针根据调试的要求进行。一般来说，成熟的好氧活性污泥中含有大量新鲜的菌胶团小、固着性原生动物和后生动物。

3. 评价

根据上述调试过程中得到的各种信息，加以整理分析，然后对污水处理装置运行要有一个基本的评价，对于运行中出现的基本问题，提出改进意见和对策，作为调试期间的总结和报告，并且进入试运行阶段。在试运行的阶段中，主要考察的是出水水质、容积污泥负荷是否达到设计要求。根据实际污泥负荷来调整参数，要求自控系统切入，并且调整控制参数，初步分析运行单耗以及运行直接成本。

1. 水质分析项目及其频率

（1）水质分析项目以及其频率见表 10-1，值得注意的是要针对不同废水的水质分析项目进行调整。

表 10-1 水质分析项目及频率

分析项目	进水	好氧生化反应器	出水	分析频率
COD	√		√	5 次/周
BOD	√		√	3 次/周
SS/VSS	√	√	√	5 次/周
pH	√		√	5 次/周
TKN	√		√	2 次/周
NH_4^+-N	√		√	5 次/周
NO_2^--N			√	2 次/周
NO_3^--N			√	2 次/周
TP	√		√	2 次/周
SV_{30}		√		7 次/周
碱度				1 次/周

注：水质分析数据以 COD、NO_3^--N 为主，其有效数据不应该少于 40 组。

（2）化验分析室的工作

在污水处理厂的工艺调试中，化验分析室的工作起着不可替代的作用，化验分析室的分析结果是下一步进行工艺调试的基础和依据。一般地，分析工作流程按照下列程序开展：① 确定所要分析的项目；② 选定各个分析项目所采用的分析方法，一般在国家环保部规定方法和行业分析标准方法中选取针对该分析项目最适宜的分析方法；③ 依据所选用的分析方法，检查所要涉及的实验仪器、设备和器皿药剂是否齐备；④ 所要用到的天平必须已经经过计量所的检验，量器如移液管应该要用已经有计量所检验过的天平校验，不合格者严禁进入实验过程；⑤ 确保各种仪器设备的正常工作；⑥ 根据实验所需配制各种标准溶液；外购或者是自制标准样测定；⑦ 制定各种操作规程和安全生产规程。例如：水样的采集，各种实验原始数据的记录，分析使用样品的保存，器皿的清洗和中控室对生产装置在线仪表校核标定下的工作等。

（3）运行数据的统计

运行数据的统计也是试运行中的一个十分关键的项目，是对水厂的整个经济效益、技术效益和社会效益评价的基础和依据。通过对水、电、药剂消耗的统计，可以初步分析污水处理（包括污泥脱水）直接成本，得到的结果如果与国内同类型废水进行比较相差不大甚至是十分接近时，则说明污水处理厂的运行及各个方面基本符合生产实际；如果出现较大的差异时，应该及时的分析原因，找出是进水水质还是管理、工艺或者其他方面的因素，以此提高运行管理水平。

① 药耗

药耗的初步测算与设计值的对比可以参考 10-2 表格进行：

表 10-2　药耗对比

项目	水量（×10⁴m³/d）	PAM 投加量（t/a）	产泥率（m³/d）
设计值			
实际值			

② 电耗

电耗的初步测算与设计值的对比可以参考表 10-3 进行：

表 10-3　电耗对比

水量 (10⁴m³/d)	运行时间 (h)	实际日均电耗量 (kW·h/d)	实际平均单耗量 (kW·h/m³ 废水)	设计日均电耗量 (kW·h/d)	设计单耗量 (kW·h/m³ 废水)

10.2　污水处理工艺运行与管理

污水处理工艺的运行管理和污水处理工艺的调试一样，是污水处理厂正常运行的一个十分重要的环节。下面就城市污水处理厂的工艺运行管理作一般系统性的概述，主要介绍污水处理厂各处理单元的运行管理。掌握并运用污水处理运行工艺的一般内容对一个城市水务工作者来说是非常重要的。

10.2.1　格栅间的运行与管理

（1）过栅流速的控制

合理的控制过栅流速，使格栅能够最大程度地发挥拦截作用，保持最高的拦截效率。一般来说，污水过栅越缓慢，拦污效果越好。污水在格栅前管道流速一般应该控制在 0.4～0.8m/s 之间；过栅流速应该控制在 0.6～1.0m/s 之间。当然具体的控制指标，应该视处理厂调试运营后来水污染物的组成、含砂量等实际情况确定，所以运行人员应该在运转实践中摸索出本厂最佳的过栅流速控制范围，以便发挥格栅间最大的经济效益。

（2）栅渣的清除

及时地清理栅渣，保证过栅流速控制在合理的范围之内。所以操作人员应该及时地将每一格栅上的栅渣及时清除，值班人员都应该经常到现场巡检，观察格栅上的栅渣积累情况，并估计栅前后液位是否超过最大值，做到及时清污。对于超负荷运转的格栅间，尤其应该加强巡检。值班人员应该及时的摸索总结这些规律，以提高工作效率。

（3）定期检查管道的沉砂

格栅前后管道内的沉砂除与流速有关外，还与管道底部水流面的坡度和粗糙度有关，应定期检查管道的沉砂情况，及时地清砂和排除积砂原因。

（4）格栅除污机的维护与管理

格栅除污机是本污水处理厂最容易发生故障的设备之一，巡查时应注意有无异常声音，栅耙是否卡塞，栅条是否变形，并应定期加油保养。

（5）分析测量与记录

值班人员记录每天产生的栅渣量，根据栅渣量的变化，间接判断格栅的拦污效率。当栅渣比历史记录减少时，应该分析格栅是否运行正常。

（6）卫生与安全

由于污水在运输途中的极易腐败性，产生大量的硫化氢以及甲硫醇等一系列的有毒有害还有恶臭气体，所以针对于建在室内的格栅间必须采取强制通风措施，在夏季应该保证每小时换气 10 次以上，如果有必要时，也可以在上游主干线内采取一些简易的通风或者曝气措施，降低格栅间的恶臭强度，这样做，一方面可以维护值班人员的身体健康，另一方面也可以减轻硫化氢对机器设备的腐蚀作用。此外，对于清除所得到的栅渣应该及时地运走并加以处置。

10.2.2 进水泵房的运行与管理

（1）集水井

污水进入集水井后的流速变的缓慢，因而会产生沉砂现象，使得水井的有效容积减小，从而影响水泵的正常工作，所以集水井要根据具体的情况定期清理，但是在清池的过程中，最重要的是人身安全问题。由于污水中的有毒气体以及可燃性气体会严重的危及工作人员的人身安全。所以在清池时，必须严格按照下列步骤操作：先停止进水，用泵排空池内存水，然后是强制通风，最后才能下池工作，此外由于有毒有害气体的连续不断地放出，所以工作人员在池下的工作时长不宜超过 30min。

（2）泵组的运行和调度

泵组在运行和调度时应该遵循下列几个原则：保证来水量与抽升量的一致，不能使水泵处于干运转状态亦或是被淹没；为了降低泵的扬程所以应该保持集水池的高水位运行；为了不至于损坏机器，尽可能少地减少开停机的次数；最后就是应该保证每台机器的使用率基本相等，不要使得一些机器长期处于运转状态而另外一些机器始终搁置不用，这样对两方面的机器都没有益处。故此，运行人员应该结合本原则和本厂的实际，不断地总结，摸索经验，力争找到最适合本厂实际的泵组运行调度方案。

10.2.3 沉砂池的运行与管理

在现在的城市污水处理厂中，使用比较多的是曝气沉砂池和旋流沉砂池。日常管理维护主要是控制沉砂池的流速、搅拌器的转速，为了不至于沉砂池的浮渣会产生臭气、影响美观，所以必须定期清除。操作人员要对沉砂池作连续测量并记录每天的除砂量，并且据此来对沉砂池的沉砂效果作出评价，并应该及时回馈到运行调度中。

10.2.4 水解酸化池的运行与管理

当水解酸化池的设计达到要求之后，那么所面临的就是酸化池的启动问题了，其实质就是反应器中的缺氧或者是兼氧微生物的培养与驯化过程，其工程意义十分重大。一般地，在适宜的温度下，水解酸化池的启动大约需要 4 周左右的时间。下面概述酸化池启动的相关规程。

（1）污泥的接种

所谓污泥的接种就是向水解酸化池中接入厌氧、缺氧或者是好氧的微生物菌种。之所以这样做是为了大大节约污泥培养以及驯化所需要的时间。接种的污泥可以是下水道、化粪池、河道亦或者是水塘、其他相类似性质的污水处理厂的污泥。在微生物的接种的过程中，接种物必须符合一定的要求，例如，所接入的微生物或者是污泥必须具有足够的代谢活性；接种物所含的微生物数量和种类应该较多，并且要保证各种微生物的比例应该协调；接种物内必须含有适应于一定的污水水质特征的微生物种群以利于所需微生物的大量培养驯化；关于接种微生物，理论上可以通过纯种培养获得，但是这样目前而言尚有一些难度，实践中一般采用的是自然或者是人工富集的污泥来实现。

采集接种污泥时，应注意选用生物活性高的、有机物的含量比例较大的样本，为了使得样本更适合于做接种物，在实际应用之前应该去除其中夹带的大颗粒固体和漂浮杂物。关于接种量多少的确定应该依据所要处理对象的水质特征、接种污泥的水质特征、接种污泥的性能启动运行条件和水解酸化池的容积来决定。一般来说，污泥的接种量越大则反应器启动所需要的时间也就越短，所以在工程实际中，一般采用后续方法来控制接种污泥量的大小，若按照水解酸化池的容积计，一般将接种污泥量的容积控制在酸化池容积的 10%～30% 之间。如果是按照接种后的混合液 VSS 来计算，接种污泥量一般控制在 5～10kg VSS/m³ 之间，当然，具体地接种多少有时候还需要视本水厂的实际情况而定，操作人员应该注意在平时的实践中及时摸索，总结实际的运行经验。

污泥接种的部位一般是在水解酸化池的底部，这样可以有效地避免接种污泥在启动和运行时被水流冲走。

（2）水解酸化池启动的基本方式

采取间歇运行的方式，当反应器中的接种污泥投足后，控制污水废水，使其分批进料。待每批污水进入后，使反应装置在静止状态下进行缺氧代谢，当然亦可以采用回流的方式进行循环搅拌，使得接种的污泥和新增殖的污泥暂时聚集，或者是附着于填料表面，而不能随水分流失，经过一段时间的厌氧反应之后（具体所需的时间视所处理的污水水质和接种污泥的浓度而定），则污水中的大部分有机物被分解，此时可以进行第二批的污水进水了。采取间歇运行的方式时，要逐步提高水解酸化池进水的浓度或者是污水的比例，同时逐步缩短厌氧代谢的时间，直到最后完全适应污水的水质并达到水解池连续运行的目的。

（3）影响水解酸化池启动所需的时间及效果的因素

在实际的工程运行中，除了接种污泥以外，污水的水质特征、有机物质负荷和有毒污染物质、环境条件、填料种类和回流比等都可以影响。下面分别概述之：

① 污水性质

一般来说，污水中的有机污染物的组成以及浓度、pH 值、营养物质都可以对其启动产生影响。浓度合适的 C、N、P 等营养均衡的 pH 值显中性或者是略碱性的污水可以为水解酸化池的启动提供有利的条件，缩短启动所需的时间。

② 水解酸化池的有机物质负荷

该因素可以视作影响水解池启动的关键因素。在启动过程中，如果有机物质的负荷过大的话，则会导致挥发性的有机酸过量积累，从而导致消化液的 pH 值下降过度就会使启动停滞甚至是破坏；反之，如果有机物质的负荷过小的话，就会抑制微生物的增殖速率，进而会导致酸化池的启动时间过长。

综上，可以看出，控制好有机物的负荷，对于缩短启动的时长，提高启动的成功率以及系统的运行效率，减少因为要重复启动所造成的运行费用具有十分重要的意义。

③ 酸化池出水的回流

在工程实际中，缺氧反应器的出水必须以一定的比例回流，这样做可以回收部分的流失污泥以及出水中的缓冲物质，从而可以平衡反应器中水的 pH 值，有利于加速微生物的富集，缩短启动所需的时间，因此，在启动过程中是否需要回流以及回流的比例是多大对酸化池的启动十分关键。

④ 水温

水温也是影响水解酸化池启动的重要因素。这主要是因为水解池的启动实际上是一个微生物的培养驯化的过程，而温度直接影响微生物代谢和增殖速率，影响微生物的生物活性也即影响微生物的有机负荷能力。所以温度的降低会使得启动所需要的时间延长，此外，水温还可以影响微生物黏附成团的速率。当然，温度也并不是越大越好。

⑤ 常见的一些其他影响因素

水力负荷对启动过程亦有一定的影响，水力负荷过高，会造成接种污泥的大量流失，当然如果水力负荷过低的话，又不利于对微生物的筛选。所以在实际的启动操作中，初期选用的是比较低的水力负荷，待运行数周后，再递增水力负荷并维持平稳。对于悬浮型水解缺氧反应装置，可以通过适量地投加无烟煤、微小砂粒或者絮凝剂，促使污泥的颗粒化；对于填料型水解缺氧反应器，填料的附着性能会影响污泥挂膜的快慢，因而影响启动的时间。

（4）常见启动故障的排除

在启动的过程中，常遇到的故障是由于水解酸化池的超负荷地运作导致的消化液挥发性脂肪酸浓度的上升和 pH 值的下降，从而使得厌氧反应减慢甚至停止，也就是我们通常所说的"酸败"。解决的方法首先就是停止进料以降低负荷，待 pH 值恢复正常后，再以较低的负荷开始进料。在极端的情况下，pH 值下降的特别厉害，必须外加中和剂；当负荷失控十分严重，临时的调整措施无效时，就只得重新投泥、重新进水启动了。

（5）水解酸化池运行中应该注意的问题

① 保持水解酸化池排泥系统的畅通，如果发生排泥不畅或者是淤堵现象，应安排人员及时疏通；污泥的排放采用定时排泥，日排泥次数控制在 1～2 次；

② 保持水解酸化池污泥区泥床高度基本恒定和污泥区有较高的污泥浓度；

③ 根据污泥液面检测仪和污泥面高度确定排泥时间；

④ 由于反应器底部可能会积累颗粒和细小砂粒，应间隔一段时间从下面排泥，从而可以避免或者是减少在反应器内积累的砂粒。

⑤ 严格控制水解酸化池出水悬浮物 SS 含量，使得悬浮物 SS 含量小于 100mg/L。具体可以采用如下的方法加以控制：

a. 及时地清除水解酸化池液面的浮泥，不使浮泥带入下级构筑物；

b. 必须严格地保证水解酸化池的进水进料的均匀性，定期检查浮渣挡板和水解酸化池清水区斜板运行状况，出现问题时及时地加以解决；

c. 不能使滤池的反冲洗过于频繁，以防止生物流失和运行成本的增加；

d. 当遭遇恶劣天气如暴雨暴雪时，必须严格地控制水厂的进水水量，并加强整个水厂的维护次数。

10.2.5　活性污泥法处理系统运行的异常情况及其处理对策

采用活性污泥法处理系统运行的城市污水处理厂，普遍存在着适宜处理的污水的类型广泛，污水处理厂的运行成本低，污水处理的效果好等一系列优点；当然由于活性污泥法处理系统本身的特点和性质要求污水处理厂必须加强日常运行的管理和维护，防止污水处理厂运行时的各种异常情况的发生，一旦发现有异常问题时必须及时地加以解决，以免造成污水厂水处理效率的降低甚至是整个污水处理系统的破坏。因此，掌握一些常见的污水处理运行异常情况及其处理对策是非常有必要的。

（1）污泥的膨胀

污泥膨胀主要表现为污泥的沉降性能下降、含水率上升、体积膨胀、澄清液减少等一系列的与正常的活性污泥的性能不同的现象。引起污泥膨胀的原因有多种，丝状菌的过量繁殖，真菌的过量繁殖，还有可能就是污泥中所含的结合水异常增多。此外，污水中 C、N、P 等营养元素的不平衡，水中的 DO 不足，混合液的 pH 值过低，水温过高，污泥的有机负荷或者是水力负荷过大，污泥龄过长或者是混合液中有机物的浓度梯度过小都会引起污泥的膨胀，还有曝气池排泥的不畅则可能会导致结合水性的污泥膨胀。

由此可见，由于污泥膨胀原因的复杂性，所以为了防止污泥的膨胀，必须首先弄清导致污泥膨胀的具体原因，然后再采取相应的有针对性的处理措施加以解决。

（2）污泥的解体

污泥的解体和污泥的膨胀是两个不同的概念。污泥的膨胀不会导致处理水的水质变差，也就是曝气池上清液的清澈度，只是会由于沉降性能不好而影响曝气池的出水水质。而污泥的解体会使得污水厂处理水质变得浑浊，污泥絮凝体微细化，处理效果严重变坏，所以区分污泥的这两种异常情况对及时有效地解决曝气池运行上的异常情况是十分必要的。

引起污泥解体的原因既可以是水厂运行中出现的问题例如曝气严重过量，亦有可能是由于污水中混入了有毒物质所致。当污水中存在有毒物质时，微生物的活动就会受到抑制，污泥的生物活性就会急剧降低，污泥吸附能力的降低，絮凝体缩小，从而引起净化效果的下降。一般地，可以通过显微镜来观察判断其产生的原因，当发现是运行方面出了问题时，就应该及时地调整污水量、回流污泥量、空气量和排泥状态以及 SV、MLSS、DO 等多项指标；当发现是由于有毒物质引起时，应该考虑可能是由于新的工业废水混入的结果，如果是确有新的废水混入，应该责令其按照国家的排放标准事先加以局部处理。

（3）污泥的反硝化

污泥的反硝化和污泥的腐败一样，都可以引起污泥在沉淀池出现块状上浮现象。当曝气池内污泥龄过长，硝化过程进行的比较充分时，在沉淀池内由于缺氧或者是厌氧极易引起污泥的反硝化，放出的氮气附着在污泥上引起污泥密度的下降，从而导致其整块上浮。最近研究发现，要想解决这一问题，必须维持曝气池内的 DO 大于 0.5mg/L 以减小二沉池内缺氧厌氧情况的发生；同时应该积极采取增加污泥的回流量或者是及时地排除剩余污泥，保证其在二沉池内的停留时间小于 2h，也可以采取降低混合液的污泥浓度和缩短污泥龄，增加溶解氧浓度等措施。

（4）污泥腐化

二沉池内的污泥由于停留时间过长加上其内的缺氧厌氧状况，很容易产生厌氧发酵，形成 H_2S、CH_4 等气体并产生恶臭，引起污泥块的上升。当然并不是所有的污泥都会上浮，绝大部分的污泥还是可以正常地回流的，只是少部分的沉积在二沉池死角的污泥由于长期滞留才腐化上浮。工程实际中，常有的预防措施有：

① 安装不使污泥向二沉池外溢出的设备；

② 及时消除二沉池内各个死角；

③ 加大池底的坡度或者改进池底的刮泥设备，不使污泥滞留于池底；

④ 防止由于曝气过度而引起的污泥搅拌过于激烈，生成的大量的小气泡附着于絮凝体上，也会产生污泥上浮的现象。

（5）泡沫问题及其处理对策

曝气池内的泡沫不但会给生产操作产生一些困难，同时还会：

① 由于泡沫的黏滞性，会将大量的活性污泥等固体物质卷入曝气池的漂浮泡沫层，阻碍空气进入混合液中，严重降低了曝气池的充氧效果；

② 极大地影响了设备的巡检和检修，同时产生很大的环境卫生问题；

③ 由于回流污泥中含有泡沫会产生浮选的现象，损坏了污泥的正常功能，同时加大了回流污泥的比例及数量，加大了工程的运转费用和降低了处理能力。

常用的消除泡沫问题的措施有：

① 投加杀菌剂或者是消泡剂。虽然很简单但不能消除产生泡沫的根本原因；

② 洒水。洒水是一种最常用和最简单的方法，但是弊端和投加药剂一样，也不能消除产生泡沫的根本原因；

③ 降低污泥龄。降低污泥龄可以有效地抑制丝状菌的生长，从而可以有效地抑制泡沫的产生；

④ 回流厌氧消化池上清液和向曝气反应池内投加填料和化学药剂。

10.2.6　活性污泥管理的指示性微生物

污泥中的生物相是指其内所含的微生物的种类、数量、优势度及其代谢活力等状况的情形。生物相在一定的程度上反映曝气系统的处理质量以及其运行状况，当环境因素例如进水浓度和营养、pH 值、DO、温度等发生变化时，其在生物相上都有所反映。所以我们可以通过对污泥生物相的观察来及时地发现异常现象和存在的问题，并以此来指导运行管理，下面所列的就是工程实际中最常见的活性污泥的指示性微生物，供大家参考。

① 当污泥状况良好时会出现的生物有：钟虫属、锐利盾纤虫、盖成虫、聚缩虫、独缩虫属、各种微小后生动物及吸管虫类。一般情况下，当 1mL 混合液中其数量在 1000 个以上，含量达到个体总数的 80％以上时，就可以认为是净化效率高的活性污泥了；

② 当污泥状况坏时会出现的微生物有：波豆虫属、有尾波豆虫、侧滴虫属、屋滴虫属、豆形虫属、草虫属等快速游泳性种类。当出现这些虫属时，絮凝体就会很小，在情况相当恶劣时，可观测到波豆虫属、屋滴虫属。当情况十分恶劣时，原生动物和后生动物完全不出现；

③ 当活性污泥由坏的状况向好的状况转变时会出现的指示性微生物有：漫游虫属、斜叶虫属、斜管虫属、管叶虫属、尖毛虫属、游仆虫属等慢速游泳性匍匐类生物，可以预计的是这些微生物菌种会在一个月的时间之内持续占优势种类；

④ 当活性污泥分散、解体时会出现的微生物有：简变虫属、辐射变形虫属等足类。如果这些微生物出现数万以上，将会导致菌胶团小、出流水变浑浊；

⑤ 污泥膨胀时会出现的微生物有：球衣菌属、丝硫菌属、各种霉等丝状微生物。当 SVI 在 200 以上时，会发现存在像线一样的丝状微生物。此外，在膨胀的污泥中，存在的微型动物比正常的污泥中的少得多；

⑥ 溶解氧不足时会出现的微生物有：贝氏硫丝菌属、新态虫属等喜欢在溶解氧低时存在的菌属，此时的活性污泥呈现黑色并发生腐败；

⑦ 曝气过剩时出现的微生物有：各种变形虫属和轮虫属；

⑧ 当存在有毒物质流入时会出现的现象有：原生动物的变化以及活性污泥中敏感程度最高的盾纤虫的数目会急剧减少，当其过分死亡时，则表明活性污泥已经被破坏，必须进行及时的恢复；

⑨ BOD 负荷低时会出现的微生物有：表壳虫属、鲜壳虫属、轮虫属、寡毛类生物。当这样的生物出现得过多时会成为硝化的指标。

10.2.7　曝气生物滤池的运行与管理

曝气生物滤池是生物膜处理工艺，是污水厂生化处理的核心。它的运行管理可以分为下列几个步骤进行：

（1）挂膜阶段

城市污水处理厂的挂膜一般采取的是直接挂膜方法。在适宜的环境条件和水质条件下该过程分两步进行：第一阶段是在滤池中连续鼓入空气的情况下，每隔半小时泵入半小时的污水，空塔水流速控制在 1.5m/h 以内；第二阶段同样是在滤池中连续鼓入空气的情况下，连续泵入污水，并使流速达到设计水流速。一般地，第一阶段需要 10~15d，第二阶段需要 8~10d 时间。在有需要的情况下，也可以采用分步挂膜的方法。

（2）运行与控制

包括布水与布气、滤料、对生物相的观察以及镜检等内容。下面分别概述之：

① 布水与布气

为了保证处理效果的稳定以及生物膜的均匀生长，必须对生物滤池实行均匀的布水与布气。对于布水，为了防止布水滤头及水管的堵塞，必须提高预处理设施对油脂和悬浮物的去除率，保证通过滤头有足够的水力负荷；对于布气，由于布气采用的是不易堵塞的单孔膜空气扩散器，所以一般情况下不会发生被堵塞的情况。当然为了使得布气更加均匀，可以采取调节空气阀门，也可以用曝气器冲洗系统对其进行冲洗，使布气更加均匀。

② 滤料

被装入滤池的滤料在装入之前必须进行分选、清洗等预处理措施，以提高滤料颗粒的均匀性，并去除尘土等杂物。

滤料的观察与维护。在滤池的工作过程中我们必须定期地观察生物膜生长和脱落情况，观察其是否受到损害。当发现生物膜生长不均匀，表现在微生物膜的颜色、微生物膜脱落的不均匀性上，必须及时地调整布水布气的均匀性，并调整曝气强度来更正，此外，可能由于有时候反冲洗的强度很大导致有部分滤料的损失，所以每一年定期检修时需要视情况酌情添加。

③ 滤料生物相的观察

对于一般的城市污水处理厂而言，生物膜外观粗糙，具有黏性，颜色是泥土褐色，厚度大约为 300~400μm。滤料上的生物膜的生物相特征与其他工艺中的会有所不同，这主要表现在微生物的种类和分布方面。具体说来，由于水质的逐渐变化以及微生物生长条件的改善，生物膜处理系统中所存在的微生物的种类和数量均较活性污泥处理系统中要高。尤其是丝状菌、原生动物、后生动物的种类会有所增加，厌氧菌和兼性菌占有一定的比例。生物相在分布方面的特征可以概述为：沿着生物膜的厚度和进水的方向呈现不同的微生物的种类和数量；而随着水质的变化会引起生物膜中微生物种类和数量的变化，当进水浓度增高时，会发现原来的特征性层次的生物下移的现象，换句话说就是原来的前级或者是上层的生物可以在后级或者是下层出现。所以我们可以通过对这一现象的观察来推断污水有机物浓度和污泥负荷的变化情况。

④ 生物相的观察

在污水的生化处理系统中，由于微生物是处理污水的主体，微生物的生长、繁殖和代谢活动以及它们之间的演变，会直接地反映处理状况。因此，我们可以通过显微镜来观察微生物的状态来监视污水处理的运行状况，以便使存在的问题和异常情况早发现早解决，提高处理效果。具体的镜检观察的操作步骤可以参见相关的书籍。

曝气池运行中应该注意的问题：

① 溶解氧

由于常规的生物滤池一般采用的是自动曝气的方法，所以在一般的情况下，只要保持适当的通风不会存在溶解氧不足的问题，当然有时候为了达到同步的硝化反硝化的目的，我们可以人为地将 DO 控制在适宜的范围之内，现在有的时候采用曝气生物滤池，其曝气的效果会更好。

② 滤料的更换与更新

在滤池的工作过程中，由于水流冲刷和反冲洗的一些缘故导致滤料的磨损和流失十分的严重，所以一般在每一年的滤池的大修之时要视情况和处理水的水质情况加以添加。

③ 滤池的反冲洗

反冲洗是维持曝气生物滤池强大功能的关键，在较短的反冲洗的时间之内，使填料得到适当的冲洗，恢复滤料上微生物膜的活性，并将滤料截留的悬浮物和老化脱落的厚生物膜通过反冲洗而排出池外。反冲洗的冲洗效果对滤池的出水水质、工作周期（过滤周期）的长短以及运行状况的优劣影响很大。

反冲洗的具体过程可以按下列程序操作：先单独用空气冲洗，然后再采用气水联合冲洗，停止清洗 30s，最后用水清洗。一般地，都要在进水管、出水管、曝气管、反冲洗水管和空气管道上安装自动控制阀门，从而可以通过计算机对整个冲洗过程进行自动程控。

曝气生物滤池的反冲洗周期必须根据出水水质、滤料层的水头损失、出水的浊度综合确定，并可以由计算机系统自动程控。在实际的工程运行中一般可以按照下列的原则进行：对于城市污水处理厂，运行 24～48h 冲洗一次，对于多格滤池并联运行的情况，反冲洗过程是依次单元格进行，这样可以使整个污水处理系统可以不受反冲洗的耽搁而顺利工作，反冲洗水的强度可以采用 5～6L/(m²/s)，反冲洗排水中的 TSS 浓度为 500～650mg/L，反冲洗的用气强度一般可以采用 15～20L/(m²/s)。当然具体的情况还应该结合本厂的实际情况进行调整，上述只是常规的参照值。

10.2.8 生物滤池运行中出现的异常情况及其处理对策

（1）生物膜严重脱落

这是运行中所不允许的，会严重地影响污水处理的效果。一般认为，造成生物膜严重脱落的原因是进水水质的变异，例如抑制性或者是有毒性的污染物的浓度过高，亦或者是污水的 pH 值的突变。其解决措施就是改善进水水质，并使其基本稳定。

（2）生物滤池处理效率降低

如果是滤池系统运转正常且生物膜的长势良好，仅仅是处理效率有所降低，这有可能是由进水的 pH 值、溶解氧、水温、短时间超负荷运行所致，对于这种现象，只要是处理效率的下降不影响出水的达标排放就可以不采取措施，让其自由恢复。当然如果是下降的十分明显，造成出水不能达标排放，则必须采取一些局部的措施如调整进水的 pH 值、调整供气量，对反应器进行保温等来进行调整。

（3）滤池截污能力的下降

滤池的运行过程中当反冲洗正常时出现这种情况则表明可能是进水预处理效果不佳，使得 SS 浓度较高所引起的，所以此时应该加强对预处理设施的管理。

（4）运行过程中的异常气味

如果进水的有机物浓度过高或者是滤料层中截留的微生物膜过多的话，其内就会产生厌氧代谢并产生异味。解决的措施为：使生物膜正常脱膜并使其由反冲洗水排出池外，减小滤池中有机物的积累；同时确保曝气设备的高效率的运行；避免高浓度或者是高负荷水的冲击。

（5）针对进水水质异常的管理对策

一般说来，城市污水处理厂的进水水质不会发生很明显的异常，但是在一些特定的条件下，污水水质会发生很大的异常，严重影响污水处理系统的运行。

① 进水浓度明显偏低

主要出现于暴雨天气，此时应该减少曝气力度和曝气时间，防止出现曝气过量的情况发生，或者是雨水污水直接通过超越管外排；

② 进水浓度明显偏高

一般来说，这种情况出现的几率不是很大，但是如果的确出现了，则应该要增大曝气时间和曝气力度，以满足微生物对氧的需求，实行充足供氧。

（6）针对出水水质异常的管理对策

当污水处理厂的出水出现水质恶化时，此时必须及时地采取有效的处理措施来应对。

① 出水水质发黑发臭

其产生的原因可能是污水中的 DO 不足，造成污泥的厌氧分解，产生了硫化氢等恶臭气体，也有可能就是局部布水系统堵塞而引起的局部缺氧。针对前者其解决办法是加大曝气量，提高污水中的 DO，而对于后者采取的措施就是检修和加大反冲洗强度；

② 出水呈现微弱的黄色

当出现这种情况时，可能就是由于生物滤池进水槽化学除磷的加药量太大，同时还有就是铁盐超标，其解决的方法就是减小投药量即可；

③ 出水带泥、水质浑浊

出现这种情况极有可能就是生物膜太厚，反冲洗强度过大或者是冲洗次数过频所致。所以在实际操作中应该保证生物膜的厚度不要超过 $300 \sim 400 \mu m$，否则应该及时地进行冲洗；同时，反冲洗强度过大或者是冲洗次数过频会使得生物膜的流失，从而处理能力下降，所以应该控制水解酸化池的出水 SS，减小反冲洗的次数，并且调整冲洗强度。

10.2.9　加药间和污泥脱水间的运行与管理

加药间和污泥脱水间都是污水处理厂的重要组成部分，所以一般应设专人维护与管理，确保其始终处于良好的运行状态。

（1）加药间

一般用来作两用，其一就是用来给污泥脱水。在操作时应该注意：没有经过硝化的污泥的脱水性能比较差，所以在正式处理之前测定污泥的比阻值，以此来确定最佳的用药量；对于有异常情况的污泥应该先进行调质然后才进行脱水。其二就是用来化学除磷。在操作时应该注意：必须根据每天的水质化验结果及时地调整用药量，以便使出水水质不出现异常情况，实现达标排放；所使用的化学药剂具有一定的腐蚀性，所以应该积极地维护设备的安全保养，发现有外漏的情况应该及时抢修。

此外，在加药间工作的人员应该经过必要的培训，以便可以正确地使用加药设备，同时要注意其内的环境卫生条件。

（2）污泥脱水间

污泥脱水间内应该要搞好环境的卫生管理，内部产生的恶臭气体不仅会影响工作人员的身体健康还会腐蚀实验设备，所以在实际中要注意加强室内空气的流通；及时地清除厂区内的垃圾，及时外运泥饼，并且做到每天下班前冲洗设备、工具以及地面；还要定期地分析滤液的水质，判断污泥脱水的效果是否有下降。

10.2.10　水质分析室的运行管理

（1）水质分析实验室的管理与维护

要想使水质分析实验室安全科学的运行，应该严格做到以下事项：

① 严格执行化验室的各种安全操作规程；

② 严格遵守化验室的各种规章制度；

③ 认真维护和保养实验室的各种实验设备；

④ 严格执行药剂的行业配制标准。

（2）化验室主任以及化验人员的岗位责任制

① 化验室主任要以身作则，带领全室人员严格遵守室内的各种规章制度，积极参加厂组织的各种活动，服从组织的安排，确保完成上级下达的任务和指标；

② 管理好室内的日常事务，履行化验结果的相关签发责任，作好每月考核和年度考评工作，同时要做好相关资料的统计工作；

③ 严格遵守化验室的各种规章制度，坚持安全第一，落实安全措施，团结合作，积极进取，积极奋斗；

④ 化验人员要负责厂内的进出水、污泥和工艺要求的各项目的测试与分析；

⑤ 化验人员要精通分析原理，熟悉采样、分析操作规程，作好原始记录，仔细认真及时地完成所分配的任务；

⑥ 化验人员要承担对厂内排污单位的水质检测；

⑦ 化验人员在配制试剂时要按照规则使用红蓝卷标，并注明名称浓度、姓名和日期；

⑧ 做好仪器分析前后和过程中的卫生，并定期计量校验的仪器，定期对仪器的灵敏度进行标底，确保分析数据的准确性，做好台账；

⑨ 化验员要与工艺员、中控室、厂办等部门保持密切的联系，积极配合厂内的工作检查；

⑩ 化验人员要每天定时在规定的采样点取样，采样的时候要严格按照操作规程做，确保取得的水样不变质并且具有代表性，对所取得水样应该及时地进行分析，不要耽搁，以免影响化验结果的准确性，对各水样测得的数据，如果有异常的情况，应该及时地报告技术负责人，共同分析原因，采取必要的措施进行处理，保证水处理各道工序的正常运转；

⑪ 化验员对于化验结果所得出的数据要及时认真填写，实事求是，确保准确无误；化验结果要做到一式三份，一份交给项目经理，一份交总工，自留一份存档。

10.2.11　水质的分析与管理

在污水处理厂的运行过程中，对进出水水质进行严密的检控和精确的分析具有十分重要的意义。水质分析的结果是污水处理厂各项运行管理工作的出发点和依据，是污水处理厂运行的一个经济参数、效益参数和社会参数。

（1）水样的采集

水样的采集必须具有代表性，要全面充分地反映污水处理厂的客观运行状况，反映污水在时间和空间上的规律；

在采样的过程中，对采样点的选择和采样的时间频率都有十分严格的要求，在污水处理厂的出入口、主要设施的进出口和一些局部的特殊位置设置采样点；在污水厂的入口、污水厂的出口的采样频率一般为每班采样 2～4 次，并将每班各次的水样等量混合后再测试一次，每天报送一次化验结果；而对于主要设施的水样采集一般每周采样 2～4 次，应该分别测定，最后报送结果；当处理设施处于试运行阶段时，则应该每班都应该采样测定。在采样的过程中，如果遇到事故性排水等特殊情况时，则采样的方式应该和平时正常的方式有所区别。

（2）水样盛装容器的选用

为了避免水样的保存容器对水样测定成分的影响，所以保存容器必须按照规定的原则选取：测 pH 值、DO、油类、氯应该采用玻璃瓶；测重金属、硫化物、有毒物质应该采用塑料瓶盛装；而对于要测定 COD_{Cr}、BOD_5、酸碱等水样可以采用玻璃瓶或者是塑料瓶。

（3）水样的保存

水样分析理想的状况是对所取的水样立即进行保存，否则，随着时间的耽搁会影响水样分析结果的准确性。为了使被测水样在运输过程中不会发生水质变异，应该加以固定剂进行保存。在水质保存的过程中，对固定剂的选择原则就是保证固定剂的投加不能使以后的测定操作带来很大的困难，具体的选用原则可以参考相关的书籍，一般被测定的水样样品可在 4℃下保存 6h 之久。

10.2.12　污泥出泥的管理

（1）正常情况下的污泥出泥的管理

正常情况下的污泥含水率大于 99％，而且脱水性能比较差，一般要投加絮凝剂和助凝剂才能够进行大规模脱水，污水处理厂的污泥投加药剂一般为聚丙烯酰胺和聚合氯化铝，脱水后的滤液回流至集水井再次处理；泥饼装车运到垃圾场填埋，运输过程中不得有泥饼脱落的情况，否则会造成二次污染，影响十分恶劣。

（2）出现异常情况的污泥管理

出现异常情况的原因很多，一般有污泥量减少、污泥上浮、污泥厌氧等，所以管理应该从以下几个步骤进行：首先查明出现异常问题的原因，然后对症下药解决污泥的异常情况；如果是水解酸化池污泥浓度的降低，那么就应该减少污泥的排放量，而剩余的污泥则按照正常的程序处置；当水解酸化池出现污泥上翻或者是污泥厌氧产气时，应该加大水解酸化池的排泥量。对于污泥出泥的管理是一个十分重要的环节，所以在实际的运行中要密切地关注污泥出泥的变化，减少恶劣情况的发生。

第11章 城市污水处理工艺系统
与工程设计典型实例

11.1 污水处理的工艺组合流程系统概述

一般废水或污水的组分复杂多变，只用某一种单元操作往往达不到预期的净化指标。因此，在实际水处理中，常采用几种方法组合起来。多种废水处理方法组合就构成废水处理工艺系统或工艺流程。如在预处理阶段以筛分法除去大颗粒固体物质，必要时还需做 pH 调节和油水分离等操作。此后的一级处理意在除去悬浮物，二级处理主要对象是可生化有机物，此后若水中还有残存悬浊物或溶解杂质等可应用各种深度处理方法。典型的城市废水处理工艺系统如图 11-1 所示。

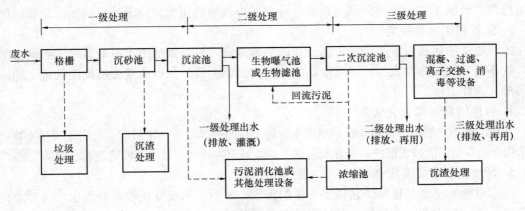

图 11-1 城市污水典型处理流程

在考虑用何种方法处理废水的同时，必须考虑技术经济指标，按经济规律办事，着眼于综合利用，讲究经济效益、治理效果和核算成本等，做到因地制宜。否则，花费大量投资而达不到治理目的或治理工程建成后因不合理而半途而废，造成浪费。

11.2 污水处理工艺系统及工程优化设计

处理工艺选择的目的是根据污水量、污水水质和环境容量，在考虑经济条件和管理水平的前提下，选用安全可靠、技术先进、节能、运行费用低、投资省、占地少、操作管理方便的成熟工艺。

工艺流程优化设计，一般需要考虑下列因素：

1. 污水应达到的处理程度

这是选择处理工艺的主要依据，污水处理程度主要取决于处理后水的出路和动向。

（1）处理后出水排放水体，是最常采用的动向。处理后的出水排放水体时，污水处理程度一般以城市污水二级处理工艺技术所能达到处理程度，即 BOD_5、SS 均为 30mg/L 来确定工艺流程。

（2）主要回用于农业灌溉，其水质应达到《农田灌溉水质标准》（GB 5084—2005）。其次是作为城市杂用水，如喷洒绿地、公园、冲洗街道和厕所，以及作为城市景观的补给水等。回用水的水质指标为：

COD<30mg/L；

BOD<15mg/L；

pH 值：5.8～8.6；

大肠菌群<10 个/mL；

气味：不使人有不快的感受；

消毒杀菌：并应保证出水有足够的余氯。

2. 建设及运行费用

考虑建设和运行费用时，应以处理水达到水质标准为前提条件。在此前提下，工程建设及运行费用低的工艺流程应得到重视。此外，减少占地面积也是降低建设费用的重要措施。

3. 工程施工难易程度

工程施工的难易程度是选择工艺流程的影响因素之一。如地下水位高、地质条件差的地方，就不适宜选用深度大、施工难度高的处理构筑物。另外，也应考虑所确定处理工艺应运行简单、操作方便。

4. 当地的自然和社会条件

当地的地形、气候等自然条件也对废水处理流程的选择具有一定影响。如当地气候寒冷，则应采用在采取适当的技术措施后，在低温季节也能够正常运行，并保证取得达标水质的工艺。

5. 污水量和水质变化情况

污水量的大小也是选择工艺需要考虑的因素，水质、水量变化较大的污水，应考虑设置调节池或事故贮水池，或选用承受冲击负荷较强的处理工艺，或选用间歇处理工艺。

总之，污水处理工艺流程的选择是一项比较复杂的系统工程，必须对上述各因素加以综合考虑，进行多种方案的经济技术比较，还应进行深入的调研及试验研究工作，才可能选择技术先进可行、经济合理的理想工艺流程。

11.3 污水处理工程设计典型实例

11.3.1 宝钢德盛污水处理厂

1. 工艺介绍

（1）工程概况

乡镇、企业污水处理工程与城市污水处理工程不同，具有远离城市、处理规模较小、用地资源紧张、建设资金极其有限、运行管理人员较匮乏等特点，常用的工艺有三种：生物膜法的典型代表——接触氧化工艺，改进活性污泥法的成熟代表——氧化沟工艺，处理成本低的土地处理系统代表——快速渗漏工艺。某公司远离城市污水厂、污水纳入城市污水厂统一处理有难度，厂区已建成工业废水处理站并投产运行了，但厂区生活污水未进行处理，因此厂区内的生活污水收集后进行独立处理，并结合企业冷却用水与冲灰用水量大的特点，生化出水深度处理后进行回用。

本工程污水处理规模小、污泥产量小（约 250kg/d），采用机械脱水增加设备管理节点、运行要求高；采用自然干化方式虽易受气候影响，但鉴于污泥量小，自然干化池具有一定的储存功能，通过干化池上设可滑移阳光板，一则可避免雨水渗入污泥，二则也可移开阳光板通过日晒增加蒸发量，且自然干化无需动力能耗，管理要求低，推荐污泥采用自然干化工艺。

鉴于污水处理站的运行管理水平、处理规模及中水回用的特点，采用易于运行管理的改良型 Carrousel 氧化沟生物处理工艺、微絮凝高效过滤的深度处理工艺、次氯酸钠消毒工艺及污泥自然干化工艺，如图 11-2 所示。

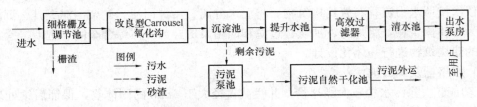

图 11-2　宝钢德盛污水处理站工艺流程图

（2）水质、水量指标和处理要求及指标

污水处理站主要处理厂内生活区的生活污水，设计规模 2000m³/d。设计进水水质根据厂区内生活区排放污水的性质并结合已运行的罗源县城关污水处理厂进水水质综合确定；鉴于出水作为宝钢德盛不锈钢有限公司的冷却用水与冲灰用水，出水水质在满足《城镇污水处理厂污染物排放标准》（GB 18918—2002）一级 A 标准的情况下执行《城市污水再生利用工业用水水质》（GB/T 19923—2005）中的冷却用水及洗涤用水水质，详见表 11-1。

表 11-1　污水处理站进、出水水质

项　目	进水水质	出水水质
BOD$_5$（mg/L）	80	≤10
COD$_{Cr}$（mg/L）	180	≤50
SS（mg/L）	180	≤10
NH$_4^+$-N（mg/L）	20	≤5(8)
TN（mg/L）	30	≤15
TP（mg/L）	3	≤0.5
浊度（NTU）	—	≤5
色度（度）	—	≤30
粪大肠菌群数（个/L）	—	≤1000

注：表中括号外数值为水温＞12℃时。

2. 工艺设计

规模 2000m³/d，K_z＝1.93，进行工艺设计分析。

(1) 总体布局（图 11-3）

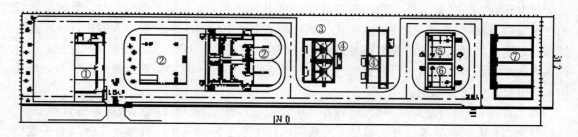

图 11-3　总平面布置图

①—细格栅及调节池；②—改良型氧化沟；③—沉淀池，污泥泵房及中间水池；

④—综合处理车间（加药加氯，过滤车间及回用泵房）；⑤—清水池；

⑥—干化池；⑦—管理用房

工程占地约 5433m²，根据窄长形用地的特征，综合考虑工艺流程及站区人流、物流和交通流的流畅，进行总平面布置，在站区南侧紧邻站外道路布置管理用房（含配电室），由南至北依次按照水力流程布置建构筑物，将泥水分离、污泥回流、剩余污泥提升、沉淀出水提升合为一体构筑物，将加药、加氯、过滤和回用泵房合为一体综合车间，把衔接紧密、功能类似的建构筑物进行一体化设计。

(2) 细格栅及调节池

① 功能：去除污水中较大漂浮物，并拦截直径大于 6mm 的固体物，保证后续处理系统正常运行，同时对水质水量进行调节，并提升污水至生化系统。

② 设计参数：

过栅流量：$Q_{max} = 160.8m^3/h$

栅条间隙：$b = 6mm$

调节池 HRT=8.9h

③ 主要设备：回转式细格栅 1 台，格栅净宽 0.6m，倾角 $\alpha = 75°$，$N = 0.75kW$。搅拌机 2 台；潜污泵（$Q = 42m^3/h$，$H = 11m$，$N = 3.7kW$）3 台，2 用 1 备。

④ 主要特点：将固体、漂浮物去除、水质水量调节、污水提升功能综合至一构筑物中实现。

(3) 改良型 Carrousel 氧化沟

设 1 座 2 组，每组规模 1000m³/d。

① 结构尺寸：$L \times B \times H = 24.45m \times 17.7m \times 4.2m$。

② 设计参数：

总停留时间 HRT=14.6h

选择区：

水力停留时间 0.4h，内设搅拌机 1 台，功率 0.37kW。

厌氧区：

水力停留时间 2.0h，每格设推流器 1 台，功率 0.85kW。

缺氧区：

水力停留时间 2.6h，每格设推流器 1 台，功率 0.85kW。

好氧区：

污泥负荷：$FWV = 0.064 \text{kg BOD}_5/\text{kg MLSS} \cdot \text{d}$

污泥浓度：$MLSS = 3000 \text{mg/L MLVSS/MLSS} = 0.75$

水力停留时间：$HRT = 9.6 \text{h}$

总泥龄：$SRT = 15 \text{d}$

需氧量：$AOR = 225 \text{kg O}_2/\text{d}$（单组）

供氧量：$SOR = 389.6 \text{kg O}_2/\text{d}$（单组）

有效水深：$H = 3.7 \text{m}$

主要设备：$18 \text{kg O}_2/\text{h}$ 转碟曝气机 2 台，$D = 1500 \text{mm}$，$N = 15 \text{kW}$；$B \times H = 0.3 \text{m} \times 0.3 \text{m}$ 进水闸门 2 台；$B \times H = 0.5 \text{m} \times 0.5 \text{m}$ 混合液回流闸门 2 台；出水调节堰门 1 台，$B \times \Delta H = 0.6 \text{m} \times 0.6 \text{m}$，启闭力 $T = 3.0 \text{T}$。

③ 主要特点：通过池型布置和水力条件优化，在不增加额外动力能耗的情况下实现混合液内回流；把氧化沟设计成 A^2/O 运行模式，脱氮除磷效果更佳。

（4）沉淀池、污泥泵房及提升水池

包括沉淀池、提升水池和污泥泵房。进行泥水分离，使混合液澄清、污泥浓缩并将分离的污泥回流到生化段，将剩余污泥提升至污泥干化池，同时将出水提升至后续的处理系统。

① 设计参数：竖流沉淀池 2 格，平均水力负荷 $q_{av} = 0.85 \text{m}^3/(\text{m}^2 \cdot \text{h})$。

② 主要设备：各设清水提升潜水泵、污泥回流泵、剩余污泥泵 3 台，均 2 用 1 备。

③ 主要特点：将泥水分离的沉淀池与污泥回流、剩余污泥提升和沉淀出水提升合并为一体化构筑物，节省用地与投资。

（5）综合处理车间

包括过滤间、加矾间、次氯酸钠制备间和水泵间。

① 加矾间：设计药剂为聚合氯化铝 PAC，设计正常投加量 15mg/L，最大投加量 30mg/L，常年投药浓度为 5%。加矾采用 SCD 控制技术，根据流量和浊度反馈控制，配备一体化控制设备。

② 过滤间：采用滤速快、占地小、精度高、反冲洗耗水率低、冲洗效果好、抗冲击负荷的自适应纤维球滤料高效过滤器 1 个。

设计正常滤速 $V = 36.9 \text{m/s}$，过滤周期 24h。

反冲洗：水冲 $q_1 = 6 \sim 8 \text{L}/(\text{m}^2 \cdot \text{s})$，$t_1 = 1 \sim 2 \text{min}$；气冲 $q_2 = 60 \text{L}/(\text{m}^2 \cdot \text{s})$，$t_2 = 3 \sim 5 \text{min}$；气水冲强度同水冲、气冲，$t_3 = 8 \sim 10 \text{min}$。

反冲洗水泵 2 台：$Q = 25 \text{m}^3/\text{h}$，$h = 12.5 \text{m}$，$N = 1.5 \text{kW}$；反冲洗鼓风机 2 台：$Q_s = 4.4 \text{m}^3/\text{min}$，$P = 0.060 \text{MPa}$，$N = 11 \text{kW}$。

③ 次氯酸钠制备间：设计正常投氯量 9mg/L，最大 15mg/L。

发生器采用溶盐箱、电解槽、储液箱、投药泵一体式装置。

发生器的冷却水管、排空管排水均排放至排水沟，排氢管从高处排出室外。

④ 水泵间：设清水泵 4 台，正常运行 2 台，高峰时根据流量控制运行台数。$Q = 45 \text{m}^3/\text{h}$，$h = 16 \text{m}$，$N = 4.0 \text{kW}$。

⑤ 主要特点：将加药、消毒、过滤和中水回用提升泵房合并为一体化处理车间，管理集中方便。

（6）清水池

① 功能：调节进出水水量。

② 参数：总调节容积 $V=400m^3$。

（7）污泥干化池

通过蒸发、下渗及浓缩排除上清液方式对剩余污泥进行自然干化脱水。

① 结构尺寸：$L \times B=25.6m \times 14.6m$　$H=2.0m$ 分为三格。

② 参数：总剩余污泥量 250kg/d。

③ 主要设备：排除上清液闸门 3 台，$B \times H=800mm \times 800mm$。

④ 主要特点：针对小规模污水处理产泥量少的特点，采用具有自然蒸发、下渗及浓缩上清液排除功能的污泥自然干化池，具有操作简易、运行灵活、投资省的实用价值；上设可滑移阳光板应对雨季对污泥干化的影响。

3. 总体评价

该污水处理站于 2013 年 1 月建成投产，工程投资约 560 万元，出水回用于厂区作为冷却水和冲灰水，水质稳定可靠。针对比较偏远、小规模、运行管理要求简单的污水处理工程特点，对局部工艺流程进行一体化设计，实现运行管理简单与节省投资的目的。

（1）将细格栅、污水调节与提升合并为一体化处理构筑物；将泥水分离的沉淀池与污泥回流、剩余污泥提升和沉淀出水提升合并为一体化构筑物；将加药、消毒、过滤和中水回用泵房合并为一体化处理车间；实现了功能类似、衔接紧密建构筑物的一体化运行管理，节省投资、便于运行管理维护。

（2）采用泵前投加絮凝剂的形式，有效利用水泵叶轮的混合作用。

（3）采用滤速快、占地小、精度高、反冲洗耗水率低、冲洗效果好、抗冲击负荷强的自适应纤维球滤料高效过滤器，回用水水质保障性高。

（4）针对小规模污水处理产泥量少的特点，采用具有自然蒸发、下渗及浓缩上清液排除功能的污泥自然干化池，具有操作简易、运行灵活、投资省和运行成本低的实用价值。

11.3.2　四川某城市污水处理厂

1. 工程概况

目前，国内外城市污水处理技术越来越向着简单、高效、经济的方向发展，各类构筑物从工艺和结构上都趋向于合建一体化，如氧化沟、SBR、UNITANK 等。其中，一体化氧化沟作为氧化沟的一种改良型，以其独特的技术、经济优势，正在我国中小城市得到推广应用。某城市污水处理工程确定采用一体化氧化沟工艺进行处理，以达到使处理后污水达标排放、保护环境的目的。

2. 设计水质、水量等指标

设计处理水量规模为 1 万 m^3/d。

设计进水水质 BOD_5 为 100～150mg/L，COD 为 200～300mg/L，SS 为 250mg/L。设计出水水质达到《污水综合排放标准》（GB 8978—1996）一级标准。

3. 工艺介绍

（1）污水主要工艺流程如图 11-4 所示。

该工程采用一体化氧化沟处理工艺。氧化沟工艺具有以下特点：

① 工艺流程简单，运行管理方便。氧化沟工艺不需要初沉池和污泥消化池。有些类型氧化沟还可以和二沉池合建，省去污泥回流系统。

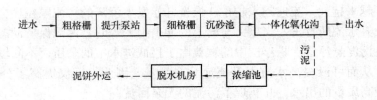

图 11-4 污水处理工艺流程

② 运行稳定，处理效果好。氧化沟的 BOD_5 平均处理水平可达到 95％左右。

③ 能承受水量、水质的冲击负荷，对浓度较高的工业废水有较强的适应能力。这主要是由于氧化沟水力停留时间长、泥龄长和循环稀释水量大。

④ 污泥量少、性质稳定。由于氧化沟泥龄长，一般为 20～30d，污泥在沟内已好氧稳定，所以污泥产量少从而管理简单、运行费用低。

⑤ 可以除磷脱氮。可以通过氧化沟中曝气机的开关，创造好氧、缺氧环境达到除磷脱氮目的，脱氮率一般＞80％。但要达到较高的除磷效果则需要采用另外措施。

⑥ 基建投资省、运行费用低。和传统活性污泥法工艺相比，在去除 BOD_5、去除 BOD_5 和 NH_3-N，以及去除 BOD_5 和脱氮三种情况下，基建费用和运行费用都有较大降低。特别是在去除 BOD_5 和脱氮情况下更省。同时统计表明在规模较小的情况下，氧化沟的基建投资比传统活性污泥法节省更多。

（2）一体化氧化沟的基本特点是将生物处理净化和固液分离合为一体。而从生物处理工艺来讲，该一体化氧化沟又是一个集厌氧、缺氧、好氧为一体的 A^2/O 体系。一体化氧化沟总设计水力停留时间为 15h，其中厌氧段为 1h，缺氧段为 2h，好氧段为 12h。沟内有效水深为 4.5m，单沟宽 10.5m。厌氧区设 0.75kW 水下混合搅拌器 1 台，缺氧区设 2.2kW 水下混合搅拌器 1 台。好氧段设直径为 10m、长 9m 的曝气转刷 2 台，每台功率 45kW，此外还设有 7.5kW 水下推动器 2 台。

在本工艺中，固液分离是在氧化沟的侧沟和中心岛的固液分离器中进行的（图 11-5），它们是一体化氧化沟技术的关键，同时具有固液分离和污泥回流两大功能，直接决定着出水水质的好坏。

（3）固液分离器工作原理

侧沟与中心岛固液分离器具有与二沉池相同的功能，但沉淀机理与主要是重力作用的二沉池又有显著的不同。当混合液由主沟进入固液分离组件后，由于组件的特殊构造，水流方向发生很大的变化，造成较强烈的紊动。这时混合液中的污泥颗粒正处于前期絮凝阶段，紊动对絮凝的影响不大。随着絮凝不断进行，污泥颗粒越来越大，污泥的絮凝过程到了后期絮凝阶段，紊动的不利影响也越来越大，与絮凝过程的要求相适应，这时混合液流过组件弯折，流速大大降低，且流动开始趋于缓和。因此，在固液分离组件下部的很小底层里，絮凝作用已基本完成。絮凝成形的污泥颗粒在不断上升

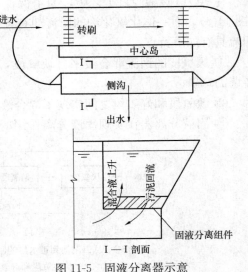

图 11-5 固液分离器示意

的过程中，密度越来越大，流速越来越小。慢慢开始发生沉降的污泥颗粒还会被池底不断涌入的混合液的上升水流所冲击，当重力与向上的冲击力相等时，污泥保持动态的静止，于是形成了一个活性污泥悬浮层。悬浮层中的颗粒由于拦截进水中的杂质而不断增大，污泥颗粒沉速不断提高，从而可以提高水流上升流速和产水量。因此，不仅提高了分离器的表面负荷，还取得了较高质量的出水，并实现了污泥的无泵回流。

值得一提的是，分离器上形成的悬浮层并不是固定不变的，而是一层处于动态平衡的活性污泥层。这是由于氧化沟内的水平流速及分离组件的特殊构造使发生絮凝的污泥不断向主沟回流，而混合液不断上升。这样，悬浮层中的污泥得到不断地更新，避免了活性污泥因堆积缺氧而造成的腐化和反硝化浮泥现象。

（4）固液分离效果分析

一般来说，活性污泥系统固液分离效果受表面负荷（NA）、污泥浓度（MLSS）以及污泥沉降性能（SVI）等因素影响。由表 11-2 可以看出在这几种因素的影响下，出水水质的变化并不大，说明该固液分离器运行效果稳定，能承受较大的表面负荷。

表 11-2　侧沟固液分离效果

Q （m^3/d）	N_A [$m^3/(m^3 \cdot d)$]	MLSS （mg/L）	SVI （mL/g）	出水 SS （mg/L）
11100	52.8	2075	55	12.1
10500	50.0	1886	79	8.1
11500	54.8	1879	80	10.3
7500	35.7	2046	73	3.2
8000	38.1	2251	67	5.3
12000	57.1	2428	62	14.0
12500	59.5	2837	53	18.5

该固液分离器的平均表面负荷为 $50m^3/(m^2 \cdot d)$，是一般二沉池的 $1.5 \sim 2$ 倍，因此可比一般的二沉池节省占地 $1/3 \sim 1/2$。而且固液分离器实现了污泥的无泵自动回流，节省了工程造价和日常运行、管理及维护费用。

在 A^2/O 除磷脱氮工艺中，为了保证各阶段的生物量，一般来说需要三种不同的回流（图 11-6），而一体化氧化沟的回流却有着明显的不同（图 11-7）。原因在于一体化氧化沟的回流具有如下特点：

① 厌氧段的回流混合液来自缺氧段，使厌氧段中的硝态氮含量降低，有助于厌氧段聚磷菌的释磷。

② 缺氧段和好氧段之间实现了混合液的水力回流，省掉了一套机械回流装置。

③ 固液分离器在实现固液分离作用的同时实现了污泥向好氧段的无泵自动回流，再次

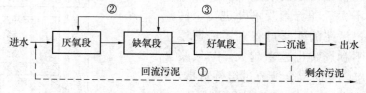

图 11-6　传统 A^2/O 法工艺

①—从二沉池到进水口的回流；②—从缺氧段向厌氧段的回流；
③—从缺氧段和好氧段之间实现混合液的水力回流

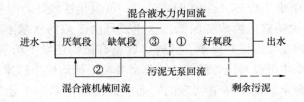

图 11-7　一体化氧化沟工艺

①—污泥无泵回流；②—混合液机械回流；③—混合液水力内回流

省掉了一套机械回流装置。

由此可知，与传统 A^2/O 工艺相比，一体化氧化沟工艺省掉了两套污泥回流系统，大大节省了工程建设费用和运行管理维护费用。

4. 运行及管理介绍

该工程培菌初期基本上是直接引进原污水进行闷曝。由于培菌期间为冬季，平均水温不到 10℃，故微生物增长十分缓慢，为了加快培菌过程，缩短启动时间，采用了投加鸡粪和粪便污水进行培养，效果较为显著，出现少量活性污泥絮体。后改用连续培养方式，至沟中活性污泥浓度达到 1000mg/L，SV 值达到 10%，活性污泥沉降性能良好，镜检出现固着型原生动物，出水水质稳定。至此，培菌结束开始投入正常运行。

5. 设备设计

该一体化氧化沟采用水下推动器和曝气转刷组合的动力系统（图 11-7）。一般说来，在一个完全混合活性污泥系统中，表面机械曝气设备同时承担着充氧、混合和推动的作用。由于曝气设备技术条件的局限，早期的氧化沟沟深受到很大限制，而水下推动器的配合使用，使曝气转刷从众多的功能中相对独立出来，以充氧的功能为主，混合推动的功能则主要由水下推动器承担，防止沟中产生沉积。该污水厂的运行情况表明，当只有两台转刷运行时，沟内有一定的污泥沉积。当一台转刷和两台水下推动器组合运行时，混合状况良好。而水下推动器的功率密度仅为 $3W/m^3$，故既达到了节能的目的，同时也使增大沟深、减少占地的目的得以实现。

该污水厂全部设备为国产化设备，节省了投资，与我国提倡的城市污水处理设备国产化、成套化的方针政策一致。合建式一体化氧化沟缩短了工艺流程，固液分离器实现泥水分离和污泥无泵自动回流，固液分离效率高，曝气转刷和水下推动器联合使用，使运行方式更为灵活。一体化氧化沟在工程投资、占地和能耗上具有极大的优势，是适合我国国情的一种污水处理新技术，非常适合中小城市污水处理厂。

6. 处理效果及分析

污水处理厂进出水水质情况见表 11-3。

表 11-3　污水处理厂进出水水质情况

项　目	COD （mg/L）	BOD （mg/L）	SS （mg/L）	NH₃-N （mg/L）	TN （mg/L）	TP （mg/L）
进水范围	77.9~578	55~153	22~541	13~27.8	18~30.7	2.6~8.9
进水均值	197.4	73.2	123.1	20	23.4	5.8
出水范围	26.0~46.0	9.2~20.6	3.0~21.0	0.8~2.3	3.1~12.4	1.1~5.5
出水均值	33.6	15.4	13.1	1.5	6.9	2.3

由表 11-3 可看出原水平均 $BOD_5/COD=0.37$，可生化性较好，但从营养比看，BOD_5：N：P＝16.6：4：1，说明有机物浓度偏低。这主要是由于原污水基本上是生活污水，经化粪池后，一部分有机物发生沉淀和降解。此外，含氮有机物还发生厌氧消化，故 NH_3-N 浓度相对较高。从出水水质可以看出，除 TP 外其余各项指标均优于国家一级排放标准。这主要是由于除磷是通过剩余污泥的排放实现的，而在此期间内基本上还未排放过剩余污泥的缘故。

7. 总结评价

合建式一体化氧化沟缩短了工艺流程，固液分离器实现泥水分离和污泥无泵自动回流，固液分离效率高；曝气转刷和水下推动器联合使用，使运行方式更为灵活。一体化氧化沟在工程投资、占地和能耗上具有极大的优势，是适合我国国情的一种污水处理新技术，非常适合中小城市污水处理厂。

8. 不足之处

该工艺处理后的水主要以景观用水为主，虽然在很大程度上降低了人们对新鲜水源水的需求，从而减小环境所承载的负荷，但是没有充分利用水资源，若处理后的水能够回用，经过进一步的处理能够达到生活用水的标准就更好了。总之，城市生活污水处理会朝着低能耗、高效率、少剩余污泥量、最方便的操作管理，以及实现磷回收和处理水回用等可持续的方向发展。

11.3.3 武汉汉阳南太子湖污水处理厂

1. 工程概况

活性污泥法——人工湿地联合处理示范工程位于武汉汉阳南太子湖污水处理厂内，南太子湖污水处理厂服务面积为 $55.4km^2$，服务人口为 61.3 万人，近期达到规模为 $10^4 m^3/d$，采用 T 型氧化沟二级生物处理工艺，污泥采用带式压滤机脱水处理，项目总投资约为 17000 万元。示范工程进水来自南太子湖污水处理厂沉砂池出水，经过交互式反应器处理后，一部分出水汇同南太子湖厂处理出水经厂区排放口排入长江，另一部分出水通过潜流湿地进行生态处理后回用，剩余污泥进入污泥浓缩池，然后经带式压滤机脱水外运。

2. 进水水质水量

示范工程水质监测从 2006 年 4 月到 2006 年 11 月，时间跨过春季、夏季、秋季三个季节，平均进水水质见表 11-4，进水月变化情况如图 11-8 所示。由于示范工程所处的南太子湖污水处理厂是新建厂，正式投产运行不到一年的时间，配套收集管网尚未完全建成，故水量没有达到设计水量。受此影响，示范工程进水量也只有 $7000\sim8000m^3/d$，平均处理水量达到设计值的 75％左右。故交互式反应器的实际水力停留时间延长到了 11.3h，潜流人工湿地的实际水力负荷也减小到了 0.35m/d。

表 11-4 示范工程进水水质

水质指标	平均值	最大值	最小值
水温（℃）	25.16	29.7	17.8
pH	7.36	8.11	6.9
SS（mg/L）	219.9	938	44
色度	115	320	36
COD_{Cr}（mg/L）	254.2	789	101

续表

水质指标	平均值	最大值	最小值
BOD_5（mg/L）	127.3	647	37.5
NH_4^+-N（mg/L）	28.23	40.8	13.6
TN（mg/L）	33.03	44.2	16.8
TP（mg/L）	4.57	11.9	1.69
BOD/COD	0.5	0.62	0.28
COD/TN	7.7	13.26	4.54
COD/TP	55.6	67.8	32.5

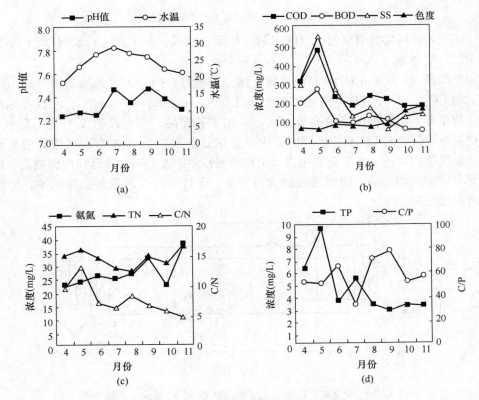

图 11-8　示范工程进水水质月变化情况

（a）pH 值和水温；（b）COD、BOD、SS 和色度；（c）NH_4^+-N、TN 和 C/N；（d）TP 和 CP

3. 工艺介绍

根据武汉市经济技术开发区城市污水全年水质波动大、有机碳源含量低、氮磷营养盐含量高的水质特征，采用高效生物处理工艺，对城市污水中的 COD、SS、氮磷等进行有效去除，采用人工湿地系统对出水中的氮磷进一步去除，强化出水水质。联合示范工程工艺流程分别如图 11-9 所示。原污水经过隔栅、沉砂去除大颗粒物质后，进入交互式反应器进行生物处理，出水经二沉池沉淀后满足一定的排放要求，部分或全部二级处理出水进入页岩/钢渣潜流人工湿地进行生态处理。

由于武汉市各个时段原水水质特征如水温、有机物浓度和 C/N 等及降水量不同，根据出水水质要求，在各时段采用不同的工艺运行模式，即采用了改良型 A^2/O 工艺、预缺氧＋

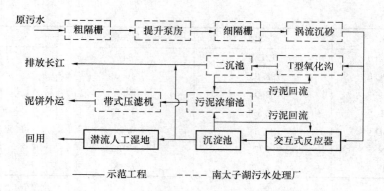

图 11-9 联合处理示范工程工艺流程图

倒置 A²/O 工艺和局部低氧倒置 A²/O 工艺三种运行模式。各工艺运行流程如图 11-10、图 11-11、图 11-12 所示。

在初始阶段（4 月至 6 月中旬），系统开始稳定运行，但是进水污染物浓度超出了设计负荷，平均 COD、TN、TP 分别达到 382mg/L、35.1mg/L、6.92mg/L。综合考虑低温影响、硝化菌培养、污染物浓度较高等因素，采用了长泥龄、高污泥浓度的改良型 A²/O 工艺。改良型 A²/O 工艺 I 区和 II 区同时进水，流量分配为 20% 和 80%，增强预缺氧池（I区）的反硝化能力，进一步充分利用进水中相对充裕的碳源，通过降低污泥回流比，减少了回流污泥中硝态氮的影响，同时通过加大内回流，保持了较高的总氮去除效率，出水水质高、运行管理方便。

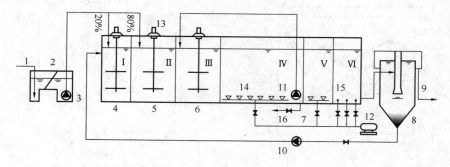

图 11-10 交互式反应器示范工程改良型 A²/O 模式工艺流程图

1—泵站来水；2—细格网；3—进水提升泵；4—预缺氧池；5—厌氧池；6—缺氧池；
7—好氧池；8—二沉池；9—出水；10—污泥回流泵；11—混合液回流泵；
12—鼓风机；13—搅拌机；14—微孔曝气盘；15—穿孔管；16—排泥阀；
I～VI—反应器分区编号

进入夏季阶段后（6 月中旬至 9 月初），进水污染物浓度恢复正常，平均 COD、TN、TP 分别为 232mg/L、31.4mg/L、3.51mg/L，水温逐渐升高，工艺转换为较低污泥浓度的预缺氧＋倒置 A²/O 工艺。在该流程中，I 区作为预缺氧池对回流污泥进行内源反硝化，以消除硝态氮对厌氧释磷的影响。第 II 区和第 III 区分别作为厌氧池和缺氧池，污泥回流至第 III 区，第 IV～VI 区均为好氧池。由于交互式反应器本身的构造特点，混合液回流泵的位置不是位于好氧区的出水端，而是位于反应器第 IV 分区的末端。好氧区中 VI 区的主要功能是作为物化池完成混凝反应过程。

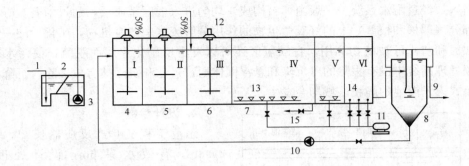

图 11-11　交互式反应器示范工程预缺氧＋倒置 A^2/O 模式工艺流程图

1—泵站来水；2—细格网；3—进水提升泵；4—预缺氧池；5—缺氧池；

6—厌氧池；7—好氧池；8—二沉池；9—出水；10—污泥回流泵；

11—鼓风机；12—搅拌机；13—微孔曝气盘；14—穿孔管；15—排泥阀；

Ⅰ～Ⅵ—反应器分区编号

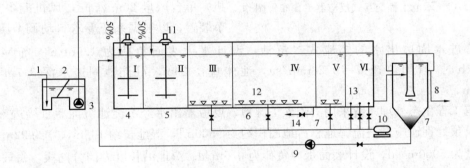

图 11-12　交互式反应器示范工程局部低氧倒置 A^2/O 模式工艺流程图

1—泵站来水；2—细格网；3—进水提升泵；4—缺氧池；5—厌氧池；6—好氧池；7—二沉池；

8—出水；9—污泥回流泵；10—鼓风机；11—搅拌机；12—微孔曝气盘；13—穿孔管；

14—排泥阀；Ⅰ～Ⅵ—反应器分区编号

进入秋季阶段后（9 月至 11 月），随着汉阳地区排水管网的建设，进水污染物浓度进一步降低，平均 COD、TN、TP 分别为 200mg/L、34.9mg/L、3.19mg/L，C/N 值下降到接近 100m³/d 系统水平，采用局部低氧倒置 A^2/O 工艺。在该流程中，为了保持系统较高的硝化效率，扩大了好氧段范围，将第Ⅲ区与Ⅳ～Ⅵ区合并为好氧池，以延长好氧段停留时间。取消内回流，污泥回流至Ⅰ区，第Ⅰ区作为缺氧区，第Ⅱ区作为厌氧区，原水平均分配进入Ⅰ区和Ⅱ区。由于取消了内回流，倒置 A^2/O 工艺可以节省能耗，延长了好氧段停留时间，能在较低污泥浓度下维持系统的氨氮硝化率，降低反硝化效率，争取在有限碳源条件下求得均衡的脱氮效率和除磷效率，所采用污泥回流比为 100%，取消了混合液回流，理论总氮去除效率为 50%。

从二次沉淀池出来的水中的氮磷需潜流人工湿地进一步去除，强化出水水质。如图 11-13 所示，在潜流人工湿地系统中，污水由人工湿地

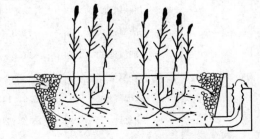

图 11-13　水平潜流人工湿地构造示意图

的一端引入，经过配水系统（一般由卵石构成）均匀进入根区基质层，通过附着在砾石和植物地下部分（即根和根茎）上的好氧微生物的作用分解废水中的有机物，矿化后的一部分有机物（如氮和磷）可被植物利用，在缺氧区还可以发生反硝化作用而脱氮，使污水得到净化。在预处理系统中没有去除的可沉降和悬浮固体通过过滤和沉降被有效去除，沉降在任何水平潜流式人工湿地的静止区域均会发生。

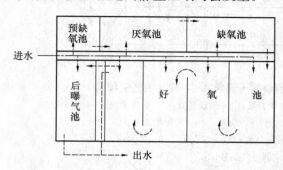

图 11-14　示范工程交互式反应器平面布置图

4. 设计参数

示范工程交互式反应器长 29.2m，宽 20.3m，有效水深 6m，设计处理水量 10000m³/d，总水力停留时间 8.5h。示范工程分为预缺氧池、厌氧池、缺氧池、好氧池和后曝气池，各部分功能单元结构参数见表 11-5，反应器平面布置如图 11-14 所示。反应器采用鼓风曝气，选用两台国产罗茨风机，单台风量 20m³/min，风机配备变频调节装置，以根据系统要求自动调节曝气量。

采用中心进水周边出水的辐流式二沉池，设计水力表面负荷为 1.0m/h（当 MLSS＝4000mg/h 时，上升流速 u＝0.28mm/s），池体直径 25m，沉淀池周边水深 3.7m，总高度 4.73m。

示范工程生态处理系统采用潜流人工湿地，反应器出水经沉淀池沉淀后直接进入湿地，没有另设预处理设施。潜流湿地总占地面积约为 9500m²，湿地长约 103m，宽约 92m，设计处理水量为 5000m³/d，设计表面水力负荷为 0.5m/d。湿地沿长度方向分两段，每段分为 6 个小单元格，以保障湿地长宽比不小于 3，避免短流和死区的发生。

潜流湿地床深 0.8m，底部采用土工布做防渗处理，上填 60cm 厚填料，为防止堵塞并延长其使用寿命，填料粒径以 20～30mm 为主，沿进水方向分为三段，依次为粒径 20～30mm 的风钢渣，约占湿地总长度的 1/4；粒径 20～30mm 的碎石，约占湿地总长度的 1/2，其余的为粒径 6～13mm 的碎石。填料层上覆 20cm 土壤，植物以当地优势挺水植物菖蒲和香蒲为主，种植株间距均约为 40cm，并混种适应冬季生长的黑麦草。采用明渠花墙布水，布水区宽 0.5m，用直径为 50～100mm 卵石充填。出水采用 DN100UPVC 穿孔管收集，水位可调节。

表 11-5　示范工程交互式反应器系统各部分单元尺寸及有效容积

编号	功能单元名称	长×宽×高（m）	有效容积（m³）	设计停留时间（h）
1	预缺氧池	5.6×6×6	201.6	0.48
2	厌氧池	11.8×6×6	424.8	1.02
3	缺氧池	11.8×6×6	424.8	1.02
4	好氧池	23.6×14.3×6	2024.9	4.86
5	后曝气池	5.6×14.3×6	480.8	1.15
	总计	29.2×20.3×6	3556.6	8.53
	二沉池	φ25×3.7	1815.3	4.36

5. 出水水质

示范工程在三种模式运行条件下进出水水质见表 11-6～表 11-8，由表可见，交互式反应器在改良型 A²/O 工艺、预缺氧＋倒置 A²/O 工艺、局部低氧倒置 A²/O 工艺条件下均取得了良好的污染物去除能力，工艺模式的切换达到了预期的效果。

表 11-6　改良型 A²/O 工艺进出水水质

水质指标	进水		反应器出水			湿地出水		
	范围	均值	范围	均值	去除率(%)	范围	均值	去除率(%)
COD (mg/L)	173～789	382	12.4～38.0	24.7	93.5	7.7～25.2	13.8	44.1
BOD$_5$ (mg/L)	68～647	225	2.27～6.28	4.37	98.1	0.83～4.21	2.86	34.6
SS (mg/L)	150～938	476	6～36	15.1	96.8	4～38	10.6	29.8
色度	36～320	97	13～36	20.3	79.1	7～24	14.3	29.6
NH$_4^+$-N (mg/L)	13.6～34.4	24.4	0.05～0.24	0.14	99.4	0.01～0.12	0.07	50.0
TN (mg/L)	26.8～44.2	35.1	10.7～17.9	15.4	56.1	9.4～16.5	11.9	22.7
TP (mg/L)	2.99～11.89	6.92	0.2～0.92	0.65	90.6	0.04～0.14	0.09	86.2
pH	6.92～8.11	7.23	6.93～7.53	7.14	—	7.25～7.99	7.69	—

表 11-7　预缺氧＋倒置 A²/O 工艺进出水水质

水质指标	进水		反应器出水			湿地出水		
	范围	均值	范围	均值	去除率(%)	范围	均值	去除率(%)
COD (mg/L)	101～641	232	14.8～52.4	24.1	89.6	7.0～29.4	14.2	41.1
BOD$_5$ (mg/L)	37.5～257	121	1.63～9.27	4.73	96.1	0.3～10.2	2.72	42.5
SS (mg/L)	44～724	195	2～30	14.0	92.8	2～28	9.9	29.3
色度	40～180	85.6	10～32	23.5	72.5	8～24	16.6	29.4
NH$_4^+$-N (mg/L)	11.1～31.1	26.4	0.09～3.95	2.34	91.1	0.02～2.51	1.25	46.6
TN (mg/L)	22.4～39.4	31.4	11.6～19.4	16.3	48.1	3.0～15.7	7.31	55.2
TP (mg/L)	1.69～6.11	3.51	0.14～0.74	0.34	90.3	0.01～0.14	0.10	70.6
pH	6.90～7.71	7.39	6.85～7.82	7.25	—	7.11～7.94	7.61	—

表 11-8　局部低氧倒置 A²/O 工艺进出水水质

水质指标	进水		反应器出水			湿地出水		
	范围	均值	范围	均值	去除率(%)	范围	均值	去除率(%)
COD (mg/L)	123～287	200	25.6～47.2	37	81.5	10.5～28.6	17.1	53.8
BOD$_5$ (mg/L)	42.3～162	113	1.86～11.3	6.74	94.0	0.4～6.28	4.21	37.5
SS (mg/L)	34～421	116	3～27	17.5	84.9	1～26	12	31.4
色度	38～120	76	8～27	17.5	77.0	5～20	14	20.0
NH$_4^+$-N (mg/L)	15.2～35.4	28.2	0.2～4.32	3.36	88.1	0.06～2.68	1.98	41.1
TN (mg/L)	29.5～40.2	34.9	11.6～20.1	15.6	55.3	1.68～11.2	6.61	57.6
TP (mg/L)	2.17～3.65	3.19	0.14～0.72	0.55	82.8	0.01～0.13	0.08	53.8
pH	6.96～7.63	7.34	6.76～7.14	6.99	—	7.23～7.96	7.64	—

人工湿地系统在刚投入运行时就表现出较强的污染物去除能力，除总氮外，各项水质指标均有明显降低，稳定阶段湿地出水 COD、BOD、TP 达到《地表水环境质量标准》（GB 3838—2002）Ⅲ类水质，NH$_4^+$-N 达到Ⅴ类水质。如图 11-15～图 11-20 所示为交互式反应器和人工湿地对 COD、TN、TP 的去除情况。

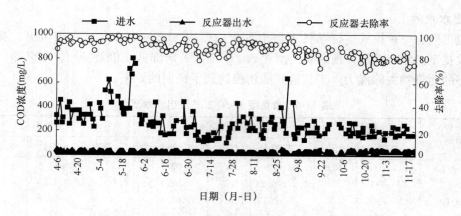

图 11-15　示范工程交互式反应器对 COD 的去除效果

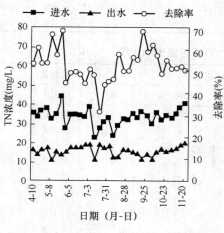

图 11-16　交互式反应器对 TN 的去除

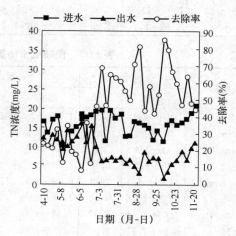

图 11-17　人工湿地对 TN 的去除

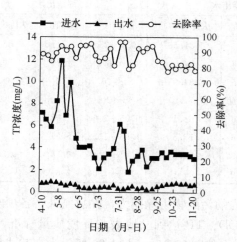

图 11-18　交互式反应器对 TP 的去除

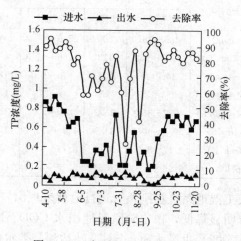

图 11-19　人工湿地对 TP 的去除

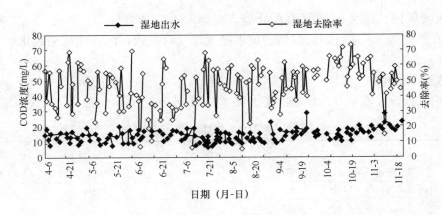

图 11-20　示范工程人工湿地对 COD 的去除效果

6. 结论

通过示范工程的运行，验证了活性污泥法——人工湿地联合处理城市污水的可行性，运行结果表明，交互式反应器具有灵活调控的特点，对水质水量的变化有很强的适应能力，即使实际运行情况与设计参数有所差别，仍能取得优良的出水水质。

人工湿地生态系统能有效地降低二级处理出水污染物浓度，但是对氮的去除有一个逐渐适应的过程，碳源的缺少是限制其反硝化能力的重要原因，钢渣的使用显著地增强了潜流湿地对磷的去除能力。

在进水平均 COD、NH_4^+-N、TN、TP 为 381mg/L、24.4mg/L、35.1mg/L、6.92mg/L 时采用改良 A^2/O 工艺，平均 COD、NH_4^+-N、TN、TP 为 232mg/L、26.4mg/L、31.4mg/L、3.51mg/L 时采用预缺氧＋倒置 A^2/O 工艺，平均 COD、NH_4^+-N、TN、TP 为 200mg/L、28.2mg/L、34.9mg/L、3.19mg/L 时采用局部低氧倒置 A^2/O 工艺，均能使反应器出水水质稳定达到《城镇污水处理厂污染物排放标准》（GB 18918—2002）一级 B 标准，部分指标达到一级 A 标准。在水力负荷为 0.3~0.35m/d 条件下，人工湿地系统稳定阶段出水 COD、BOD、TP、NH_4^+-N 可以达到《地表水环境质量标准》，TN 浓度可以下降到 7mg/L 左右。

7. 不足之处

人工湿地系统可以将污染物浓度降低到常规生物处理无法达到的水平，但是其处理效率还有待提高，湿地较低的氨氮和总氮的去除效率，限制了更高水力负荷的采用且有需要土地面积大、净化能力受作物生长情况的影响大等缺点；虽交互式反应器调控灵活、适应性强，但低碳高氮磷城市污水的成因与管道渗漏、化粪池的不合理设置、人均排水量的提高以及排水体制有关，会影响调控模式的精确度；需根据季节变换来更换调控模式较麻烦，并且更换时可能会出现水质不达标的情况。

11.3.4　广州市沥滘污水处理厂

1. 工程概况

（1）工程背景

广州沥滘污水处理厂服务范围包括整个海珠区（除洪德分区污水西调至西朗污水处理系统外）、番禺区的大学城小围谷地区、番禺区的洛溪岛和黄埔区的长洲岛等，总服务面积为 124.51km²，服务人口为 155.37 万。总规模 50 万 m³/d，分期建设，其中一期工程设计规模 20 万 m³/d，已于 2004 年建成并投入使用；二期工程设计规模为 30 万 m³/d，由于系统有部分合流制管网，故考虑初期雨水处理，初期雨水设计规模 25 万 m³/d，二期工程于 2010 年建成并成功投入运行。处理后的尾水排入珠江后航道，污泥经浓缩脱水后，外运集中处置。

（2）水质水量指标

① 一期工程设计规模及设计进出水水质（表 11-9）

表 11-9　设计水质

项　目	BOD₅ （mg/L）	COD （mg/L）	SS （mg/L）	NH₄⁺-N （mg/L）	TP （mg/L）
进水	140	280	180	25	4
出水	30	60	30	15	1

② 二期工程设计规模及设计进出水水质（表 11-10）

表 11-10　设计水质

项目	BOD₅ （mg/L）	COD （mg/L）	SS （mg/L）	NH₄⁺-N （mg/L）	TP （mg/L）	TN （mg/L）	温度 （℃）
污水设计进水	140	280	190	30	4	35	15～28
污水设计出水	20	60	20	8	1	20	
初雨设计进水	100	180	150	30	3	34	
初雨设计出水	50	90	45		1		

（3）处理要求及指标

① 一期污水工程处理要求

出水水质标准满足《城镇污水处理厂污染物排放标准》（GB 18918—2002）二级标准和广东省地方标准《水污染物排放限值》（DB 44/26—2001）第二时段二级标准的要求。具体指标参考表 11-9。

② 二期污水处理工程处理要求

处理出水水质满足《城镇污水处理厂污染物排放标准》（GB 18918—2002）一级 B 标准。初期雨水按去除率 BOD₅ 达 50%、COD 达 50%、SS 达 70%、TP 达 70% 来确定出水标准。具体指标参考表 11-10。

③《城镇污水处理厂污染物排放标准》（GB 18918—2002）（表 11-11）

表 11-11　基本控制项目最高允许排放浓度（日均值）（mg/L）

序号	基本控制项目	一级标准		二级标准	三级标准
		A 标准	B 标准		
1	化学需氧量（COD）	50	60	100	120①
2	生化需氧量（BOD₅）	10	20	30	60①
3	悬浮物（SS）	10	20	30	50
4	动植物油	1	3	5	20
5	石油类	1	3	5	15
6	阴离子表面活性剂	0.5	1	2	5

序号	基本控制项目		一级标准		二级标准	三级标准
			A 标准	B 标准		
7	总氮（以 N 计）		15	20	—	—
8	氨氮（以 N 计）		5(8)	8(15)	25(30)	—
9	总磷 （以 P 计）	2005 年 12 月 31 日前建设的	1	1.5	3	5
		2006 年 1 月 1 日起建设的	0.5	1	3	5
10	色度（稀释倍数）		30	30	40	50
11	pH		6～9			
12	粪大肠菌群数（个/L）		10^4	10^4	10^4	—

① 下列情况下按去除率指标执行：当进水 COD 大于 350mg/L 时，去除率大于 60%；当 BOD 大于 160mg/L 时，去除率应大于 50%。

2. 处理工艺

（1）工艺介绍

① 一期工程工艺流程图及介绍（图 11-21）

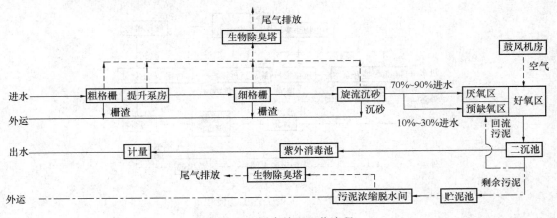

图 11-21　污水处理工艺流程

一期工程污水处理流程主要分为污水的物理处理、污水的生物处理、污泥处理和尾气处理四部分。

a. 污水的物理处理主要是由粗格栅、细格栅和旋流沉砂三部分组成。

格栅：倾斜安装在污水处理厂的前段，用来截留污水中较粗大漂浮物和悬浮物，防止堵塞和缠绕水泵机组、曝气器、管道阀门、处理机构物配水设施等，减少后续处理产生的浮渣，保证污水处理设施的正常运行。

旋流沉砂池：目的是去除污水中泥沙、煤渣等相对密度较大的无机颗粒，以免影响后续处理构筑物的正常运行。旋流沉砂池是利用机械力控制水流流态与流速、加速砂粒的沉淀并使有机物随水流带走的沉砂装置。

原因：原水进水的 SS 较高，旋流沉砂池具有除砂效率高、操作环境好、设备运行可靠、占地省等特点，但对水量的变化有较严格的适用范围，对细格栅的运行效果要求较高。将旋流沉砂池设置在泵和细格栅之后，防止设备及管路的阻塞，保证设备正常运行。

b. 污水的生物处理采用改良 A/O 活性污泥法。目的：生活污水脱氮除磷。

沉砂池出水大部分进入厌氧区中，聚磷菌在厌氧条件下释放磷，同时转化易降解 COD、VFA 为 PHB，部分含氮有机物进行氨化。

小部分的沉砂池出水进入预缺氧区，缺氧区进行脱氮作用，反硝化。预缺氧区的进水为小部分的沉砂池出水，二沉池的回流污泥也进入预缺氧区，回流污泥作为碳源供给反应。作用：有足够的入流 BOD 和缺氧接触时间，有效地还原硝酸盐。

污水在好氧区主要进行的是：进一步降解有机物，氨氮的硝化和磷的吸收。

总的来说，改良 A/O 生化池可消除回流活性污泥对厌氧区的不利影响并提高其脱氮效率，以及减小混合液回流带来的稀释作用，增设了回流污泥预缺氧池，使回流污泥先进入缺氧池，因此改良型 A/O 工艺的脱氮靠回流活性污泥来达到，加大污泥回流量可以提高脱氮率。

缺点：污泥回流所需水泵扬程更大、二沉池底排出的固体量大大增加等。

二沉池：用于沉淀分离活性污泥，是生物处理工艺中的一个重要组成部分。二沉池出水使用紫外消毒，保证排水的安全。

c. 污泥处理：污泥处理采用机械浓缩脱水一体化工艺。

d. 尾气处理：微生物除臭。

② 二期工程工艺流程图及介绍（图 11-22）

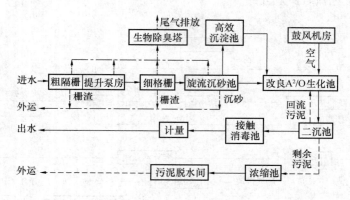

图 11-22　工期工程工艺流程

二期工程污水处理流程也主要分为污水的物理处理、污水的生物处理、污泥处理和尾气处理四部分。

污水的物理处理包括粗格栅（提升泵房）、细格栅和旋流沉砂池三部分。粗格栅、细格栅和旋流沉砂池的作用与一期工程中的物理处理部分作用一样。

污泥处理采用污泥浓缩池＋一体式离心浓缩脱水工艺。在一期工程运行中得出建议：二期增加重力浓缩池或增设贮泥池，扩大贮泥池的容积。

由于二期工程用地紧张，所以二期工程在建设时多采用了许多节约占地的措施。沉砂池采用旋流沉砂池，比曝气沉砂池节约占地 50％；生化池水深取 9m，比通常 6m 深水池节约占地 50％，同时将生化池除臭装置布置在生化池池顶钢筋混凝土盖上；二沉池采用周进周出矩形沉淀池，比采用周进周出圆形沉淀池节约占地 30％；接触池水深取 6m，消毒间与接触池重叠建设；初期雨水沉淀池采用了高效沉淀池，比传统平流沉淀池节约占地 50％。

二期工程污水处理工艺与一期相比差别主要是：

二期工程污水处理工艺采用深水型改良 A²/O＋矩形二沉池工艺，该工艺主要集中在污水处理生物处理部分，运行方式灵活、适应水质变化，可根据需要方便地转换成 A/O、倒置 A²/O 和多点进水 A²/O 工艺；该部分的工艺主要解决的也是污水的脱氮除磷。厌氧反应区、预缺氧反应区和好氧反应区的作用与其内部进行的反应一样，作用与一期工程相比相似，只是二期工程多了一个缺氧池，同时采用改良的工艺，更加灵活地根据污水处理条件改变，脱氮除磷效果更好。

但是，在进入二次沉淀池时，进入沉淀池的混合液通常需要保持一定的溶解氧浓度，以防止沉淀池中反硝化和污泥厌氧释放磷。

对比起一期工程的二沉池，二期工程采用了水力负荷高、处理效率高、占地面积省的周进周出矩形二沉池工艺。

雨水部分：微砂循环高效沉淀池工艺利用微砂作为絮凝剂的内核，使絮凝体的密度增大，提高絮凝沉淀效果。该工艺具有占地省、土建费用低、处理效率高且启动迅速的特点。初期的雨水处理采用高效沉淀池工艺。高效沉淀池由混凝池、投加池、絮凝池和沉淀池 4 部分组成。将高效沉淀池串联在污水处理流程中，可以使其在雨季时作为初期雨水沉淀池，非雨季时可进部分污水，作为污水处理初沉池（兼水解池），避免了初期雨水沉淀池在非雨季出现空池不运行现象。

消毒工艺为接触消毒池。出水采用二氧化氯消毒。相比起一期工程，通过消毒工艺的改变，避免了紫外消毒消毒不彻底的问题。

其余工艺部分与一期工程中相应的工艺部分起的作用相似。

3. 工艺设计的主要特点

（1）一期沥滘污水处理工程

① 改良型 A/O 工艺的厌氧池的合理分格，增加混合液回流设施。在实际运行过程中，改良型 A/O 工艺可根据进水水质的变化灵活调整为按改良型 A²/O 工艺运行，以满足较高的脱氮需要。

② 与常规工艺相比，此沉砂池后没有初沉池。其原因可能是保证水中的 COD 含量，有助于后面生物处理中的脱氮除磷效果。

（2）二期沥滘污水处理工程

① 二期工程污水处理工艺采用深水型改良 A²/O＋矩形二沉池工艺，该工艺可通过水质情况更加灵活地进行污水的脱氮除磷处理，好氧池、厌氧池和缺氧池更深。同时，矩形二沉池工艺处理效率更高，占地更少。

② 初期雨水处理部分。初期雨水处理采用高效沉淀池工艺，除了满足雨水期处理要求，非雨季时候充当整个污水处理系统的水解池，有利于污水在生物处理部分更加有效地去除污染物。

4. 主要设备及构筑物

（1）一期污水工程处理

① 粗格栅及提升泵房

粗格栅与提升泵房合建，土建按 $40\times10^4\,\text{m}^3/\text{d}$ 设计，设备按 $20\times10^4\,\text{m}^3/\text{d}$ 安装。粗格栅井与泵坑均分为 2 格。

设备：粗格栅井设 2 台钢绳牵引式格栅除污机，栅宽为 2.0m，栅隙宽为 20mm，安装角度为 75°，泵坑内设潜水泵 5 台（4 用 1 备），单泵 $Q=2083\text{m}^3/\text{h}$，$H=162\text{kPa}$，$N=150\text{kW}$。

② 细格栅及沉砂池

细格栅渠与沉砂池合建，设计规模为 $20 \times 10^4 m^3/d$。细格栅渠设 4 台回转式细格栅，栅宽为 2.00m，栅隙宽为 6mm，安装角度为 60°，栅前水深为 1.55m，过栅流速为 0.7m/s。

沉砂池采用 360°比氏沉砂池 2 座，每座直径为 6.1m，池深为 3.67m，砂斗直径为 1.82m，砂斗深度为 2.44m。

③ 改良型 A/O 生化池

生化池有 2 座，分两格，每格内设预缺氧区、厌氧区和好氧区。单格平面尺寸为 81.55m×63.4m，水深为 6.5m。

设计参数：污泥浓度为 3.5g/L，污泥负荷为 $0.12 \sim 0.14 kg BOD_5/(kg MLSS \cdot d)$，泥龄为 8~12d，剩余泥量为 24t/d，水力停留时间为 7.7h，其中预缺氧池为 2h，厌氧池为 1h，好氧区为 4.70h。

④ 二沉池

4 座周进周出圆形沉淀池，每座直径为 50m，周边水深为 4.40m。

设计参数：表面负荷为 $1.10 m^3/(m^2 \cdot h)$，回流污泥浓度为 8.2g/L，固体通量为 6.5kg SS/$(m^2 \cdot h)$，沉淀时间为 2.0h。

⑤ 紫外消毒池

1 座，土建按 $40 \times 10^4 m^3/d$ 设计，设备按 $20 \times 10^4 m^3/d$ 安装。采用渠道结构形式，分 2 条渠道，尺寸为 10.0m×2.7m×1.6m。

设备：低压高强度紫外灯，共安装紫外灯 416 支，每支 250W。

⑥ 鼓风机房

土建按 $40 \times 10^4 m^3/d$ 设计，设备按 $20 \times 10^4 m^3/d$ 安装。

设备：3 台离心鼓风机，单台风量为 312.5m³/min，风压为 80kPa。

⑦ 贮泥池

贮泥池 1 座，分 2 格，钢混结构，土建尺寸为 5.5m×10.3m×3.5m。

设备：2 台搅拌器，单机功率为 4.0kW。

⑧ 污泥浓缩脱水间

土建按 $40 \times 10^4 m^3/d$ 设计，设备按 $20 \times 10^4 m^3/d$ 安装，平面尺寸为 32.5m×42.00m。

设备：4 台一体化离心浓缩脱水机，单机 $Q = 72 m^3/h$，主机功率为 110kW，辅助电机功率为 18.5kW。

⑨ 脱水污泥贮存及输送系统

2 个料仓，单个料仓的有效容积为 120m³。

设备：长距离污泥活塞式输送泵，单台泵 $Q \geqslant 40 m^3/h$，输送距离为 250m。

(2) 沥滘二期工程

① 粗格栅与提升泵房

二期粗格栅与提升泵房利用一期已建土建设施。

设备：粗格栅井增加 2 台钢丝绳牵引粗格栅，B=2.5m，b=20mm。

增设潜水泵 5 台，其中包括 4 台大泵、1 台小泵。大泵性能参数：$Q = 1505 L/s$，$H = 17.5m$，旱季时 3 用 1 备，雨季时 4 台全开；小泵性能参数：$Q = 579 L/s$，$H = 16.2m$，1 台，雨季时开启。

② 细格栅渠与沉砂池

细格栅渠尺寸为 $B \times L \times H = 20.65m \times 15.6m \times 2.39m$，共 4 条栅渠。采用转鼓细格栅 4

台，直径 2600mm，栅条间隙 5mm。沉砂池采用比氏旋流沉砂池，直径 6.1m，共 4 座。每座池内设有 1 台轴向搅拌器，设 1 台抽砂泵，$Q=30$L/s，$H=12$m。

③ 深水型改良 A^2/O 生化池

2 座，改良型 A^2/O 生化池，每座内分预缺氧区、厌氧区、缺氧区和好氧区。单座平面尺寸：$B×L×H=82.8m×75.12m×10.25m$，钢筋混凝土结构。其中预缺氧区、厌氧区、缺氧区水深取 9.1m，好氧区水深取 9m。

④ 矩形二沉池

2 座，周边进水周边出水横向流矩形二沉池，单座平面尺寸 $B×L=114.25m×62.4m$，水深 4m。每座池分 10 格，每格长 62.4m，有效沉淀区长 56m，每格宽 11m。

每格配非金属链式刮泥机 1 台，有效宽度 8.1m，移动速度 0.2～0.6m/min。

⑤ 消毒接触池和消毒间

接触池 1 座，停留时间 30min，平面尺寸 55.6m×27.4m，有效水深 6m。

设备：复合二氧化氯发生器 10 台，8 用 2 备，单台 $Q=20$kg/h，$N=4$kW。

⑥ 高效沉淀池

高效沉淀池 1 座，平面尺寸 335m×20.4m，水深 6m。

⑦ 污泥浓缩池

2 座，单池土建尺寸 $Φ×H=25m×4.5m$，有效水深 4m。采用周边传动刮泥机刮泥。

⑧ 污泥浓缩脱水间

污泥浓缩脱水间土建在一期工程时已经建成，二期工程只在预留位置安装设备：离心脱水机 3 台，$Q=45m^3$/h。

5. 处理效果与评价

（1）沥滘一期工程的处理效果良好，运行稳定。污水处理厂对水质、水量冲击负荷具有较好的承受能力。污水处理厂的处理能力达到设计要求。

（2）沥滘一期工程处理效果（出水水质）（表 11-12）

表 11-12　2009 年实际进、出水水质

月份	BOD$_5$ (mg/L)		COD (mg/L)		SS (mg/L)		NH$_3$-N (mg/L)		TN (mg/L)		TP (mg/L)		处理总水量 (10^4m/月)
	进水	出水	进水	出水	进水	出水	进水	出水	进水	出水	进水	出水	
1	72.5	12.1	126.2	23.8	111.0	11.1	26.4	5.9	27.7	13.4	2.49	0.54	613.4
2	61.2	11.5	106.7	16.8	101.6	12.5	23.8	5.5	25.1	10.7	1.92	0.90	580.4
3	88.8	15.3	169.0	30.5	164.0	20.1	29.7	5.1	31.5	12.2	2.74	0.41	626.4
4	81.7	17.2	152.3	35.3	127.3	15.5	28.0	1.6	30.5	9.3	2.58	0.65	632.2
5	71.0	16.5	130.2	32.7	113.3	17.4	24.4	1.5	25.6	9.4	2.31	0.37	649.0
6	70.5	11.4	121.7	26.0	109.5	14.8	18.6	1.3	21.2	8.9	1.88	0.30	623.1
7	81.1	10.9	145.8	20.9	98.1	13.2	28.5	1.6	30.8	10.7	2.05	0.15	660.2
8	78.1	9.7	140.9	21.3	91.7	9.4	25.1	1.3	27.7	12.7	2.03	0.35	669.0
9	70.0	7.7	136.6	18.2	88.0	7.5	25.8	2.4	28.6	13.1	2.41	0.13	657.8
10	71.0	9.0	137.0	18.9	94.0	8.5	27.7	1.9	31.4	14.8	2.44	0.48	666.3

月份	BOD$_5$ (mg/L)		COD (mg/L)		SS (mg/L)		NH$_3$-N (mg/L)		TN (mg/L)		TP (mg/L)		处理总水量 (10^{4}m/月)
	进水	出水	进水	出水	进水	出水	进水	出水	进水	出水	进水	出水	
11	87.1	15.7	168.9	18.1	115.2	9.7	28.7	1.8	32.2	17.3	3.11	0.60	508.4
12	102.8	15.8	193.2	31.7	158.1	13.6	28.2	2.0	31.8	14.9	2.86	1.04	514.5
平均	78.0	12.7	144.0	24.5	114.3	12.8	26.2	2.7	28.7	12.3	2.40	0.49	616.7

（3）沥滘一期工程运行与管理

① 沥滘一期设计安装 3 台离心鼓风机（2 用 1 备），单台风量为 312.5m³/min，风压为 80kPa，气水比为 4.5∶1。目前运行中开 2 台鼓风机，通过就地控制柜调节进口导叶和出口扩压导叶的调节器，使风机供气量约为 60%～70%，实际运行气水比约为 3∶1，可大大减少生物处理系统的耗电量，降低运行成本。

② 改良型 A/O 工艺的厌氧池

措施：增加混合液回流设施。在实际运行过程中，改良型 A/O 工艺可根据进水水质的变化灵活调整为按改良型 A²/O 工艺运行。

③ 脱水污泥输送方式的选择

在最外侧一台脱水机的下方安装了螺杆泵，此台离心机的脱水污泥利用螺杆泵直接送至污泥料仓，增加了脱水污泥输送的方式和途径，为脱水污泥的输送提供了更有效的保障。

（4）沥滘二期工程

污水部分：污水处理厂二期工程投产运行正常，污水进水水质与设计水质较接近，出水水质优于设计水质，完全达到《城镇污水处理厂污染物排放标准》（GB 18918—2002）一级 B 标准。绝大部分指标还达到了一级 A 标准要求。

雨水部分：雨季 4～10 月雨天初期雨水沉淀池进水水质接近设计水质，出水水质和去除率完全达到设计要求。

（5）沥滘二期工程处理效果（污水出水水质）（表 11-13～表 11-14）

表 11-13　2011 年 5 月～2012 年 4 月污水平均进出水水质

月份	SS (mg/L)		BOD$_5$ (mg/L)		COD (mg/L)		NH$_3$-N (mg/L)		TN (mg/L)		TP (mg/L)	
	进水	出水	进水	出水	进水	出水	进水	出水	进水	出水	进水	出水
5	168	9	107	7.1	199	17.5	25.7	1.85	32.62	14.91	4.94	0.84
6	173	8	115	8	218	19.5	23.7	1.46	29.63	13.13	5.30	0.60
7	165	8	109.8	7.6	214	17.2	22.35	1.82	27.51	12.14	4.97	0.32
8	162	10	111	8.1	215	18.2	25.47	1.07	29.20	11.60	5.15	0.36
9	174	9	124	7	238	17.8	23.85	0.60	29.48	12.19	5.784	0.49
10	137	8	98	6.3	186	14.4	24.38	0.32	28.98	12.18	4.53	0.38
11	152	9	114	6.2	222	14.1	26.67	0.34	32.27	12.20	5.35	0.45
12	155	8	116	7.7	226	17.6	28.59	0.58	34.50	12.90	4.83	0.51
1	171	9	116	7.8	228	17.0	25.09	0.76	31.10	12.70	4.83	0.52
2	171	8	118	9.5	234	22.1	27.12	1.76	31.86	15.00	5.72	0.55
3	185	10	126	10	253	23.2	28.49	1.08	34.95	14.50	6.02	0.52
4	168	9	113	9.1	225	20.9	24.88	0.74	31.30	14.30	4.91	0.54

表 11-14　2012 年 4 月～10 月初雨沉淀池雨季初雨平均进出水水质

月份	SS（mg/L）			BOD₅（mg/L）			COD（mg/L）			TP（mg/L）		
	进水(mg/L)	出水(mg/L)	去除率(%)	进水(mg/L)	出水(mg/L)	去除率(%)	进水(mg/L)	出水(mg/L)	去除率(%)	进水(mg/L)	出水(mg/L)	去除率(%)
4	165	33	80	79	15	81	162	42	74	2.85	0.46	84
5	157	45	71	93.5	31.8	66	188	73.4	61	3.16	0.90	72
6	123	31	75	77.8	25.3	67.5	148.4	53.8	63.8	2.75	0.52	81
7	143	40	72	89	32	64	163	67	59	2.69	0.71	73.5
8	132	28.7	78	124	17.3	86	276	49	82	3.37	1.29	62
9	149	31	79	76	21	72	153	44	71	3.83	0.68	82
10	132	40	70	93	35	63	193	71	63	3.2	0.74	77

（6）沥滘二期工程运行与管理

① 生化池池内曝气布气管管材的选择。本工程生化池池内布气管采用了 304 不锈钢管材，代替通常使用的 PVC-U 或 ABS 管材，大水深且加了盖的生化池在运行过程中不容易出现布气管损坏及维修的问题。

② 本工程在二沉池每格进水渠前端加装检修闸门和在每格进水渠后端增设排渣堰门和冲洗水管，解决维修时带来的整个二沉池不能运作及二沉池进水渠末端浮渣等问题。

③ 水池放空管管端不宜装设闸板。本工程在生化池放空管起管端部装设了闸板。运行发现，由于池底积砂，导致闸板开启后第二次关闭不严，放空管长期漏水，后来在放空管上加装了阀门才解决漏水问题。

④ 盐酸池应该放在室外。

6. 总结

（1）沥滘污水处理厂一期工程

① 不足之处：沥滘污水处理厂一期工程采用紫外线消毒技术，消毒效果不稳定，存在细菌复活现象。原因：污水的 SS 对细菌有屏蔽作用，影响了消毒效果。其次，二沉池的出水到消毒池，其透光率低。

为了强化除磷，贮泥池的停留时间仅为 0.5h，实际运行中贮泥池停留时间太短，容积过小，不利于污泥脱水。

② 总结评价：沥滘污水处理厂一期采用改良 A/O 活性污泥法，污泥采用了机械浓缩脱水一体化和微生物除臭工艺解决了污水、污泥和臭气治理。

污水处理部分：传统的 A/O 工艺存在脱氮效果受内循环比影响，污水中可能存在诺氏菌的问题，硝化反应发生时除磷效果会降低，工艺灵活性差，硝化过程受温度、溶解氧、碱度和 pH 值、碳氮比、有毒物质等因素影响。

A/O 工艺存在不完全脱氮的缺点，改良 A/O 生化池主要针对 A/O 及 A²/O 法的缺点进行改进，即消除回流活性污泥对厌氧区的不利影响并提高其脱氮效率，以及减小混合液回流带来的稀释作用，增设了回流污泥预缺氧池，使回流污泥先进入缺氧池，因此改良型 A/O 工艺的脱氮靠回流活性污泥来达到，加大污泥回流量虽然可以提高脱氮率，但是也会带来污泥回流所需水泵扬程更大、二沉池底排出的固体量大大增加等一些负面影响。

（2）沥滘污水处理厂二期工程

① 不足之处：污水厂在运行和管理阶段出现布气管，二沉池的浮渣清理问题以及由于改良 A²/O 工艺，根据水质条件不同，进行工艺转变时，是否会对出水水质造成影响并未作

出解释。同时，由于该工程节省用地，池子深度加深，对承重和地质要求较高。而且水体保持溶解氧浓度，必须要用曝气，出现底部水体的溶解氧传递问题和用电量增加问题。

② 总结评价：二期工程污水处理工艺采用深水型改良 A^2/O ＋矩形二沉池工艺，改良 A^2/O 根据需要可方便转换成 A/O、倒置 A^2/O 和多点进水 A^2/O；传统 A^2/O 工艺：污水和来自二沉池的回流污泥在厌氧池混合，厌氧池内聚磷菌释放磷，反硝化发生在缺氧池，硝化反应、有机物的去除和聚磷菌吸磷过程发生在好氧池。好氧池中的混合液回流至缺氧池，二沉池中的污泥回流至厌氧池来摆正系统中的污泥浓度。其不足在于：回流污泥含有硝酸盐进入厌氧区，对除磷效果有影响；脱氮受内回流比影响；聚磷菌和反硝化菌都需要易降解有机物。该工艺满足同时脱氮除磷的要求，根据出水水质，COD、BOD、TN 和 TP 的去除效果好，说明了该工艺充分地利用了污水中的碳源、氮源和磷源用于活性污泥的生长，运行效果好，水质有保证。

初期雨水处理部分。初期雨水处理采用高效沉淀池工艺，初期雨水处理工程的设计采用处理效率确定初期雨水出水水质，采用 85％的水质保证率预测进水水质，其参照国外类似工程按处理效率确定初期雨水出水水质。高效沉淀池除了满足雨水期处理要求，非雨季时候充当整个污水处理系统的水解池，有利于污水在生物处理部分更加有效地去除污染物。

11.3.5 北京市北小河再生水厂

1. 工程概况

北小河再生水厂是在原北小河污水处理厂基础上改扩建而成的，北小河污水处理厂于 1988 年 9 月开工建设，1990 年 8 月正式投产运行，位于北京市区北部的北小河北岸，东临黄草湾村，西靠辛店村，北接辛店村路，占地面积 60666.7m²，总流域面积 109.3km²。采用传统活性污泥法，已建成的北小河污水处理厂规模为 $4×10^4 m^3/d$。为了提升污水处理水量与水质，2006 年 7 月对原北小河污水处理厂改建并新建再生水厂，工程规模 $10×10^4 m^3/d$。分为两部分：将原 $4×10^4 m^3/d$ 缺氧-好氧（A/O）工艺改为厌氧-缺氧-好氧（AAO）工艺，出水达到《城镇污水处理厂污染物排放标准》（GB 18918—2002）一级 B 标准排入北小河；新建 $6×10^4 m^3/d$ 膜生物反应器（MBR）处理设施，出水达到《城市污水再生利用　城市杂用水水质》（GB/T 18920—2002）中"车辆冲洗"水质标准，其中，$5×10^4 m^3/d$ 出水经紫外线消毒作为市政杂用、工业用水等，$1×10^4 m^3/d$ 的出水再经过 RO 深度处理后作为高品质再生水，直接供给奥运公园水体补水及场馆杂用水。

2. 水质水量与指标

两个系统总进水量为 $10×10^4 m^3/d$。2009 年北小河污水处理厂全年的进水水质情况见表 11-15。

表 11-15　北小河污水处理厂 2009 年的进水水质（mg/L）

项 目	范 围	均 值
COD	200～1200	560
BOD_5	100～570	260
SS	100～700	310
TN	40～110	65
TP	4.36～18.4	8.0
PO_4^{3-}-P	2.67～8.54	4.8

3. 处理要求与排放指标

工程于 2008 年 4 月试运行，7 月正式运行，水厂运行稳定，出水水质优良，出水满足《城市污水再生利用　城市杂用水水质》（GB/T 18920—2002）中"车辆冲洗"水质标准。2009 年 MBR 处理系统的出水水质见表 11-16。

表 11-16　MBR 的出水水质

项　目	范　围	均　值
COD（mg/L）	10～63	20
BOD$_5$（mg/L）	2.0～8.0	2.3
SS（mg/L）	<5.0～8.0	<5.0
TN（mg/L）	4～44	13.3
NH$_4^+$-N（mg/L）	0.05～19.5	0.8
TP（mg/L）	0.01～2.25	0.3
浊度（NTU）	0.2～7.8	1.3
溶解性固体（mg/L）	302～770	483
阴离子表面活性剂（mg/L）	0.05～0.07	0.06
总大肠菌群（个/L）	0～86	25
色度（倍）	0～45	12

4. 工艺介绍

再生水厂工艺流程如图 11-23 所示。

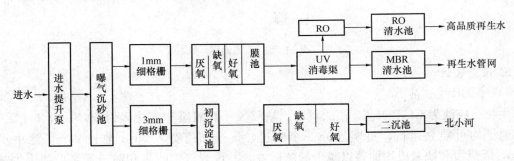

图 11-23　再生水厂工艺流程图

其中 MBR 的主要的工艺流程如图 11-24 所示：

原水先经过 8mm 的细格栅后，由进水提升泵提升到曝气沉砂池，其出水经 1mm 的细格栅过滤后进入 MBR 生物反应池，生物反应池采用 UCT 工艺，有机物、氮、磷等污染物在生物池中被去除，同时在系统中设有化学除磷设施，辅助生物除磷；循环泵将生物池内的混合液提升至膜池进行固液分离，膜过滤出水经消毒后配送到再生水管网。MBR 处理系统的设计参数：MBR 反应池共 4 个，依次为厌氧池、缺氧池、好氧池和膜池，厌氧池、缺氧池和好氧池的 HRT 分别为 1.65、5.35 和 7h；COD、TN、TP 和 SS 负荷设计值分别为33000、3900、600、20400kg/d，SRT 的设计值为 16.6d；超滤膜采用中空纤维膜，直径为 0.04μm，最大膜通量为 16.8L/（m^2·h），设计膜通量为 13.7L/（m^2·h）；比曝气能耗为 0.27m^3/（m^2·h）。

详细如图 11-25 所示：

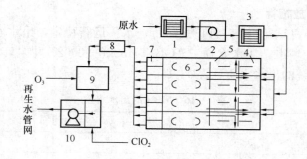

图 11-24　MBR 工艺流程

1—细格栅（8mm）；2—进水泵房；3—细格栅（1mm）；4—厌氧池；5—缺氧池；
6—好氧池；7—膜池；8—UV 消毒渠；9—清水池；10—配水泵房

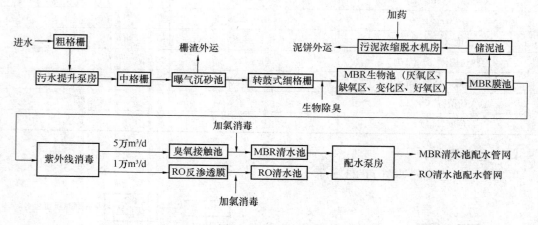

图 11-25　工艺流程

5. 设备设计

（1）MBR 生物池

生物反应池为 UCT 工艺，由厌氧段、缺氧段、好氧段和变化区组成，共分 4 个系列，每座池子均可独立运行，每座池分 3 个廊道，每个廊道宽 6.5m，池长 75m，池中水深 5.5m，厌氧段和缺氧段均加盖以减少异味散发，并设置气体收集和输送管路，利用生物除臭池对气体进行处理，变化区内同时安装潜水推进器和曝气头，可以根据进水水质、处理效果、季节变化以及出水水质需求，转换为缺氧区或好氧区，各段的具体参数见表 11-17。

表 11-17　MBR 生物池主要参数

指标	体积（m³）	MLSS（mg/L）	水力停留时间（d）
厌氧	4125	3650～4200	1.65
缺氧	13375	6700～7700	5.35
好氧	17500	8000～9200	7

为了实现脱氮除磷功能，生物处理单元为 UCT 工艺，设计污泥龄为 16.6d，缺氧段至厌氧段的回流比为 100%～120%，好氧段至缺氧段内回流比为 450%～700%（变频调节），设内回流泵 4 台，外回流泵 4 台，剩余污泥泵 5 台。MBR 膜生物反应池标准供气量为 37600m³/h，采用单级高速离心鼓风机 3 台，2 用 1 备，MBR 池污泥负荷（以单位 MLSS 所

需 BOD_5 计）0.067kg/(kg·d)。

（2）膜系统

膜池位于 MBR 生物池北侧，中间是膜池的配水渠道和混合液回流渠道，生物池内的混合液用泵提升到膜池配水渠道内，并通过配水管进入膜池内，膜池共 8 座，膜池长 16m，宽 8m，水深 3.5m，每个膜池设计安装 38 个膜组件，预留 4 个膜组件位置，每个膜组件内装 16 个 Memcor 的 B30R 膜元件，每个膜池安装 608 个膜元件，单个元件的膜面积为 37.6m²，采用 PVDF（聚偏氟乙烯）材质的中空纤维膜，膜的详细参数见表 11-18。

表 11-18　北小河厂膜系统设计参数

参　　数	数　　值
MBR 超滤膜公称直径	$0.04\mu m$
最大膜通量	16.8L/(m²·h)
设计膜通量	13.7L/(m²·h)

膜出水泵共设 9 台，泵的功率为 8.6kW，每台泵最大出水流量为 442m³/h，扬程为 10m，膜系统配套的擦洗鼓风机 4 用 1 备，单台风量为 $Q=228m³/min$，风压 35kPa。

6. 工程运行与管理

在 MBR 运行过程中，混合液中的微生物、胶体、EPS（胞外聚合物）、SMP（微生物代谢产物）等物质不断在膜表面及孔隙中沉积，造成膜的可逆（可通过物理清洗去除）或不可逆污染（可通过化学清洗去除），需要物理或化学清洗恢复膜稳定的过滤性能。本系统主要通过膜松弛、膜维护性清洗、膜化学清洗等措施控制运行过程中的膜污染。

（1）膜松弛

物理清洗包括膜松弛与反冲洗，膜松弛为膜停止过滤，将跨膜压差降低到零，同时采用空气不断冲刷膜表面，污染物气体冲刷及浓度梯度作用下反向离开膜表面。膜系统采用出水 12min、停 1min 的运行方式，系统设计了备用的反冲洗程序，可根据实际工况进行反冲洗。

（2）膜维护性清洗

维护性清洗持续时间较短，采用较低的化学药剂浓度、清洗频率较高。为了去除"不可逆"污染，采用次氯酸进行反冲洗，用来抑制生物生长和膜表面与下游过滤管道的污垢。整个周期持续大约 30min，采用质量分数 500×10^{-6} 次氯酸钠溶液。在维护性清洗时，开启膜曝气，关闭膜混合液入流。在膜维护性清洗中，膜保持全浸没于混合液中。

（3）就地清洗（CIP）

就地清洗持续时间比维护性清洗长、采用化学药品浓度较高，清洗频率较低。每运行 3 个月进行一次 CIP 氯洗，采用质量分数 1500×10^{-6} 次氯酸钠溶液清洗，每 6 个月执行一次双药洗（即酸洗之后再氯洗）。酸性 CIP 时使用柠檬酸。CIP 通过 TMP 或时间的设置点进行启动。一个膜单元进行清洗，其他的膜单元继续运行。CIP 清洗通常持续 2~3h，中和系统用于处理中和池中的 CIP 清洗废液及漂洗水，氯洗 CIP 溶液被亚硫酸氢钠中和。酸性 CIP 溶液利用氢氧化钠中和，调节 pH 值在 6.0 到 9.0 之间。

7. 处理效率及总结

（1）MBR 对有机物的去除效果

北小河 MBR 再生水厂 2008 年 4 月通水进行试运行，7 月开始正式运行。图 11-26 和图 11-27 给出了 2008 年 4 月至 2009 年 11 月 MBR 对 BOD_5、COD_{Cr} 的去除效果。系统对

BOD_5、COD_{Cr}的去除处取得了满意的效果，进水 BOD_5 月平均值范围为 167~368mg/L，出水月平均值范围为 2~6.9mg/L，MBR 系统对 BOD_5 去除率超过 96.2%。进水 COD_{Cr} 月平均值在 214~715mg/L 之间变化，出水 COD_{Cr} 月平均值为 5~31mg/L，COD_{Cr} 去除率为 94.4%~98.4%。2008 年 11 月至 2009 年 5 月进水 BOD_5、COD_{Cr} 较高，处于冬季气温低，不利于微生物的生长，但出水 BOD_5 仍低于 5mg/L，出水 COD_{Cr} 低于 30mg/L，显示了 MBR 对有机物很好的去除效果。

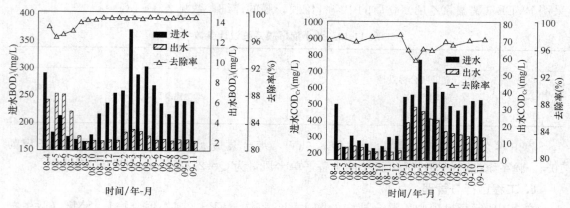

图 11-26　MBR 进出水 BOD_5 及其去除率随运行时间的变化　　　图 11-27　MBR 进出水 COD_{Cr} 及其去除率随运行时间的变化

（2）MBR 对 SS 的去除效果

MBR 通过膜的截留作用，达到对悬浮物的去除作用。图 11-28 给出了 2008 年 4 月至 2009 年 11 月 MBR 对 SS 的去除效果。进水 SS（悬浮固体）月平均值在 497~218mg/L 变化，从 2008 年 7 月正式运行后，出水 SS 一直低于 5mg/L，SS 的去除率一直维持在 98% 以上，膜系统对水中悬浮固体有良好的截留效果。

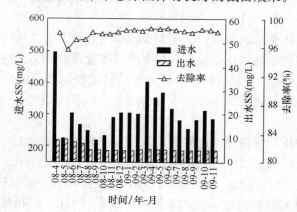

图 11-28　MBR 进出水 SS 浓度及其去除率随运行时间的变化

（3）MBR 对氮、磷的去除效果

MBR 对 TN（总氮）、TP（总磷）的去除效果如图 11-29、图 11-30 所示。污水处理厂进水 TN 的月平均值为 47.5~87.2mg/L，出水 TN 月平均值大部分时间低于 15mg/L，2009 年 1~3 月 TN 进水浓度高，处于冬季水温较低，最低水温为 12.8℃。温度会影响硝化反应速率，当温度小于 15℃ 时硝化速度明显下降，硝化细菌的活性也大幅度降低；温度低于 5℃ 时，硝化细菌的生命活动几乎停止。目前采用的常规生物脱氮处理法中，一般要求水温在 13℃ 以上，但当水温低于 10℃，常规脱氮处理基本上就丧失效果。冬季（11 月~次年 3 月）出水 TN 浓度为 15.2~24.5mg/L，其他月份出水 TN 浓度低于 12.0mg/L，但冬季出水 NH_4^+-N 月均值均低于 1.5mg/L（夏季低于 1.0mg/L），硝化基本完全，可见 TN 的升高主要是由于反硝化效果较差造成的。MBR 对有机物及 NH_4^+-N 冬季低温环境下仍有较好的去除效果，可能是由于 MBR 系统中污泥浓度较高，对温度具有较强的抗冲击能力。TN 去除率的影响因素主要包括进水中的有机物含量、内回流比、由好氧区回流到缺氧区的溶解氧（DO）浓度及水温等。冬季水温低、进水 TN 浓度高，TN 去除率较低可能是上述因素综合作用的结果。污水再生水厂进水中 TP 的月平均值为 4.6～9.4mg/L，出水为 0.1～0.7mg/L，去除率达 86.5％以上。MBR 工艺采用生物除磷辅助化学除磷，采用聚氯化铝（PAC）作为化学除磷药剂。

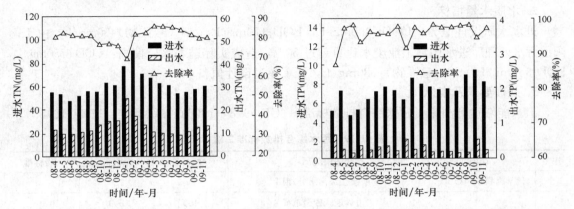

图 11-29　MBR 进出水 TN 浓度及其去除率　　　　图 11-30　MBR 进出水 TP 浓度及其去除率
　　　　　　随运行时间的变化　　　　　　　　　　　　　　随运行时间的变化

北小河污水处理厂是目前国内最大的 MBR 再生水厂，每年可生产 1800 万 m^3 再生水及 360 万 m^3 高品质再生水，出水直接达到回用标准，出水水质优异，回用于景观水体补充水源、绿化等用途，节约清洁水资源，取得了很好的社会效益。

8. 不足之处

（1）纤维毛发物质对膜丝的缠绕问题

北小河 MBR 工艺预处理系统中设有 1mm 的转鼓式细格栅，目的是去除污水中的颗粒物与纤维毛发物质。但在运行中发现仍有大量纤维物质缠绕在膜丝表面，导致膜丝出现"抱团"现象，不能由曝气作用产生有效的抖动，加剧膜污染。

（2）生物池污泥浓度不均衡问题

在 MBR 工艺中，活性污泥由生物池进入膜池有两种过流方式：泵提升和重力流。北小河 MBR 工艺采用泵提升的方式，膜池内混合液通过回流扳闸回流到生物池，由于每组膜池产水量有差异，且需要定期的松懈和清洗，导致各生物池回流污泥量不同，需频繁调整回流扳闸开度，但各生物池内污泥浓度仍不均衡。

（3）膜清洗药剂消耗问题

针对膜清洗原位进行的 MBR 工艺，清洗药剂是否能有效作用到膜丝上是一个值得注意的问题，清洗过程中应避免其他因素导致药品消耗。

11.3.6　南阳市生活污水处理厂

1. 工程概况

南阳市污水处理厂服务于白河以北中心城区，设计日处理能力 100000m^3，进水水质设计值为：COD_{Cr}360mg/L，$BOD_5$170mg/L，SS（悬浮物）80mg/L。由于南阳市污水处理厂进水中，工业废水比重超过 50%，造成实际进水水质偏高：COD_{Cr} 750mg/L，BOD_5 350mg/L，SS（悬浮物）280mg/L，严重超过设计值。由于实际进水水质的改变，原有活性污泥处理系统的污泥负荷增大了一倍，由设计的 0.234 增至 0.47。原有的鼓风设备仅能勉强维持运行。为了尽可能地降低污泥负荷，我们对传统活性污泥工艺进行了改型，主要是在生物池前置缺氧区。改型后，进入曝气池的 COD_{Cr} 总量减少 15% 至 20%，污泥负荷降低至 0.3，大大缓解了鼓风量不足的困难。

2. 水质水量指标

进水水质设计值为：COD_{Cr} 360mg/L，BOD_5 170mg/L，SS（悬浮物）80mg/L，由于南阳市污水处理厂进水中，工业废水比重超过 50%，造成实际进水水质偏高：COD_{Cr} 750mg/L，BOD_5 350mg/L，SS（悬浮物）280mg/L，严重超过设计值。

3. 处理要求及指标

出水能够达到国家《污水综合排放标准》（GB 8978—1996）二级标准（表 11-19）。

表 11-19　污水综合排放标准二级标准

序号	污染物	适用范围	一级标准	二级标准	三级标准
1	化学需氧量（COD_{Cr}）	城镇二级污水处理厂	60	120	—
2	悬浮物（SS）	边远地区砂金选矿	100	800	
		城镇二级污水处理厂	20	30	—
		其他排污单位	70	200	400
		甘蔗制糖、苎麻脱胶、湿法纤维板工业	30	100	600
3	五日生化需氧量（BOD_5）	甜菜制糖、酒精、味精、皮革、化纤浆粕工业	30	150	600
		城镇二级污水处理厂	20	30	—
		其他排污单位	30	60	300

4. 工艺介绍

工艺流程如图 11-31 所示。

具体来说，即污水经过粗格栅，水中的固体废物和一些大的悬浮固体被拦截去除，然

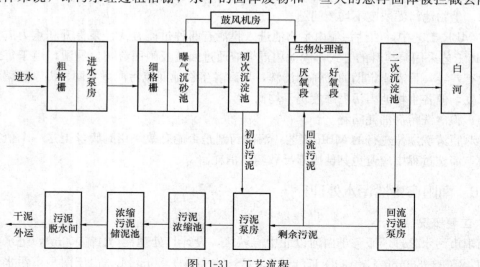

图 11-31　工艺流程

后经进水泵房到达细格栅,进一步拦截粗格栅未能去除的较小漂浮物,以免堵塞后续单元的设备和工艺渠道。后经曝气沉砂池,由于曝气作用,废水中有机颗粒经常处于悬浮状态,砂粒互相摩擦并承受曝气的剪切力,砂粒上附着的有机污染物能够去除,有利于取得较为纯净的砂粒。在旋流的离心力作用下,这些密度较大的砂粒被甩向外部沉入集砂槽,而密度较小的有机物随水流向前流动被带到下一处理单元,同时脱臭,改善水质,预曝气。然后到达初次沉淀池,除去废水中的可沉物和漂浮物。经生物处理池,去除废水中的有机物,在好氧段让活性污泥进行有氧呼吸,进一步把有机物分解成无机物。从生物处理池流出的混合液在二次沉淀池中进行泥水分离和污泥浓缩,澄清后的出水溢流外排至白河,浓缩的活性污泥流至回流污泥泵房,剩余污泥一部分流至污泥泵房,另一部分回流污泥回流至生物处理池厌氧段再次处理。然后经污泥浓缩池、浓缩污泥储泥池、污泥脱水间得到干泥外运。

5. 设备设计

(1) 格栅和进水泵房

进水泵房采用潜水污水泵,湿式安装,作用是提高水头。泵房内 4 台泵位,一期安装 4 台,二大二小,飞力产的 GP3400/765-53-830、GP3306/665-53-610;泵前后分别设粗格栅、细格栅,拦截大块悬浮物。栅间距分别为 40mm、6mm。二者均采用液位差和时间联合自动开启除渣。

(2) 曝气沉砂池

设移动桥式吸砂机一座,采用时间控制,间歇运行,除去污水中的砂砾。沉砂池出水渠道上设巴氏计量槽,对污水进行计量。

(3) 初次沉淀池

去除悬浮物中可沉固体物质,共二座,单池直径 40m,中心进水,周边出水。设半臂刮泥机一套/座,间隔 1h 自动启动。排泥管道内设浓度计、流量计、电控阀门。池底的沉泥达到浓度设定值,电动阀门自动打开,浓度降低至设定值后,电控阀门自动关闭。

(4) 改型活性污泥生物处理池

共计 2 座,中间设回流渠道使之成为一个整体。生物处理池由廊道组成,分缺氧区和好氧区,缺氧区安装 4 台(单池)潜水推进器,直径 370mm,作用是混合推流,好氧区池底安装微孔盘式曝气器,污泥浓度控制在 3000~5000mg/L。

(5) 二沉池

将生物处理池的出水混合液泥水分离。四座辐流式沉淀池,中心进水,周边出水,单池直径 45m。安装刮吸泥机四套,虹吸排泥。

(6) 鼓风机房

主要向曝气沉砂池和生物处理池供气,内设 4 台丹麦 HST 变频风机。鼓风机的运行是自动调节,首先通过生物处理池内 6 台溶解氧仪(控制溶解氧 1.0~2.0mg/L)发出信号,自动调节供气管上的调节阀,根据压力的变化,自动调节鼓风机的开启台数以及单台的鼓风量。

(7) 回流污泥泵房

内设 4 台回流污泥潜水泵,3 用 1 备,1 台为变频调速;2 台剩余污泥泵,单台流量 70m³/h。剩余污泥连续排放。回流量以巴氏计量槽计量,在生物处理池设污泥浓度计,根据进水量调节回流比 0.8~1.2,使生物处理池污泥浓度合理恰当。

（8）污泥处理

设重力浓缩池二座，直径 14m，圆形贮泥池一座，直径 6m。污泥脱水间一座，内置污泥给料泵二台，阿法拉法 Avnx 脱水机 2 台，并预留一台机位。单机出泥量 4t/h，配自动投药装置（PAM）一套以及输送脱水污泥的无轴螺旋输送器一套。污泥脱水系统采用自动控制运行，初沉污泥和剩余污泥排入浓缩池后，按浓缩池内的污泥界面计算设置值，自动排入贮泥池，当贮泥池液面超过设置值时，电控阀门自动关闭。

（9）风机噪声治理

选用低噪声的磁悬浮轴承鼓风机，同时为风机配备减振台座、进出口消声器等减噪设备；为风机房配备隔声门、消声墙双层窗等降噪设备，并防止噪声外泄。

（10）主要构筑物的设计参数（表 11-20）

表 11-20　主要构筑物的设计参数

构筑物	数量（座）	项目	参数
曝气沉砂池	1	水平流速	0.07～0.10ms
		停留时间	2.5～3.30min
		曝气量	0.1～0.15m³ 气/m³ 污水
初次沉淀池	2	停留时间	1.6～2.10h
		有效水深	3.50m
		有效容积	5024m³
生物处理池	2	有效容积	25460m³
		有效水深	6.0m
		停留时间	6.11h
二次沉淀池	4	有效容积	6356m³
		有效水深	4.50m
		停留时间	2.5h
浓缩池	2	有效容积	692m³
		停留时间	11h
贮泥池	1	有效容积	110m³

6. 工艺特点及作用

（1）采用改型传统活性污泥工艺处理浓度偏高的城市污水，在传统活性污泥法生物处理池前置缺氧区。

（2）有机物在缺氧区微生物作用下，使其结构改变，提高了污水的可生化性，增强了对难降解有机物的去除效果和对水质变化的适应能力，尤其是对工业污水比重较大和生物降解性差的城市污水有较大的优越性。

（3）可有效抑制丝状菌的过度膨胀，防止好氧段污泥的膨胀。

（4）可以改善活性污泥的沉降性能，提高二次沉淀池的泥水分离效果，也有利于污泥的处理与处置。

（5）整个系统采用分散检测和控制，集中显示和管理。可实时监测厂内主要设备的工作状态，自动调节设备的运行状态，显示重要参数的各种曲线图，显示和打印任何时间的实时监测数据。

7. 运行与管理介绍

（1）污水处理厂布置说明

平面布置主要将生产构筑物和辅助生产构筑物分别集中布置，并用绿化和道路分隔，以避免相互影响，保证工作人员的工作环境，生产区的污水和污泥处理设施也分别集中布置，尤其是将环境条件差的设施远离综合楼等辅助设施，为了降耗，污水靠重力自流流经各处理工艺单元。

（2）运行监测数据

监测数据见表 11-21。

表 11-21　运行监测数据

时　间	COD_{Cr}（mg/L）		BOD_5（mg/L）		SS（mg/L）	
	进水	出水	进水	出水	进水	出水
2003. 1	604	53	430	21	279	27
2003. 2	714	64	444	18	323	19
2003. 5	724	63	411	19	382	13
2003. 6	649	44	400	23	301	12
2003. 7	566	51	290	18	279	17
2003. 8	671	53	481	12	263	12
2003. 9	439	49	360	19	188	8
二级排放标准	100		30		30	

由表 11-21 可知，出水各项性能指标均达到国家《污水综合排放标准》二级标准。

8. 处理效果及总结评价

（1）环境效益

减少 BOD_5 排放量约 54416t/d，减少 COD_{Cr} 排放量约 34080t/d，减少 SS 排放量约 26664t/d。

（2）技术经济指标

实测的月平均单位污水处理电耗为 0.285kW·h/(m³·d)，单位处理成本 0.172 元/m³。与设计标准相比，单位处理成本减少近三分之一。

（3）结论

监测数据结果表明：改型传统活性污泥工艺先进可靠，是处理城市生活污水，尤其是进厂污水水质性能指标较设计标准高出一倍以上或有较大变化的污水处理厂理想的选择。

9. 不足之处

虽然活性污泥法有所改进，但依然有一些不足之处，比如污水中要含有足够的可溶性、易分解的有机物；污泥混合液中要有足够的溶解氧；要保证活性污泥连续回流，排除剩余污泥，否则出水的 TP 会很高，加大了工作量；要考虑到活性污泥处理系统过程中的影响因素（如溶解氧、水温、营养物质、pH 值、抑制物质、有机负荷率等）。还有基建费、运行费高，能耗大，管理较复杂等也是需要考虑的问题。

参 考 文 献

[1] 上海市政工程设计研究院. 给水排水设计手册 3[M]. 北京：中国建筑工业出版社，2004.

[2] 金兆丰，徐竟成. 城市污水回用技术手册[M]. 北京：化学工业出版社，2004.

[3] 肖锦. 城市污水处理及回用技术[M]. 北京：化学工业出版社，2002.

[4] 蒋展鹏，尤作亮，师绍琪等. 城市污水强化一级处理新工艺—活化污泥法[J]. 中国给水排水，1999，15(12)：1-5.

[5] 郑兴灿等. 化学—生物联合絮凝的污水强化一级处理工艺[J]. 中国给水排水，2000，16(7)：29-32.

[6] 田海涛，许兆义. 城市污水的复合强化一级处理技术[J]. 西南给排水，2003，25(5)：17-19.

[7] 王洪臣. 城市污水处理厂运行控制与维护管理[M]. 北京：科学出版社，2002.

[8] 徐新阳，郝文阁. 环境工程设计教程[M]. 北京：化学工业出版社，2011.

[9] 周迟骏. 环境工程设备设计手册[M]. 北京：化学工业出版社，2009.

[10] 刘宏. 环保设备：原理·设计·应用[M]. 北京：化学工业出版社，2013.

[11] 高廷耀，顾国维，周琪. 水污染控制工程[M]. 北京：高等教育出版社，2007.

[12] 周家正，魏俊峰，阎振远等. 新农村建设环境污染治理技术与应用[M]. 北京：科学出版社，2010.

[13] 胡亨魁. 水污染控制工程[M]. 武汉：武汉理工大学出版社，2003.

[14] 郭茂新. 水污染控制工程学[M]. 北京：中国环境科学出版社，2005.

[15] 田禹，王树涛. 水污染控制工程[M]. 北京：化学工业出版社，2011.

[16] 林永波，李慧婷，李永峰. 基础水污染控制工程[M]. 哈尔滨：哈尔滨工业大学出版社，2010.

[17] 张自杰. 环境工程手册——水污染防治卷[M]. 北京：高等教育出版社，1996.

[18] 北京市环境保护科学研究院. 三废处理工程技术手册——废水卷[M]. 北京：化学工业出版社，2000.

[19] 张自杰. 排水工程——下册(第四版)[M]. 北京：中国建筑工业出版社，2000.

[20] 孙立平. 污水处理新工艺与设计计算实例[M]. 北京：科学出版社，2001.

[21] 许泽美，唐建国，周彤等. 水工业工程设计手册——废水处理及再用[M]. 北京：中国建筑工业出版社，2002.

[22] Met calf & Eddy, Inc. Waste water Engineering——Treatment and Reuse (Fourth Edition)(影印版)[M]. 北京：清华大学出版社，2003.

[23] 纪轩. 废水处理技术问答[M]. 北京：中国石化出版社，2003.

[24] 崔玉川，杨崇豪，张东伟. 城市污水回用深度处理设施设计计算[M]. 北京：化学工业出版社，2003.

[25] 廖文贵. 序批式活性污泥法(SBR)的设计与计算[C]. 中国水污染防治技术装备论文

集，2002(8).

[26] 王宝贞，沈耀良. 废水生物处理新技术：理论与应用[M]. 北京：中国环境科学出版社，1999.

[27] 高廷耀，顾国维. 水污染控制工程——下册(第二版)[M]. 北京：高等教育出版社，1999.

[28] 张自杰. 废水处理理论与设计[M]. 北京：中国建筑工业出版社，2003.

[29] 胡天媛，徐伟. 北方某污水厂卡鲁塞尔氧化沟系统的设计[J]. 工业用水与废水，2003(4).

[30] 王凯军，贾立敏. 城市污水生物处理新技术开发与应用[M]. 北京：化学工业出版社，2002.

[31] 王薇，俞燕，王世和. 人工湿地污水处理工艺与设计[J]. 城市环境与城市生态，2001.

[32] 张大群，孙济发，金宏等. 污水处理机械设备设计与应用[M]. 北京：化学工业出版社，2003.

[33] 北京市市政工程设计研究总院. 给水排水设计手册(第5册)：城镇排水(第二版)[M]. 北京：中国建筑工业出版社，2002.

[34] 北京水环境技术与设备研究中心，北京市环境保护科学研究院，国家城市环境污染控制工程技术研究中心. 三废处理工程技术手册——废水卷[M]. 北京：化学工业出版社，2000.

[35] 严煦世，范瑾初. 给水工程[M]. 北京：中国建筑工业出版社，2000.

[36] 许泽美，唐建国，周彤等. 水工业工程设计手册——废水处理及再用[M]. 北京：中国建筑工业出版社，2002.

[37] 刘茉娥，蔡邦肖，陈益棠. 膜技术在污水治理及回用中的应用[M]. 北京：化学工业出版社，2005.

[38] 许振良. 膜法水处理技术[M]. 北京：化学工业出版社，2001.

[39] 顾国维，何义亮. 膜生物反应器——在污水处理中的研究和应用[M]. 北京：化学工业出版社，2002.

[40] Hydranautics 反渗透和纳滤膜技术手册，2004.

[41] O me x ell Membrane Technology Ltd. 产品手册，2005.

[42] 天津膜天膜工程技术有限公司. 中空纤维膜组件产品说明书，2005.

[43] 王燕飞. 水污染控制工程[M]. 北京：化学工业出版社，2001.

[44] 尹军，谭学军等. 污水污泥处理处置与资源化利用[M]. 北京：化学工业出版社，2005.

[45] 北京市市政设计院. 给排水设计手册——城镇排水(第二版)[M]. 北京：中国建筑工业出版社，2003.

[46] 阮辰旼. 污水处理厂污泥"三化"处理处置的关键问题[J]. 净水技术，2011，30(5)：76-79.

[47] 王岚. 我国污泥处理处置发展概述[J]. 给水排水动态，2010(9).

[48] 谷晋川等. 城市污水厂污泥处理与资源化[M]. 北京：化学工业出版社，2008.

[49] 徐强等. 污泥处理处置技术及装置[M]. 北京：化学工业出版社，2003.

[50] 金兆丰，徐竟成. 城市污水回用技术手册[M]. 北京：化学工业出版社，2004.

[51] 周彤. 污水回用决策与技术[M]. 北京：化学工业出版社，2002.

[52] 张林生. 水的深度处理与回用技术[M]. 北京：化学工业出版社，2004.

[53] 韩剑宏. 中水回用技术及工程实例[M]. 北京：化学工业出版社，2004.

[54] 沈镜青，吴永廉，刘扬. 北京地铁古城车辆段的中水回用工程[J]. 中国给水排水，2005，21(2)：89-90.

[55] 胡成强. 大化集团中水回用工程方案设计[J]. 工业用水与废水，2002，33(1)：45-47.

[56] Jang Peng, David K. Stevens and XinGuo Yiang. To Waste Water Reuse in China[J]. Wat. Res. 1995,29,1:357-363.

[57] 钱茜，王玉秋. 我国中水回用现状及对策[J]. 再生资源研究，2003，1：27-30.

[58] 黎卫东. 中水回用技术研究[J]. 广东化工，2005，2：25-26.

[59] 黄明祝，周琪，李咏梅. 中水回用及展望[J]. 再生资源研究，2003，5：19-21.

[60] Jin Fen kuo，James F. Stahlg，Ching Lin Chen，Paul V. Bohlier. Dual Role of Activated Carbon Process for Water Reuse[J]. Water Environment Research，1998，70，2.

[61] 赵海华，程晓如. 中水回用是城市污水资源化的有效途径[J]. 中国环保产业，2004，8：22-23.

[62] 庞鹏沙，董仁杰. 浅议中国水资源现状与对策[J]. 水利科技与经济，2004，10(5)：267-268.

[63] 傅钢，何群彪. 我国城市污水回用的技术与经济和环境可行性分析[J]. 四川环境，2004，23(1)：21-27.

[64] 张智，阳春. 城市污水回用技术[J]. 重庆建筑大学学报，2000，22(4)：103-107.

[65] 籍国东. 我国污水资源化的现状分析与对策探讨[J]. 环境科学进展，1999，7(5)：85-95.

[66] 马勇等. 城市污水处理系统运行及过程控制[M]. 北京：科学出版社，2007.

[67] 赵庆良，刘雨. 废水处理与资源化新工艺[M]. 北京：中国建筑工业出版社，2006.

[68] 上海市城市排水有限公司处理工程，2009.

[69] 河北嘉诚环境工程有限公司工程案例，2010.

[70] 湛江市城市污水处理有限公司工程案例，2010.

[71] 天津创业环保股份有限公司工程案例，2005.

[72] 李海，孙瑞征. 城市污水处理技术及工程实例[M]. 北京：化学工业出版社，2002.